# COMMERCIAL DATA MINING
## PROCESSING, ANALYSIS AND MODELING FOR PREDICTIVE ANALYTICS PROJECTS

# データ分析
# プロジェクトの
# 手引

データの前処理から
予測モデルの運用までを俯瞰する20章

**David Nettleton** [著]
**市川太祐・島田直希** [訳]

共立出版

Commercial Data Mining: Processing, Analysis and Modeling for Predictive Analytics Projects

By David Nettleton

Copyright © 2014 Elsevier Inc. All rights reserved

This edition of Commercial Data Mining, Processing Analysis and Modeling for Predictive Analytics Projects by David Nettleton is published by arrangement with ELSEVIER INC., a Delaware corporation having its principal place of business at 360 Park Avenue South, New York, NY 10010, USA

Original ISBN:978-0124166028

Japanese language edition published by KYORITSU SHUPPAN CO., LTD., © 2017

# 訳者まえがき

本書は "Commercial Data Mining Processing, Analysis and Modeling for Predictive Analytics Projects" の初版を翻訳したものである．著者である David Nettleton は人工知能の分野で博士号を取得しており，IBM でビジネスインテリジェンス関連の業務に従事した後，自身の会社を立ち上げ，さまざまな分析プロジェクトに関与してきた．

本書の構成としては前半 10 章がデータ分析プロジェクトについて順を追って説明することに割かれており，後半 10 章がデータマイニングに関する手法について踏み込んで解説している．長年，分析業界に身を置いている著者らしくエキスパートシステムの隆盛とその没落についてなど，分析にまつわるトピックの歴史的経緯の記述もところどころに見られ，読み物としてもおもしろい部分がある．いくつか特筆すべき章を紹介すると，まず第 2 章は「データ分析プロジェクトを開始する前段階」についてプロジェクトの実行可能性等について詳細に見積もる内容となっており，昨今多数出版されているデータ分析関連書籍の中でも類をみないものとなっている．第 2 章を読む際は併せて第 19 章も読んでおきたい．分析プロジェクトを開始する際には分析ツールの検討が必要となる．この第 19 章にはどのようなツールをどのような観点から選ぶべきか解説されている．さらに第 18 章は近年注目を集めているプライバシー保護について 1 章を割いて説明している．また，各章において，さらに学習を進めたい人に向けての参考文献が紹介されている．原書のものに加えて，和書についても訳者の方で訳注という形で追加したのでぜひ参考にしていただきたい．

仕事としてやる以上，「分析プロジェクト」は興味本位のもので終わらせることなく，何らかの成果を出す必要がある．成果が出せそうにないのであれば，そもそもプロジェクトを始めるべきではない．その見定めをどこまで研ぎすませ

られるかは従来経験によるものが大きかったが，本書はその一助となりうるだろう．読者のお役に立てれば幸いである．

2017 年 1 月

訳 者

目 次

第1章 はじめに　　　　　　　　　　　　　　　　　　　　　1

第2章 ビジネス課題　　　　　　　　　　　　　　　　　　　9
　イントロダクション　　　　　　　　　　　　　　　　　　9
　プロジェクトを実行可能なものとするための指針　　　　　10
　データの利用可能性におけるプロジェクトの実行可能性
　　——特殊な検討事項　　　　　　　　　　　　　　　　　11
　プロジェクトの利益に影響する因子　　　　　　　　　　　12
　プロジェクトのコストに影響を与える因子　　　　　　　　13
　例1：カスタマーコールセンター——目的：顧客クレームへの対応　14
　ストロング氏のプロジェクトにおける利益およびコストの総括　16
　例2：オンラインミュージックアプリの事例
　　——目的：モバイルデバイスにおける広告効果　　　　　17
　メロディオンライン社のプロジェクトに関する利益とコストの総括　19
　まとめ　　　　　　　　　　　　　　　　　　　　　　　　21
　もっと知りたい読者のために　　　　　　　　　　　　　　21

第3章 さまざまなデータソースや情報を組み合わせる　　　23
　イントロダクション　　　　　　　　　　　　　　　　　　23
　製品やサービスに関するデータ　　　　　　　　　　　　　25

サーベイとアンケート　27
　サーベイとアンケート：データテーブルの実装について　32
　フォームを設計する際に気をつけること　34
　ポイントカード/お客様カード　35
　ポイントカードの登録フォーム：データテーブルの構成　40
　デモグラフィックデータ　48
　国勢調査（2010年のアメリカ国勢調査データより）　49
　マクロ経済データ　51
　競合についてのデータ　55
　株式，シェア，コモディティ，投資などの金融マーケットデータ　57

## 第4章　データ表現　61

　イントロダクション　61
　基本的なデータ表現　61
　基本的なデータ型　61
　異なる型の変数の表現，比較，処理　64
　変数の主な型　65
　変数に含まれる値の標準化　70
　変数に格納された値の分布　71
　異常値（外れ値）　72
　発展的なデータ表現　75
　階層型データ　76
　セマンティックネットワーク　77
　グラフデータ　78
　ファジーデータ　80

## 第5章　データの質　83

　イントロダクション　83

| データの質に関する典型的な問題 | 86 |
| データの内容のエラー | 87 |
| ビジネス課題との関連性およびデータの信頼性 | 89 |
| データの質の定量的評価 | 91 |
| データ抽出とデータの質——よくあるエラーとそれを避ける方法 | 92 |
| データ抽出 | 93 |
| データの妥当性を確かめるための手順 | 96 |
| 派生データ（derived data） | 96 |
| データ抽出のまとめ | 97 |
| データ入力およびデータ生成がデータの質に与える影響 | 97 |

## 第6章　変数の選択と因子の推定　　　　　　　　　　　　99

| イントロダクション | 99 |
| 利用可能なデータの選定 | 100 |
| 変数の統計的評価 | 103 |
| 相関 | 104 |
| 因子分析 | 107 |
| データフュージョン | 108 |
| データから変数を選択するアプローチのまとめ | 108 |
| 望ましい結果を得るための変数選択 | 109 |
| ビジネス課題に応じて説明変数を評価し選択する統計的手法 | 109 |
| 顧客セグメンテーション | 114 |
| 変数選択——あらためて分析をやり直す | 115 |
| 顧客セグメンテーションの最終的なモデル | 117 |
| 本節のまとめ | 120 |
| 変数選択に用いるデータマイニングの手法 | 121 |
| ルールインダクション | 121 |
| ニューラルネットワーク | 123 |
| クラスタリング | 123 |

パッケージ化されたソリューション　124
オープンソースソフトウェアの利用　124
変数の前選択　125
FAMS（詐欺検出システム）　125

## 第7章　サンプリングとパーティショニング　129

イントロダクション　129
データを減らすためのサンプリング　130
一定の基準に従ってデータをパーティショニングする　137
サンプリングに伴う問題　141
ビッグデータとサンプリング　142

## 第8章　データ分析　145

イントロダクション　145
可視化　146
連関　148
クラスタリングとセグメンテーション　149
セグメンテーションと可視化　151
トランザクションデータの分析　157
時系列データの分析　158
データ分析を行う上での典型的なミス　162

## 第9章　データモデリング　167

イントロダクション　167
モデリングの概念および問題点　167
教師あり学習と教師なし学習　168
クロスバリデーション　169
モデリングの結果を評価する　170

| | |
|---|---|
| ニューラルネットワーク | 173 |
| 教師あり学習のニューラルネットワーク | 173 |
| クラスタリングを目的としたニューラルネットワーク | 176 |
| 分類：ルールインダクション | 177 |
| ID3 アルゴリズム | 179 |
| C4.5 アルゴリズム | 180 |
| 古典的統計モデル | 182 |
| 回帰モデル | 183 |
| 回帰モデルのまとめ | 185 |
| $k$ 平均法 | 185 |
| 予測モデル構築におけるその他の手法 | 186 |
| モデルをデータに適用する | 188 |
| 「What-IF」を用いたシミュレーションモデル | 189 |
| モデリングについてのまとめ | 190 |

## 第10章　システムの開発——クエリレポーティングからEISおよびエキスパートシステムまで　193

| | |
|---|---|
| イントロダクション | 193 |
| クエリとレポート生成 | 193 |
| クエリとレポーティングシステム | 197 |
| エグゼクティブインフォメーションシステム | 198 |
| EIS | 201 |
| エキスパートシステム | 202 |
| 事例ベースシステム | 204 |
| まとめ | 205 |

## 第11章　テキストマイニング　207

| | |
|---|---|
| テキストマイニングの基礎 | 207 |

高度なテキストマイニング　　　　　　　　　　　209
　　キーワードの定義と情報検索　　　　　　　　　210
　　個人情報の識別　　　　　　　　　　　　　　　211
　　文章抽出　　　　　　　　　　　　　　　　　　212
　　情報検索の概念　　　　　　　　　　　　　　　213
　　ソーシャルメディアを対象にした感情分析　　　214
　　商用テキストマイニングツール　　　　　　　　217

## 第12章　リレーショナルデータベースと連携した  データマイニング　　　　　　　　　　　　　219
　　イントロダクション　　　　　　　　　　　　　219
　　データウェアハウスとデータマート　　　　　　221
　　データマイニングのためのファイルとテーブルの作成　226

## 第13章　CRM分析　　　　　　　　　　　　　　237
　　イントロダクション　　　　　　　　　　　　　237
　　CRMの手法とデータ収集　　　　　　　　　　237
　　カスタマーライフサイクル　　　　　　　　　　238
　　リテールバンキングでのCRMの例　　　　　　241
　　CRMシステムの統合　　　　　　　　　　　　243
　　CRMアプリケーションソフトウェア　　　　　244
　　顧客満足度　　　　　　　　　　　　　　　　　245
　　CRMアプリケーションの使用例　　　　　　　246

## 第14章　インターネット上のデータを分析する1  ——ウェブサイト分析とインターネット検索　255
　　イントロダクション　　　　　　　　　　　　　255
　　ウェブサイト訪問者の行動履歴分析　　　　　　257

Cookie ──ユーザ行動のトラッキングと情報の蓄積　　260
　　アクセス解析ソフトウェア　　260
　　インターネット上におけるマーケットセンチメント情報の検索と
　　　統合　　261
　　ウェブクローラとウェブスクレイパー　　265
　　まとめ　　269

## 第15章　インターネット上のデータを分析する2
　　　　　──検索体験の最適化　　**271**
　　イントロダクション　　271
　　インターネットとインターネット検索　　271
　　ウェブの構造と検索エンジンにおけるランキングの仕組み　　272
　　インターネット検索のタイプ　　276
　　検索ログのデータマイニング　　279
　　検索行動の表現：クエリセッション　　279
　　検索体験の質の定義　　282
　　検索体験データに関するデータマイニング　　284
　　まとめ　　285

## 第16章　インターネット上のデータを分析する3
　　　　　──オンラインソーシャルネットワーク分析　　**287**
　　イントロダクション　　287
　　オンラインソーシャルネットワークの分析　　287
　　グラフ理論における指標　　291
　　グラフデータに用いるデータ形式　　293
　　グラフの可視化と解釈　　299
　　ソーシャルネットワーク分析ツール　　305
　　まとめ　　307

## 第17章　インターネット上のデータを分析する4
### ——検索トレンドの時系列変化をつかむ　309

- イントロダクション　309
- 検索トレンドの時系列分析　309
- Google Trends——トレンドパターンの分類　311
- 検索トレンドデータへのデータマイニングの適用　315
- トレンドを表現するための説明因子　315
- データ抽出と前処理　317
- トレンドのクラスタリングと予測モデル　318
- まとめ　321

## 第18章　データにおけるプライバシーと匿名化技術　323

- イントロダクション　323
- 主要なアプリケーションとデータプライバシー　325
- 法的側面——責任と制限　328
- プライバシー保護データパブリッシング　329
- プライバシーの概念　329
- 匿名化技術　332
- ドキュメントのサニタイズ　335

## 第19章　ビジネスデータ分析のための環境整備　341

- イントロダクション　341
- 統合ビジネスデータ分析ツール　341
- ビジネスデータ分析のためのアドホック/低コスト環境の構築　347

## 第20章　おわりに　355

付録　ケーススタディ　　　　　　　　　　　　　　　　　　　　**357**
　　ケーススタディ1：保険会社における顧客ロイヤリティ　　　357
　　ケーススタディ2：リテールバンクにおけるクロスセル　　　370
　　ケーススタディ3：テレビ番組の視聴予測　　　　　　　　　389

用　語　集　　　　　　　　　　　　　　　　　　　　　　　　**399**

参考文献　　　　　　　　　　　　　　　　　　　　　　　　　**405**

索　　引　　　　　　　　　　　　　　　　　　　　　　　　　**409**

# 第1章

# はじめに

　本書はビジネスデータ分析における全体のプロセスおよび関連するトピックを解説しており，この分野において経験が浅い読者から，既に十分な経験をもつ読者まで広い読者層に向けて書かれている．

　著者は20年以上にわたってビジネスにおけるデータ分析および研究プロジェクトに関わってきた．これにより本書はビジネスデータ分析において充実した内容と独自の視点を得ている．

　付録には実際のプロジェクトに基づいたケーススタディを掲載している．これは本書で解説しているコンセプトや技術を理解するのに役立つだろう．

　また，読者が本書で紹介された内容をより深く理解するために参考文献も多く掲載している．

　本書で紹介されている手法，技術，アイデア（データの質やデータマート，顧客管理システム（CRM），データソース，インターネットを用いた検索等）はフリーランスから中小企業や大企業に至るまで幅広い環境で適用できるものである．

　読者はビジネスにおいてデータ分析を進める上で，必ずしもビッグデータが必要なわけではなく，また，大きな投資をせずとも多くのデータ分析ツールが使えることがわかるだろう．

　第2章から第10章まではデータソースやデータ表現，データの質，変数や因子の選択，それを用いた分析，モデリングなどデータ分析の各ステップについて順を追って解説している．実際にはこれらのステップは並行して行われ，繰り返し立ち戻ることも多い．しかし，各ステップを着実に遂行することで，分析プロセスを立ち戻る手間は少なくなる．

　データ分析を通して有意義な結果を得るためには，プロジェクトの要件定義

は適切か，データは入念に準備されているか，分析能力は十分か，プロジェクトをやり通すだけの忍耐力はあるか，プロジェクトは厳密に運用されるか，目的はプロジェクト開始時点で十分に定義されているか，といった諸条件について見通しておく必要がある．

　これらの諸条件がプロジェクト開始時点で十分に検討されることで，データウェアハウスを宝の山にするための土台を構築できる．

　データ分析を始める動機のひとつとして，多くのビジネスの現場で導入されているデータベースインフラにおける投資対効果（ROI）の明確化が挙げられる．

　また別の動機としては，顧客や競合相手の動きを含めた市場の動向をより深く理解することで，自社の競争力を高め，製品やサービスに対して洞察を得たいというものもある．

　企業組織を運営する上でビジネスデータの分析と理解は不可欠な要素である．国の経済や小売売上高[1]の傾向のモニタリングや商業組織における利益，コスト，競争力の測定はデータ分析にかかっている．顧客データの分析はデータマネジメントのインフラの充実によって以前よりも取り組みやすくなった．そのようなインフラは分析可能なデータとシステムの運用に必要なデータを分けて扱えるようになっており，webアプリケーションやクラウド上から収集した大量のデータログを扱えるようにもなっている．

　コンピュータによりわれわれは大量のデータや情報を扱えるようになった一方，その大部分はわれわれが行いたい分析の目的とは無関係である．また，顧客の購買行動は，市場に広がるアプリケーションによりさらに複雑になっており，その傾向はモバイルデバイス市場において顕著である．つまり，データ分析の目的は，大量のデータの中から有益で意義のある知識を見つけだし，分析の目的と無関係なデータから関係のあるデータを選り分けることであるといえる．

　第2章から第10章までは典型的なデータマイニングのプロジェクトについて順を追って説明する．このプロジェクトの全体像は第2章「ビジネス課題（Business Objectives）」で述べる．この章ではコンセプト，プロジェクトを開

---

[1] 訳注　経済統計の1つ．小売業・サービス業における売上金額の合計．

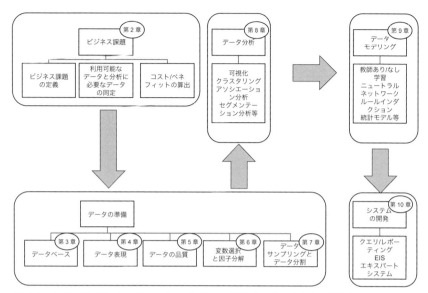

**図 1.1** 本書の構成とビジネスにおけるデータ分析プロジェクトとの関係

始する動機,ビジネス課題,プロジェクトの実行可能性,掛かりうるコスト,期待される利益などを含めて,データマイニングプロジェクトの定義について述べる.プロジェクトに大きな影響を及ぼす因子の観点から,プロジェクトを進める上で考慮すべきポイントを定義し,コストと利益の見積もりについても述べる.最後に2つのケーススタディを通して,実際のプロジェクトではどのようにコストと利益を見積もるかについて学ぶ.

第3章「さまざまなデータソースや情報を組み合わせる」では,ビジネス上のデータマイニングプロジェクトにおいて使えるデータソースや情報について議論すると同時に,これらのデータソースの使用法と具体的なアクセスの方法についても解説する.ここで言うデータソースは顧客データや現在取り組んでいるビジネスについてのデータだけでなく,競合,デモグラフィック,マクロ経済学的指標といったこちらのビジネスに影響を与えるような外部データも含んでいる.

第4章「データ表現」は,データの解釈や可視化を進めるためのデータの表現方法について述べる.可視化の手法としては円グラフ,ヒストグラム,折れ

線グラフ，レーダーチャートを紹介する．さらにこの章では，データの表現方法，比較方法，実数値，カテゴリ（順序型），カテゴリ（名義型），二値型といった異なる型の変数の処理方法について述べる．具体的には値の標準化，分布の把握，非典型的な値や外れ値の把握について述べる．さらにこの章では，セマンティックネットワークやグラフ表現といった発展的なデータ表現についても述べる．

第5章「データの質」では，データの質について述べる．データの質はビジネス上のデータ分析プロジェクトにおいて最も優先して考慮すべきものである．本書では「データの質」の定義にデータの利用可能性とアクセスのしやすさを含む．第5章では，特にテキストデータについて発生しがちな内容についての誤りや，データの関連性，信頼性といった典型的な問題について議論する．また定量的にデータの質を評価する方法についても述べる．

第6章「変数の選択と因子の推定」では，変数選択と因子の推定方法について述べる．これはこの後の章で述べる分析やモデリングに使う要素である．多くの場合，分析にとって重要な因子は大量の変数から選び出す必要がある．これを行うには以下の2つのポイントを考慮するところから始める．(i) 使用できるデータを概観した上でデータマイニングプロジェクトを定義する，(ii) 期待する結果を考え抜いた上でデータマイニングプロジェクトを運用する．また，この章では相関や因子分析といった具体的な手法についても述べる．

第7章「サンプリングとパーティショニング」では，サンプリングと分割方法について述べる．これらの手法は一度に処理するにはデータがあまりに多すぎるときや，分析者が特定の基準のもとでデータを選び出したいときに使われる．この章ではランダムサンプリングや，ユーザの年齢やユーザのサービス利用時間といったビジネス上の基準に従ったサンプリングなど，さまざまなサンプリング手法について述べる．

以上のように，第2章から第7章までは分析におけるデータセットの獲得や定義といった，分析を進めていく上での基礎的事項について述べる．一方，第8章「データ分析」では，データマイニングにおける分析手法の選定について述べる．ここではクラスタリングについて述べた後，データの可視化手法およびクラスタリングとの組合せ方について述べる．読者はトランザクションデー

タや時系列データの分析手法についても学べる．第 8 章の最後では，分析を進めめる中でデータを解釈する際に犯しがちなミスについても述べる．

第 9 章「データモデリング」は，データモデリングにおける入力および出力という定義から始め，教師あり学習や教師なし学習，クロスバリデーションといったトピックについて進み，モデリングによって得られた結果の評価について述べる．この章ではニューラルネットワークやルール推論といった人工知能 (AI) に関連した手法から回帰などの古典的統計手法に至るまでデータモデリングのさまざまな手法について述べる．また本章では，さまざまなデータモデリングのシナリオにおいてそれぞれどのような手法を選ぶべきかについて解説しながら，現実世界で生み出されるデータにモデルをどのように適用していくか，得られた結果をどのように評価し活用していくかについても述べる．第 9 章の最後では，モデリングを繰り返し実行していく場合のガイドライン，特に最初に得られた結果が期待したものではなかった際に分析をどのように進めるかについて指針を提供する．

第 10 章「システムの開発——クエリレポーティングから EIS およびエキスパートシステムまで」では，データマイニングで得られた結果をビジネスにおける意思決定や運用プロセスにどのように組み込んでいくかについて述べる．

第 11 章から第 19 章までは，背景知識や特殊なデータマイニングについて述べる．全体像については第 11 章「テキストマイニング」で述べる．ここではテキスト処理およびテキストマイニングについて簡単なものから発展的な内容に至るまで説明する．前者の具体例としては，パターン認識を用いたアカウントフォーマットのチェックを紹介する．後者の具体例としては，エンティティ認識やシノニムやハイポニムを用いた概念抽出，情報検索について説明する．

第 12 章「リレーショナルデータベースと連携したデータマイニング」では，リレーショナルデータベースを用いたデータマイニングを扱う．この章では，データマートやデータウェアハウスの概念について確認した後，インフォメーショナルデータとオペレーショナルデータをどのように選り分けるかについて議論する．その上で，運用上の環境からデータを抽出しデータマートに移し，データマイニングを始める最初の一歩となりうる個別ファイルに変換する道筋について述べる．

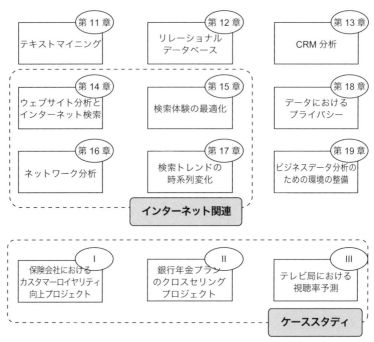

**図 1.2** 現実世界の事例におけるデータ分析およびプロジェクトと各章の関連について

　第13章「CRM分析」では，顧客の行動のリーセンシー（recency），フリークエンシー（frequency），レイテンシー（latency），新規顧客の獲得，既存顧客のポテンシエーティングとキープ，かつて顧客だった対象の復帰といった顧客ライフサイクル分析を紹介する．さらにこの章では，商用のCRMソフトウェアの特徴について述べた後，シンプルなCRMアプリケーションを用いて具体例とCRMの機能性について説明する．

　第14章「インターネット上のデータを分析する1——ウェブサイト分析とインターネット検索」では，まず顧客のウェブサイト訪問履歴を用いたトランザクションデータ分析について述べた後，インターネットを用いた情報検索のマーケットリサーチへの応用について説明する．

　第15章「インターネット上のデータを分析する2——検索体験の最適化」，第

16章「インターネット上のデータを分析する3——オンラインソーシャルネットワーク分析」，第17章「インターネット上のデータを分析する4——検索トレンドの時系列変化をつかむ」では，第14章に引き続き，より深い視点でインターネットデータの分析について述べる．

第18章「データにおけるプライバシーと匿名化技術」では，データのプライバシーについて述べる．これは個人や組織のデータを収集し，分析していく上で重要な視点である．この章では，有名なウェブアプリケーションがどのようにデータのプライバシーに対応し，ユーザにデータ利用について通知しているか，クッキーを利用しているかについて述べる．さらに，パブリックドメインでデータを利用できるようにデータを匿名化する方法についても述べる．

第19章「ビジネスデータ分析のための環境整備」は，企業においてビジネスデータ分析を進めるための環境づくりの進め方について述べる．この章では，IBMインテリジェントマイナー，SASエンタープライズマイナー，IBM SPSSモデラーなどの，多国籍企業や銀行，保険会社，巨大チェーンで使われている高価だがパワフルな分析ツールについての議論から始める．さらに，Wekaやスプレッドシートのような低コストだが職人芸を必要とするアプローチについても述べる．後者はアドホック，もしくはオープンソースという特徴をもつソフトウェアである．

第20章「おわりに」は，これまでの章をまとめたものである．付録では，本書を通じて議論されてきた技術や手法を現実世界のシチュエーションにどのように適用していくかについて3つのケーススタディを通して学ぶ．ケーススタディとしては (i) 保険会社におけるカスタマーロイヤリティ向上プロジェクト，(ii) 銀行のリテール業務における年金保険のクロスセリングプロジェクト，(iii) テレビ局における視聴率予測 を挙げる．

ビジネスにおける活用に焦点を絞って読みたい読者には以下の読書プランを勧める．第2, 3, 6, 8章（特に「可視化」「連関」「セグメンテーションと可視化」を中心に）を読んだ後，第9, 10, 11章（特に「テキストマイニングの基礎」「高度なテキストマイニング」）を読み，第13, 14, 18, 19章と付録のケーススタディを読む．技術的な詳細をもっと知りたい読者には第4〜9章，第11, 12, 15, 16, 17, 19章および付録のケーススタディを勧める．

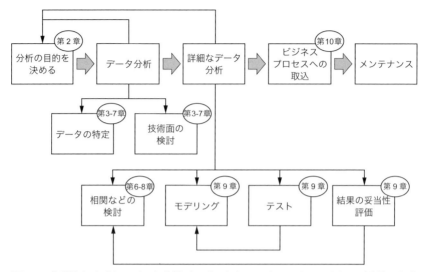

**図 1.3** 典型的なビジネスデータ分析プロジェクトにおけるライフサイクル（番号は各章に対応）

　本書で参照しているデータは，氏名もしくは何らかの識別情報で個人が特定できないように匿名化し集約している．実在する個人や組織に似ている点があるとすればまったくの偶然であることをお断りしておく．

# 第 2 章

# ビジネス課題

## イントロダクション

　この章ではデータマイニングプロジェクトの定義について述べる．この定義にはコンセプト，プロジェクトを開始する動機，ビジネス課題，プロジェクトの実行可能性，掛かりうるコスト，期待される利益などが含まれる．プロジェクトに大きな影響を及ぼす因子の観点から，プロジェクトを進める上で考慮すべきポイントを定義し，コストと利益の見積もりについても述べる．最後に2つのケーススタディを通して，実際のプロジェクトではどのようにコストと利益を見積もるかについて学ぶ．

　ビジネスデータ分析プロジェクトは，その開始時点で分析目的の定義に十分な時間を費やすべきである．ここでビジネス課題の具体例を挙げてみよう．

- 既存顧客のロスを3パーセント下げる．
- 新規顧客が契約書にサインする割合を2パーセント上げる．
- 既存顧客に体する製品のクロスセリングを5パーセント上げる．
- テレビの視聴占拠率を70パーセントの確率で予測する．
- どのクライアントが新製品に契約するか75パーセントの精度で予測する．
- クライアントと製品の新しいカテゴリを見つける．
- 新しい顧客セグメンテーションモデルを生み出す．

　上に挙げた例のうち，最初の3つは精度と改善度を目標として定義している．

> **ビジネス課題**
>
> **割合を用いた改善における値の設定**
>
> 割合を用いた改善は現在の精度をベースラインとして参照する必要がある．また新しい目標値を設定するなら，現在の精度のエラーバーを考慮すべきである．たとえば現在の予測精度が±3パーセントの誤差範囲をもっているなら，新しい精度を導入する際はこれを考慮する必要がある．

4, 5番目の例については，データモデルに対して期待する精度について絶対値を明確にしている．最後の2つの例については期待する改善度については定量化されていないが，代わりに目標が定性的に示されている．

## プロジェクトを実行可能なものとするための指針

本節では検討事項とキークエスチョンを列挙したチェックリストを示す．これは実行前のデータマイニングプロジェクトにおける実行可能性を評価するためのものである．また，本章の残りでは，利益およびコストを検討するための詳細な基準を示す．この基準を2つのケーススタディを通して具体的な事例に適用していく．先に挙げたチェックリストはそれらの応用事項において基礎となるものである．

### ビジネスにおけるデータ分析プロジェクトの評価——全体を通して検討すべきこと

以下にデータ分析プロジェクトを進める際に考慮すべき質問リストを列挙した．

- データは分析目的に沿ったものであるか．
- 現状よりも改善する余地があるか（改善の余地が大きいほど，経済的な利益も大きくなる．）
- プロジェクトを実行する上で運営上の課題はあるか．
- 取り組もうとしている問題は他の技術や手法で解決できないか．（もしこの

答えがノーであれば，このプロジェクトで得られうる利益はより大きなものとなる．）
- プロジェクトにおけるスコープはよく検討されて定義されているか．（もし今回取り組むプロジェクトが初めて取り組むタイプのものならば，小さな規模から始めることを勧める．）

## データの利用可能性におけるプロジェクトの実行可能性——特殊な検討事項

以下に，データマイニングの実行可能性の評価についてデータの利用可能性の観点から考慮すべきポイントを挙げる．

- 分析に必要なデータは入手できるものか，そしてビジネスを行う際にそのデータは入手できるものか．
- データの一部もしくはすべてが入手できないとき，それを改めて入手することはできるか．
- ビジネスの目的から考えて，データはそれを十分にカバーするものであるか．
- 分析の期間内に，すべての顧客，製品のタイプ，セールスチャンネルなどを十分にカバーできるデータが入手できるか．（これらのデータは分析およびモデリングにおけるビジネス上の検討事項をすべてカバーするものである必要がある．また，現在のビジネスサイクルをカバーするためには時系列データも必要となる．）
- 利用可能なデータの質を信頼性の観点から評価する必要があるか．（信頼性はエラー，不完全，欠損の割合に依存する．また，データの値のとる範囲は興味のある範囲を十分にカバーしている必要がある．）
- 分析に利用するデータに関連するデータや，データを生成する実務上のプロセスに通じている協力者の有無．

## プロジェクトの利益に影響する因子

　プロジェクトの利益に影響する因子にはいくつかある．まず現在の質的なアセスメントが必要である．つまり，現在取り組もうとしている課題について現状の満足度はどの程度なのかを把握する．この際，満足度は最低の 0 から最高の 1 の間で評価する．現状の満足度が低いほど，分析によって得られる改善度や利益はより大きくなる．分析によって期待される質（将来性の評価）は，以下のリストに示すようにデータのカバー度，データの信頼性，解決したい課題との関連性という 3 つの側面から評価する．

- データのカバー度，完全度は 1 を最大として 0 から 1 の値で評価する．
- データの質または信頼性については 1 を最大として 0 から 1 の値で評価する．（通常，カバー度および信頼性は，変数ごとに評価した上で，データ全体に対して評価する．カバー度および信頼性が高いデータは分析を成功に導き，結果としてそこから得られる利益も大きくなる．）
- データとビジネスにおける目標との相関度については統計的に評価することができる．通常，相関は $-1$ から $1$ までの値をとり，$-1$ は負の相関，0 は無相関，1 は正の相関を示す．たとえば，ビジネスの目的が顧客にもっと製品を購入させることであれば，相関は顧客に関する変数（年齢，顧客でいる期間，郵便番号等）と顧客単位の売上から算出できる．

　カバー度，信頼度，相関を評価したら，分析の将来性について以下の公式で推定できる．

$$将来性 = (相関 + 信頼度 + カバー度)/3$$

分析によって，現状よりどの程度改善できるかについては以下のように現状の機能性と将来の機能性の差を算出することで評価できる．

$$改善度 = 将来の機能性 - 現状の機能性$$

4つ目の観点としてボラティリティ[2]がある．これは分析およびデータモデリングの結果の賞味期限に関係している．ボラティリティは0から1の間の値をとり，0を最小，1を最大のものとして定義する．ボラティリティが高い場合，モデルとそこから得られる結論はすぐに使えないものになってしまい，ビジネスの目標との関連すら失ってしまう．モデルから得られた結果が，ビジネスサイクルの長期間，中期間，短期間のどれにわたって使えるかどうかはボラティリティに依存している．このような事前評価をしておくことでデータマイニングプロジェクトの実行可能性を考えるきっかけとなることに留意しておきたい．しかし，得られる結果の質と精度は分析，モデリング，実装，開発といったプロジェクトの内容がどのように実行されたかに依存することは明白である．次節ではプロジェクトのコスト評価を扱う．具体的には，プロジェクトの成否を保証する人やスキルの利用可能性の評価を扱う．

## プロジェクトのコストに影響を与える因子

プロジェクトのコストに影響を与える因子は数多くある．以下にその例を挙げる．

- アクセシビリティ：データソースの数が増えればその分コストも増える．典型的には，少なくとも2つの異なるデータソースがある．
- コンプレキシティ：データにおいて変数の数が増えればコストも増加する．製品タイプ等のカテゴリ型の変数には特に注意する必要がある．このタイプの変数は多様な値（例：50種類）を取り得るからだ．一方では，10の変数があって各々がたった2つの値しかとらないということもありえる．
- データのボリューム：レコード数が増えればコストもその分増加する．サンプリングして得られたデータが25,000件だった場合，データベース全体ではもっと多いレコード数，たとえば25万件〜1,000万件といった数にのぼ

---

[2] 訳注　ここではヒストリカル・ボラティリティ（時系列の時点ごとの変動の大きさ）を意味していると考えられる．一般的には過去のデータの分散具合を知る指標で，いわゆる「標準偏差」．本章では分析対象の時間的な変化の具合を考慮するための指標として扱われている．

- データへの熟練度：取り扱うデータについて熟練していればコストは下がる．ここで言う熟練にはビジネス環境や顧客の熟知といったデータの解釈を助ける知識を含む．またデータソースや，データの抽出対象となる企業内のデータベースを扱うノウハウも含まれる．

## 例 1：カスタマーコールセンター——目的：顧客クレームへの対応

　ストロング氏はコールセンターのオペレーションマネージャーであり，企業からアウトソースされたカスタマーサポート業務を管轄している．先の四半期において彼は，特定の企業における支払いミスに対するクレームの増加に気づいた．支払いを修正し，顧客企業に報告するにあたってテレフォンオペレーターは支払いプロセスにおける問題のバッチ処理を特定し，問題をストロング氏に報告した．ストロング氏は顧客企業のITマネージャーと共に問題の原因追求を開始した．彼はこの問題の原因を探り当て，ITマネージャーはIT部署に支払いソフトウェアを修正するよう指示を出した．今回の問題特定から問題の修正に至るまでの流れは，コールセンターの取引記録および顧客企業において文書化され保存された．このような問題の増加を受けてストロング氏とITマネージャーはデータマイニングプロジェクトを始め，ITプロセスのエラー等が原因となるクレームを効率よく調査することにした．

　このプロジェクトの利益に影響を与える因子として仮定した数値は以下のとおりである．今回利用するデータとビジネス課題との相関は非常に高いものと考え 0.9 とした．62 パーセントの問題が，発生後ITプロセスの問題であると判明し初動対応で解決していた．つまり現状の精度は 0.62 である．問題発生時に関連情報としてITプロセスへの変更の 85 パーセントをデータとして利用することができる．問題，修正，修正による影響は，8 パーセントの誤差範囲または欠損のもと，スプレッドシートに入力される．すなわちカバー度は 0.85 であり，信頼度は $(1 - 0.08) = 0.92$ である．

　コールセンターがサポート業務を請け負っている顧客企業の製品およびサービスは，その仕様変更に伴って継続してアップデートされる．これは年間 10

パーセントの製品およびサービスが完全に変わってしまうことを意味する．したがって，ボラティリティは 0.1 と設定した．今回の利益に関するプロジェクトクオリティモデルは以下のようにまとめられる．

- 現在の機能性は 0.62 であり中程度．
- 将来の機能性の評価は以下のとおり．
    - カバー度は 0.85 高い．
    - 信頼度は 0.92 高い．
    - 利用できるデータとビジネス課題との相関は 0.9 高い．
- ビジネス環境のボラティリティは 0.1 低い．

　このプロジェクトのコストに影響を与える因子に対しては以下のように数値を設定する．ストロング氏の部署はデータベースに Oracle を使っており，ここにカスタマーコールの統計的サマリーを蓄積している．日次のオペレーションやリクラメーション[3]から見えてきた現状診断，修正対応などの履歴データについては，Excel のスプレッドシートに蓄積している．これらのデータは業務モニタリングに利用している．顧客企業の IT マネージャーは DB2 データベースを利用しており，IT 部署が実施したソフトウェアメンテナンスに関する情報をここに蓄積している．つまり今回のプロジェクトでは 3 つのデータソース，コールセンターの統計的サマリーを蓄積したオラクルデータベース，その他のコールセンターの業務に関するデータを蓄積したエクセルのスプレッドシート，顧客企業の IT 部署における DB2 データベースである．

　3 つのデータソースを合わせると，約 100 の変数があり，そのうち 25 が今回のプロジェクトに関係すると考えられた．そのうち 20 が数値型のデータで，5 がカテゴリ型だった．内訳はサービスタイプ，カスタマータイプ，リクラメーションタイプ，ソフトウェア修正タイプ，優先度である．なお，先に利益の評価で算出した相関度はこの 25 の変数に対して算出したもので，元の 100 の変数に対して算出したものではないことに留意しておきたい．

　ストロング氏と IT マネージャーは 3 年分のデータを使ってコールセンターの

---

[3] 訳注　不要になったファイルやデータを削除し領域を再利用すること．

クレームとITプロセスについてモデリングを行うこととした．ビジネスサイクルは季節に従ったものではないことは明白だったが，カスタマーからの電話の量に1年間の中で波がある．前述の3つのデータソースを合わせると3年分で25,000件のデータ量となる．ストロング氏とITマネージャーは，データ，業務，ITプロセスに関して関係者に尋ねることができる．ITマネージャーは，データソースから必要なデータのみを抽出するためにデータの技術的な側面での解釈に時間を費やす．これはデータに関して高いレベルの熟練した知識があることを示す．プロジェクトのコストに影響を及ぼす因子は以下のとおりである．

- データのアクセシビリティ：容易にアクセスできる3つのデータソース．
- コンプレキシティ：25の変数．
- データの量：25,000件．
- 熟練度：高い．

## ストロング氏のプロジェクトにおける利益およびコストの総括

まず利益について総括する．現在の機能性は0.62の中程度であり，大きな改善の余地が見込まれるため，きわめて好ましい結果といえる．モデルに利用できるデータのカバー度は0.85で，信頼度も0.92と高く，このプロジェクトの成功が期待される．ビジネス課題とデータとの相関は0.9と高く，これも好ましい結果といえる．ボラティリティは0.1であり，モデルも長くもつだろう．「プロジェクトの利益に影響を及ぼす因子」で定義した公式では，将来の機能性は相関度，信頼度，カバー度の平均から求めることができ，(0.9 + 0.92+0.85)/3=0.89となる．ここから現在の精度である0.62を引くことで改善度が0.27，つまり27パーセントと推計される．ストロング氏はこの結果を実務プロセスの改善度として解釈でき，また金銭価値に変えられるともいえる．

次にコストについて総括する．データについては，データソースの数は3つと少なく，十分なアクセシビリティがあるといえる．しかし，OracleとDB2[4]はそれぞれ，コールセンターと顧客企業と異なる企業の中にあり，これらのデー

---

[4] 訳注　リレーショナルデータベース管理システム（RDBMS）．

タをまとめるためのコストについてはより詳細な検討が必要である．コンプレキシティについては，データに 25 の変数があり，これは中程度のレベルといえる．しかし，これらの変数については，異なる多くのカテゴリをもたないか，元の変数から新しい因子を作成する必要がないかなど，今後各々の変数について検討する必要がある．データの量は 25,000 件と，このタイプの問題にしてはやや多いといえる．熟練度については，ストロング氏および顧客企業の IT マネージャーが実務も担当しているため十分といえるだろう．しかし，日々のコールセンター業務および IT 部署の業務の負担を軽減して，このプロジェクトに十分な時間を割く必要がある．総じて，このプロジェクトは中程度のコストがかかりうると評価できる．

　プロジェクトにおいて経済面のコスト評価をする際，以下の 2 つの要素を考える必要がある．1 つ目の要素はデータ分析を専業とする外部コンサルタントのサービス利用であり，もう 1 つの要素は，ストロング氏，コールセンターの実務マネージャー，コールセンターのオペレーター，IT マネージャー，IT 部署のエンジニアといった今回のプロジェクトメンバーがプロジェクトに携わる時間である．また今回と同様の特徴，中程度のコンプレキシティをもつプロジェクトの場合，データ分析用のソフトウェアの賃貸もしくは購入も勧められる．27 パーセントの利益および中程度のコストとすれば，ストロング氏はこのプロジェクトを迷わず進めた方がよいだろう．

## 例 2：オンラインミュージックアプリの事例——目的：モバイルデバイスにおける広告効果

　「メロディオンライン」は新しくリリースされた，iPhone, iPad, Android といったモバイルデバイス用のミュージックストリーミングアプリである．その収入基盤は広告なしの有料アカウントユーザに対する課金と，無料アカウントユーザにおける広告収入（広告はアプリ起動時に挿入される）である．このアプリは以前，非モバイル環境（デスクトップ，ノートブック PC など）のみで提供されており，この企業はモバイルデバイスにおける広告効果を評価したいと考えている．無料アカウントのユーザが広告を消し，曲を選択，再生する

までにはごくわずかの時間しかない．そこでメロディオンライン社は，モバイルデバイスのユーザが曲を聴いている時間と非モバイル環境のユーザのそれを比較可能かどうかを評価したいと考えた．また，メロディオンライン社は，位置情報データなどの新しいタイプのデータと組み合わせることでモバイルデバイスのユーザの行動を把握したいとも考えている．

このプロジェクトに影響を与える因子には以下のように数値を設定した．今回利用するデータはビジネス課題と高い相関 0.9 をもつ．50 パーセントのユーザはカテゴライズ済みであるため，現状の精度は 0.5 である．

モバイルデバイスユーザのデータは 6 ヶ月分のみではあるが，100 パーセント利用することができ，非モバイル環境ユーザのデータは 5 年分利用できる．すべてのユーザタイプおよび行動をカバーしようとすれば少なくとも 2 年分のデータが必要であるため，現状では必要なデータの 4 分の 1 のみがカバーされているといえる．ユーザデータは cookie により自動的に登録され，データベースに格納される．この際，5 パーセントのエラーが起きる．したがって，カバー度は 0.25 で信頼度は $(1 - 0.05) = 0.95$ となる．メロディオンライン上で利用できる楽曲のジャンルおよびアーティストは，楽曲の傾向の変化や新しいアーティストの登場に伴い継続してアップデートされている．これは 1 年間で全楽曲の 25 パーセントが入れ替わることを意味する．したがって，ボラティリティには 0.25 を設定する．利益の観点から見たプロジェクトクオリティモデルは以下のように要約される．

- 現在の機能性：0.50 と中の下レベル
- 将来の機能性：
  - カバー度：0.25（低）
  - 信頼度：0.95（高）
  - ビジネス課題との相関：0.9（高）
- ボラティリティ：0.25（中程度）

このプロジェクトのコストについては以下のような値を設定した．

メロディオンライン社は，ユーザのセッションや行動履歴の統計的サマリーを Access データベースに格納して管理している．いくつかのレコードは Excel

スプレッドシートに変換され，マネジメント用のモニタリングに利用されている．したがって，データソースはAccessデータベースとExcelスプレッドシートの2種類あることになる．

2つのデータソースを併せると40の変数があり，そのうち15が今回のモデリングに関係しているとマーケティングマネージャーは考えている．そのうち10個の変数は数値型のデータ（広告リスニング時間の平均など）であり，5個の変数がカテゴリ型の変数（ユーザタイプ，楽曲タイプ，広告タイプ等）である．1にあったように，ビジネス課題との相関度はこの15の変数に対して算出されたものであり，全体の40の変数に対してのものではないことに留意したい．

ITマネージャーとマーケティングマネージャーはビジネスサイクルの特性を考慮した結果，ユーザの行動を2年分の行動履歴データを用いてモデリングすることに合意した．2種類のデータソースを合わせると，500,000セッション分のデータがあり，1セッションあたり平均20レコードが含まれている．したがって，データ量は2年分で10,000,000件となる．

ITマネージャーとマーケティングマネージャーは，データおよび製品のプロセスについての質問への回答に割く時間を確保している．しかし，ITマネージャーはごくわずかの時間しか割けない（このプロジェクトにおける中心人物はマーケティングマネージャーの方である．）したがって，データの熟練度については中程度と評価される．このプロジェクトのコストに影響する因子は以下のとおりである．

- アクセシビリティ：容易にアクセスできる2つのデータソースがある．
- コンプレキシティ：15の変数．
- データ量：10,000,000件．
- 熟練度：中程度．

## メロディオンライン社のプロジェクトに関する利益とコストの総括

まずこのプロジェクトの利益について述べる．現在の機能性は0.5と中の下レベルであり，十分な改善の余地があるといえ，プロジェクトを開始する上で望ま

しい現状といえる．利用できるデータの信頼度は 0.95 と非常に高いデータである．一方，カバー度が低く，これがこのプロジェクトの最大の難点といえる．この 2 つの因子はプロジェクトの成否に大きく関与するものである．データとビジネス課題との相関度は 0.9 と高く，望ましいものである．一方，ボラティリティは 0.25 と中程度であり，分析の結果の寿命短縮につながる．将来の機能性については相関度と信頼度，カバー度の平均によって推計され，$(0.9+0.95+0.25)/3 = 0.7$ となる．ここから現在の精度 0.5 を引くと，改善度は 0.2 つまり 20 パーセントと算出できる．メロディオンライン社はこの値をユーザの広告曝露時間の増加の余地と解釈することができ，この結果を広告予算に反映させるなどの手段で金銭価値に変換することができる．

次にコスト面の評価をする．データソースは 2 つのみであり，データのアクセシビリティは良好といえる．しかし，データのカバー度については必要なデータの 25 パーセントしかカバーされていないなど，低いレベルといえる．コンプレキシティについては変数の数が 15 であり中の下といえるが，個々の変数については多くのカテゴリをもっていないか，新しい因子を元の変数から作成する必要がないかなどを検討する必要がある．データの量は 10,000,000 件と，この種の問題にしては高レベルである．熟練度については，IT マネージャーが事前にあまりこのプロジェクトに時間を割けないことを明言しており，中レベルといえる．このプロジェクトのコストは中の上レベルといえる．本プロジェクトのような特性をもったプロジェクトであればデータ分析のソフトウェアの賃貸または購入が勧められる．また，コストの経済面を検討する際は，データ分析ツールの使用に長けた外部専門家のサービスの利用および内部関係者（IT マネージャーやマーケティングマネージャーなど）が割く時間のコストも考慮する必要がある．

20 パーセントの利益，中の上レベルのコスト，IT マネージャーが十分に時間を割けないこと，データが必要量の 25 パーセントしか使えないことを考えると，メロディオンライン社は十分なユーザ行動データが集まるまでデータマイニングプロジェクトを延期することが勧められる．そして IT マネージャーは自身の役割を，分析プログラマーなどプロジェクトにもっと時間を割ける IT 部署の他のメンバーに交代するべきである．

## まとめ

　本章では，データマイニングにおけるビジネス課題と利益およびコストの観点から，プロジェクトの実行可能性を評価するためのガイドラインおよび評価基準について議論してきた．さらに2つの事例を通して，その基準を適用して，将来の利益およびコストを定量化し，その結果を用いてプロジェクトの進行の可否を決定した．この手法は筆者が実際のデータマイニングプロジェクトを評価する際に使用したもので，データの特性とビジネス課題をふまえた評価をするために設計したものである．

## もっと知りたい読者のために

- Boardman, A.E., Greenberg, D.H., Vining, A.R., Weimer, D.L., 2008. *Cost–Benefit Analysis*, fourth ed. Pearson Education, New Jersey, ISBN: 0132311488.
- Zerbe, R.O., Bellas, A.S., 2006. *A Primer for Benefit–Cost Analysis*. Edward Elgar Publishing, Northampton, MA, ISBN: 1843768976.

# 第3章

# さまざまなデータソースや情報を組み合わせる

## イントロダクション

　本章では，ビジネスデータ分析プロジェクトを行う際に用いるデータソースについて議論する．ビジネスにおいて利用できるデータを充実させるには，さまざまな情報やデータを組み合わせるのが良い．本章では内部データ，つまり製品，サービス，顧客についてのデータに，サーベイやアンケート，ロイヤルティや顧客カードなどから得られるフィードバックを合わせたデータの議論から始める．また，本章では外部データも扱う．これはビジネスや顧客に影響を与える外部環境のデータを指す．具体的には，デモグラフィックデータやセンサスデータ[5]，マクロ経済学的データ，競合についてのデータ，株やシェア，投資についてのデータなどがある．それぞれのデータソースについて，それがどこにありどのようにして得られるかについて事例を用いて解説する．

　読者によってはすでに馴染みのあるデータソースもあるだろうが，その場合であってもデータマイニングプロジェクトにおいてどのように使えばいいか助けになるだろう．表3.1にはビジネス課題およびビジネスデータマイニングとデータソースの対応例を示した．表の2〜8列目には本章で言及する7つのデータソースを示した．ビジネス課題と書かれた列には一般的なビジネス課題の例を示した．各セルはどのデータソースがどのビジネス課題に必要か示している．

---

[5] 訳注　国勢調査データ．

## 表3.1　ビジネス課題およびビジネスデータマイニングとデータソースの対応例

| ビジネス課題 | データソース※1 | | | | | | |
|---|---|---|---|---|---|---|---|
| | 内部データ | | | 外部データ | | | |
| | 製品およびサービス情報 | サーベイもしくはアンケート | ポイントカード | デモグラフィックデータ※2 | マクロ経済データ | 競合の情報 | 株価情報 |
| 顧客データのデータマイニング | 必要 | おそらく必要 | 必要 | おそらく必要 | 不要 | 不要※3 | 不要 |
| 新規顧客獲得に向けたトランザクションデータの分析およびモデリング（クロスセリング、顧客の呼び出し） | 必要 | 必要 | 必要 | | | | |
| 新製品・新サービス発売に向けた市場調査／市場動向の把握 | 必要 | おそらく必要 | 必要 | 必要 | おそらく必要 | 必要 | おそらく必要※4 |
| What-ifシナリオモデリング | 必要 | おそらく必要 | 必要 | おそらく必要 | おそらく必要 | おそらく必要 | おそらく必要※4 |

※1 各行で複数のデータに「利用可能」とある場合は、ビジネス課題に対して複数のデータが利用できることを示す。
※2 ここでいうデモグラフィックデータは匿名化されたものを指す。
※3 顧客の呼び戻しに関するモデリングを行う際は競合の情報が必要な場合もある。
※4 マクロ経済データや株価情報はサーベイの内容によっては不要である。

## データソース

**一次データソース**
一次データソースには製品，サービス，顧客，トランザクションから得られるデータが含まれる．データマイニングプロジェクトはこのようなデータのみを使い，他のデータは使わないと思われがちである．一次データソースは表3.1の「内部データ」と書かれた列に示した．

データマイニングプロジェクトにおいて，ビジネス課題に寄与する因子，および必要なデータソースを検討し，合意を得る必要がある．たとえば，ビジネス課題が顧客の離脱率および脱会率（競合に顧客を奪われること）の減少にある場合，顧客満足度に関連するデータが必要になるが，これは現状のデータベースにはない．このようなデータを得るためにはアンケートを設計し，顧客に対するサーベイを実施する必要がある．データマイニングプロジェクトに必要なデータの定義は第2章から第9章において繰り返し現れるテーマである．新しくビジネス課題に対する寄与因子を定義した場合，それに見合うデータソースを探索し，可能であればサーベイやアンケート，その他新しくデータを手に入れるプロセスを通してデータを入手する必要がある．特定の顧客に関するデモグラフィックデータは，サーベイやアンケート，ロイヤルティ登録フォームなどによって得られる．これは本章で議論する．なお，デモグラフィックデータにはセンサスのような匿名のデータと性別，年齢，婚姻状況など個人を識別できるデータがある．

## 製品やサービスに関するデータ

製品やサービスに関して利用できるデータはビジネスの種類やセクターに依存する．しかし，この種のデータに適用できるいくつかの有用なルールおよび特徴がある．
典型的には，製品やサービスは塗料，ポリマー，農業および栄養，電気，繊維，インテリアデザインといったカテゴリに分類される．各製品はそれぞれ包

装，重さ，色，質といった特徴をもつ．たとえば，塗料はポット単位で売られ，1単位は25キログラムであり，光沢あり・なしを選べ，18種類の色から選べる．製品やサービスが売買されると，それに伴いトランザクションに関するデータが生まれる．たとえば，売られた場所（店，コマーシャルセンター，ゾーン），日時，どのくらい割り引いたか，顧客名などである．売買トランザクションデータは6ヶ月前までさかのぼることができる．

---

### 内部コマーシャルデータ

**ビジネスレポーティング**

内部コマーシャルデータによって一定の期間内の地理的条件におけるサマリーレポートを作成することができる．レポートは製品単位のサブセクションをもつ．たとえば，第2四半期における東部地域の塗料の総売上が書かれたレポートがあるとする．このレポートには各地域の売上げ割合（例：南部35パーセント，北部8パーセント，東部20パーセント，中央部25パーセント，西部12パーセント）や製品群ごとの売上げ割合（例：塗料27.7パーセント，ポリマー20.9パーセント，農業および栄養15.2パーセント，電機12.8パーセント，繊維およびインテリア23.4パーセント）が含まれる．

---

このデータから塗料に関しては1つの製品ラインが中央リージョンで最多売上を上げており，前四半期のポリマーの売上が前年度比で8％増加していることがわかる．一方，電機は4.5％減少している．また，平均と比べてそれを上回っているか下回っているかということもわかる．これによりどこで必要な手を打つべきか，それともうまくいっていることを賞賛すべきかを判断する．営業や販売代理店への手数料といった製品もしくはランニングコストからも情報を引き出すことができる．製品ラインはそれぞれ固有のコスト情報をもつ．これは投資額や生産機械から推定される減価償却費，インフラコストや原材料費といったものを含む．コストは製品の量に応じて変動する．一般的に商品が売れれば売れるほど利益のマージンは増加する．営業によって得られるグロスのインカムまたはランニングコストがわかれば，正味のインカム，プロフィットが計算できる．つまり製品，サービス（製品群，サービス群）から収益性を算出できる．ビジネスにおけるデータ分析で詳細な製品コストの算出がいつもな

されるとは限らない．代わりに，ビジネスにおけるデータ分析では定性的・定量的なビジネス指標に興味が集中する．これらの指標を測ることで収益性が改善しているのか悪化しているのか，その原因はビジネスのやり方が悪いのか外部要因なのかを判断できる．明らかにわかることだが，本節で扱ったデータは分析で利用する他のデータと相関している．たとえば，リージョン別の，または，特定の売上データから得られる顧客プロフィールは特定の顧客タイプと相関している．ほかにもサービスや製品のカテゴリには金融製品のリスクレベル（低・中・高），航空サービスにおける低コストフライト情報，スーパーマーケットにおける基本（必要最低限）の製品ライン，プロフェッショナル・プレミアム・ベーシックといったインターネットサービスやソフトウェアにおける製品タイプが挙げられる．このようなデータの海におぼれてしまわないためには，製品，サービスにおいて，必要に応じてサブグループ化して適切な分類システムを構築する必要がある．また，セールスチャネル，リージョンオフィスといったビジネス構造をふまえた適切な分類も重要である．製品，サービス，セールスチャネルに対する分類は，ビジネスデータを探索しモデリングしていく上で重要な要素である．

## サーベイとアンケート

　サーベイとアンケートはマーケティングを行う上で欠かせない道具である．これにより，潜在的な顧客からのフィードバックを得ることができ，現状のトレンドやニーズを掴むことができる．また，これは紙というよりもオンラインのアンケートに言えることだが，データ捕捉率を上げ，インプットの質をコントロールすることができる．市場サーベイのスタイルや内容は，ビジネスのタイプや性質に依存する．

### アンケートデータを捕捉する目的
　データを捕捉する目的は，顧客のプロフィールを作成・理解し製品やサービスを売上げ，あたかも顧客のことを知り抜いているように個別化した注意を向けることで顧客満足度を上げることにある．過去に使ったアンケートが顧客の

反応を適切にモデリングできなかった，もしくはビジネス課題に強い相関をもつ変数をとれていなかったという理由で，新しいマーケティングキャンペーンを計画している会社があるとしよう．ここで重要なのは，アンケートやサーベイを設計する際にビジネス課題を念頭におくことである．

### サーベイ，アンケートフォームの例

この節ではサーベイおよびアンケートフォームについて3つの事例を紹介する．各事例はそれぞれ異なるビジネス課題やビジネス領域を対象にしている．事例1は潜在顧客へのターゲティングを目的としてマーケットの情報を得るために設計されたフォームである．一般的なビジネス課題として，潜在顧客から実際の顧客への移行率の増加が挙げられる．事例2はモーゲージローン[6]のクロスセリングを目的として現在の顧客から追加で情報を引き出す目的で設計したものである．事例3は保険会社において顧客の解約理由を知る目的で設計したものである．この事例におけるビジネス課題は，解約理由を知ることによって今後の取引において顧客の解約や乗り換えに対する予防策をとることである．

これまでの例には，Yes/No式の質問やマルチプルクエスチョン，数値で答えさせるものから日付，自由記述欄とさまざまな回答形式が混在していた．また，製品，サービス，セールスチャネル，カスタマーサポートなどの質について尋ねるこの種のサーベイは匿名回答であることが多いが，回答者が望む場合であれば実名の記入を促すこともある．事例1の問3ではプルダウンリストを用いていた．これはデータ入力の質をコントロールし，一貫性をもたせるための工夫である．質のコントロールと一貫性の保持は，回答データをデモグラフィックデータ（回答者がすでにそのサービスの顧客であれば顧客データ）と連結する際に重要である．なぜなら，この回答データがそのままそのデモグラフィックデータのデータとなるからである．

---

[6] 訳注　不動産（住宅）抵当借入．いわゆる住宅ローン．

1. 新しく車を購入する予定はありますか？
    - ☐ はい
    - ☐ いいえ
2. 1について「はい」と答えた方にお尋ねします．購入予定時期はいつですか？
    - ☐ すぐに
    - ☐ 1ヶ月以内
    - ☐ 1年以内
    - ☐ まだ決めていない
3. 現在保有している車のメーカーとモデルを教えてください．
    - − メーカー
    - − モデル
4. 現在の車に乗っている年数を教えてください．
    - − 年数
5. 車の用途を教えてください．
    - ☐ 仕事用
    - ☐ レジャー
6. 車を購入する際に最も重視する特徴を選んでください．
    - ☐ ABS
    - ☐ 環境にやさしい
    - ☐ 燃費が良い
    - ☐ 馬力
    - ☐ エアコン
    - ☐ 安全性（エアバッグ，側面保護）
7. 車の購入にいくらまで払えますか．
    - ☐ 15,000ドル未満
    - ☐ 15,000-25,000ドル未満
    - ☐ 25,000-50,000ドル未満
    - ☐ 50,000ドル以上

**事例1** 自動車に関するサーベイ（目的：潜在顧客の評価）

回答フォーム
より良いサービスにつなげるために本サーベイの参加をお願いします.
当行のモーゲージローンについてご存じになったきっかけを教えてください.
　　　　□　A. 支店長経由
　　　　□　B. カスタマーサービス
　　　　□　C. インターネット
　　　　□　D. その他
当行はお客様がお求めになった情報を提供しましたか？
　　　　□　はい
　　　　□　いいえ
情報の有用性を10段階で評価してください.

├─────┼─────┼─────┼─────┼─────┼─────┼─────┼─────┼─────┤
1　　　2　　　3　　　4　　　5　　　6　　　7　　　8　　　9　　　10

情報のわかりやすさを評価してください.
　　　　□　わかりやすかった
　　　　□　難しかった
当行からの回答は迅速でしたか？
　　　　□　非常に迅速だった
　　　　□　迅速だった
　　　　□　ふつう
　　　　□　遅かった
　　　　□　非常に遅かった
モーゲージローンについて最も重視する点を教えてください.
　　　　□　金利
　　　　□　払い戻しまでの期間
　　　　□　柔軟性
　　　　□　頭金の額
あなたは当行のお客様ですか？
　　　　□　はい
　　　　□　いいえ

お客様の氏名 _____

**事例2**　銀行のサーベイ（目的：クロスセリングおよび解約防止）

```
回答フォーム
このたびは弊社の金融商品を解約されるとのこと，まことに残念でございます．
もし私共にできることがありましたらカスタマーサポートまでお知らせください．

解約理由を以下からお選びください．
   □  1. 利率に不満があった
   □  2. 保険の条件および給付範囲に不満があった（具体的に：          ）
   □  3. カスタマーサービスに不満があった（具体的に：          ）
   □  4. 勤務先の都合（勤務先が保険を提供している場合）
   □  5. 経済的に再検討した結果
   □  6. 転職・転居先に利用可能な支店がない
         （新住所をご記入ください                                        ）
   □  7. 保険契約の乗換え
         （乗換先の保険会社をご記入ください                        ）
   □  8. その他（具体的に                                                ）

記入日 _____
```

**事例3** 保険会社のサーベイ（目的：解約理由の把握）

## アンケートの設計

### ビジネス課題に沿ったデータの結合

　仮にアンチスパムソフトウェア開発企業のビジネス課題が「どの顧客がエンタープライズ製品を購入するか」であり，現状よりも正確なセグメンテーションを行いたいというものであったとする．アンケートの項目の1つは「先月届いたスパムメールの件数は何件ですか」というものであり，回答者は自身の名前を記入したものとしよう．この情報は回答者のデモグラフィックデータと結合され，回答者は勤務先のある金融サービス企業の住所を自身の住所情報として登録していることがわかり，さらにその企業が使っているフリーのウイルス対策ソフトをすでにインストールしていることもわかる．この情報にさらにいくつかのデータベースを組み合わせると，彼の勤務先企業の従業員数がわかり，この情報と先のスパムメール受信件数を組み合わせることで，その企業が受け取るであろうスパムメールの総数が推定でき，結果として，どのくらいの商機があるか定量化できる．以上が顧客のデモグラフィックデータと回答データの結合が重要な理由である．

## サーベイとアンケート：データテーブルの実装について

　本節では，前節で議論した登録フォームを用いて捕捉したデータテーブルを検討する．表3.2では，事例1で示した自動車に関するサーベイから得られた4つのレコードを示している．このデータは匿名のサーベイであり，個人情報は含まれていない．「いつ買ったか」の列には3～4行にのみデータが含まれている．なぜなら，直前の質問で「車を買ったか」について「はい」と回答したときにのみ値が入力されるからである．「好きな特徴」と書かれた列は複数の回答が含まれる．本表のカテゴリの説明は，理解を容易にするためにアンケートのものと同じにしている．また，この表は実際のデータベースのテーブルを模しているが，実際には回答はメモリを節約するためにA，B，C，Dもしくは1，2，3，4とコーディングされて蓄積される．なお，コードとディスクリプションは対応表という形でメインのテーブルと何らかのキーで紐づくように別テーブルとして保存されることが多い．

　表3.3は，事例2のサーベイで得られたデータを示している．このサーベイは，回答者が匿名で回答するか否かを選べるというものであった．3つ目の質問の「情報の利用性」および「回答者の氏名」は自由記述となっているが，それ以外の質問はカテゴリーから選択するという形式である．自由記述タイプの質問は，テキストマイニングが可能なアプリケーションによって検知可能である．繰り返しになるが，先の例と同様，実際のデータベースではカテゴリの説明はコード化され，その対応表が別テーブルとして保存される．

　表3.4は，事例3の保険会社のキャンセルに関するアンケートで得られた4つのレコードを示している．アカウントをキャンセルするために回答者を特定する必要があるため，このアンケートは匿名では回答できない．また顧客の主な興味はアカウントをキャンセルすることにあるため，キャンセルの理由を最後まで答えることは期待できない．全体のレコードに大量の欠損値が含まれることが予想される．キャンセルの理由としては複数のものが用意されており，コードはデータテーブルの最初の列にベクトルの形で保存されている．2列目から6列目までに格納されているデータは理由のコードに対応しているが，この

表 3.2 例 1 で示した自動車に関するサーベイから得られたレコード

| 車を買う | いつ買う | メーカー | モデル | 乗車年数 | 用途 | 優先する特徴 | 価格 |
|---|---|---|---|---|---|---|---|
| いいえ | — | シボレー | ボルト | 1 | 仕事 | ABS, 燃費が良い, 環境にやさしい | 25,000-50,000ドル未満 |
| はい | — | フォード | フュージョンハイブリッド | 2 | 仕事 | 燃費が良い, 環境にやさしい | 25,000-50,000ドル未満 |
| はい | 1年以内 | クライスラー | 200 | 5 | レジャー | 安全性, ABS | 15,000-25,000ドル未満 |
| はい | 1年以内 | フォード | エクスプローラー | 8 | レジャー | 馬力, 安全性 | 50,000ドル以上 |

表 3.3 例 2 で示した銀行のサーベイから得られたレコード

| 情報源 | 情報は提供したか | 情報の有用性 | 情報のわかりやすさ | 回答のスピード | 重視する点 | お客様かどうか | 回答者名 |
|---|---|---|---|---|---|---|---|
| B | Yes | 9 | 簡単 | ふつう | 金利, 払い戻しまでの期間 | はい | Bob Jackson |
| C | Yes | 8 | 簡単 | ふつう | 金利 | はい | |
| C | Yes | 7 | 簡単 | ふつう | 払い戻しまでの期間 | いいえ | Karen Diensen |
| C | Yes | 8 | 難しい | 遅い | 払い戻しまでの期間, 頭金の額 | いいえ | |

表3.4　キャンセルフォームから得られたデータ

| 理由（1から8まで） | 気に入らなかった条件 | 気に入らなかったサービス | 新しい住所 | 乗換先の保険会社 | 乗り換えた理由 | 日付 |
| --- | --- | --- | --- | --- | --- | --- |
| [1, 2, 3] | 保険金限度額無がよかった | - | - | - | - | 2014/10/20 |
| [1, 2, 3] | 事故発生時の対応に問題あり | 自動車保険 | - | 21st Century Insurance | - | 2013/03/05 |
| [3, 7] | - | - | - | Meachants Insurance Group | - | 2012/07/15 |
| [1, 7] | - | - | - | - | - | 2012/02/01 |

フォームではおそらく使われることはない．事例1，2とは異なり，事例3ではいくつかの自由記述回答が可能になっている．仮にこのデータを利用したい場合，データ前処理およびそこからの情報の抽出は面倒になる．

　複数のデータソースを結合するときには共通の結合キーが必要となる．したがって，匿名の形で収集されたデータはカスタマーIDで直接結合するようなことはできない．次の節では顧客の識別子を含めたデータをどのようにして収集するかについて議論する．

**フォームを設計する際に気をつけること**

　回答フォームの設計はデータの質に大きく関わる．第5章ではデータの質の評価と保証について詳しく述べる．具体的にはデータフォーマットと型の一貫性を保つこと，得られるデータすべてがビジネス課題に関連していることが含まれる．つまり，フォームの設計者はビジネス課題を考慮して変数の選択やデータ型のアサインを行うべきである．第4章では各質問項目にどのようなデータ型をアサインすべきかについて述べる．入力されるデータの質を高めるには，

カテゴリから回答を選ばせ，必要なときにのみテキストフィールドを用意するという2つの方法がある．

## ポイントカード/お客様カード

　ポイントカードサービスには2つの目的がある．1つ目の目的として，ポイントカードサービスによって顧客により良いサービスを提供できる．顧客は低利率のクレジットサービスを利用でき，月単位で自身の購買履歴を把握できる．そして購買状況に応じてポイントがつき，一定以上ポイントが貯まれば商品と交換することもできる．2つ目の目的として，ポイントカードサービスによる顧客の購買行動について知見の獲得が挙げられる．ポイントカードサービスの利用に伴い蓄積した顧客のデータを用いることで，顧客のプロフィールに応じたマーケティングプロモーションを打つことができる．データマイニングにおけるビジネス課題としては，特定の商品における潜在顧客の発掘や，クロスセリング，キャンペーンの実施が挙げられる．

---

**ポイントカードサービス**

**ビジネス課題**

　ポイントカードプログラムを設計する際，ビジネス課題は何か，製品やサービスはどのような種類のものかについて考えておく必要がある．また，ビジネス課題を解決する上で信頼性および関連性の高いデータを収集し，分析できるようにしておく必要がある．たとえばスーパーマーケットのお得意様プログラムを考えてみよう．これは特定の商品を特定の時間に安売りするというものである．その目的としては，新製品およびキャンペーンの前準備としての購買行動の把握や，特定の顧客層のデモグラフィックデータについてより理解を深めたい等が挙げられよう．たとえば安売りに対する顧客の行動について関連性をもち信頼のおけるデータが入手できた場合，既存のポイントカードプログラムの価値を高め，改善に利用できるだろう．

## ポイントカードの登録フォーム

　ポイントカードの登録フォームについて考えてみよう．まず顧客はポイントカードを得るために登録フォームに情報を入力する．登録フォームは個人情報保護の現行法を遵守し秘密を保持するという約束のもと，顧客についての情報を質問するような設計になっている．次の節ではポイントカードの登録フォームの実例をとりあげる．登録フォームにおける質問は，製品，サービス，それを扱う企業によってさまざまである．

　登録フォームにどのような情報を含めるかは，ビジネス課題を考慮した上で決めるべきである．事例4および6では，製品のターゲットとなる層を考えるためにデモグラフィック情報を取得している．事例5では，顧客セグメンテーションを行い，営業チャネルの効果検証を行うための情報を取得している．事例7では，顧客プロファイリングを行うためにデモグラフィック情報および製品についての情報を取得すると同時に，マーケットアウェアネス（市場浸透度）を改善するために競合についての情報も取得している．

　（Eメールなどの）基本的なコンタクト情報やビジネス課題に直結したデー

```
会員登録フォーム
氏名：_____
住所：_____
市：_____
郡：_____
州：_____
郵便番号：_____
電話番号：_____

ご家族の人数（あなたも含みます）：_____
ご家族それぞれの年齢（あなたも含みます）：_____
ご家族それぞれの性別（あなたも含みます）：_____
コメント：_____
_____
```

**事例4**　インターネット/テレビで通信販売を行う家庭用品の企業の会員登録フォーム

```
お客様カード登録フォーム
氏名：_____
住所：_____
市：_____
郡：_____
州：_____
郵便番号：_____
国：_____
電話番号：_____
Eメールアドレス：_____
誕生日（MM/DD/YYY）：_____

現在あなたは
  A. メカニクスに興味がある
  B. レースに興味がある
  C. カートに興味がある
  D. 自動車を扱う部門に勤めている

弊社を知ったきっかけを教えてください．
  A. インターネットから
  B. 友人・知人から
  C. 雑誌広告から
```

**事例 5** カー用品を扱うウェブサイトのお客様カード登録フォーム

タを取得するための質問は必ず含んでおくべきものである．また，データの信頼性を高めるためにも，回答は自由記述で取得するよりもカテゴリーからの選択やマルチプルクエスチョン等で取得した方がよい．

　事例4から7では，氏名や住所，電話番号など共通して尋ねている項目がある．またビジネス分野特有の項目もある．たとえば，事例5では自動車に関するユーザの興味を尋ねている．

　また事例7の婚姻状況に関する質問のように複数の選択肢から1つだけ選ばせる質問もある．

　質問によっては，上記の事例5の自動車についての質問のように複数回答を許す場合もある．上記質問の例で言えば「カーレースに興味がある」と「自動

```
┌─────────────────────────────────────────────┐
│ お客様カード登録フォーム                      │
│ 氏名：＿＿＿＿＿＿＿＿＿＿＿＿＿＿＿＿       │
│ 住所：＿＿＿＿＿＿＿＿＿＿＿＿＿＿＿＿＿     │
│ 市：＿＿＿＿＿＿＿＿＿＿＿＿                 │
│ 郡：＿＿＿＿＿＿＿＿＿＿＿＿                 │
│ 州：＿＿＿＿＿＿＿＿＿＿＿＿                 │
│ 郵便番号：＿＿＿＿＿＿＿＿＿＿＿             │
│ 電話番号：＿＿＿＿＿＿＿＿＿＿＿             │
│ Eメールアドレス：＿＿＿＿＿＿＿＿＿＿＿＿   │
│ 誕生日：＿＿＿＿＿＿＿＿＿＿＿＿＿           │
│                                             │
│ 母語を教えてください                         │
│   A. 英語                                    │
│   B. スペイン語                              │
│   C. フランス語                              │
│   D. その他　具体的に：＿＿＿＿＿＿＿＿＿＿ │
│                                             │
│ 肌のタイプを教えてください                   │
│   A. 脂性肌                                  │
│   B. 混合肌                                  │
│   C. 正常                                    │
│   D. 乾燥肌                                  │
└─────────────────────────────────────────────┘
```

**事例 6** 香水チェーン店お客様カード登録フォーム

車部門で働いている」の両方を選択する場合もあるだろう．多くの質問（年齢や子供の数等）は，回答は任意である一方，氏名や住所，きわめて興味のある項目については必須回答とする場合もある．必須回答項目は通常，アスタリスクなど目印をつけることが多い．

　航空会社におけるマイル登録カードの登録フォームの例は，網羅的でよく考えられた事例である．アンケートを設計する際は，アンケートの目的を満たすカギとなる情報を漏らさないようにする必要がある．事例 4 では，この企業はインターネット上でビジネスを展開しているにもかかわらず，顧客の E メールアドレスを尋ねていない．

　アンケートで得られるデータの型としては，自由記述のテキストデータ（氏

氏名（姓/名）：＿＿＿＿＿＿＿＿　＿＿＿＿＿＿＿＿
生年月日：
性別：＿＿＿＿＿＿＿
婚姻状況：
　A. 独身
　B. 結婚している
　C. 離婚した
　D. 死別した
子供の数：＿＿＿＿＿＿＿＿＿＿＿＿＿＿＿＿
子供の生年月日：＿＿＿＿＿＿＿＿＿＿＿＿＿＿＿＿＿＿
住所の所属：
　A. ご自宅
　B. 職場
住所：＿＿＿＿＿＿＿＿＿＿＿＿＿＿＿＿＿＿＿＿＿＿＿＿＿＿＿＿＿＿＿＿＿＿
市：＿＿＿＿＿＿＿＿＿＿＿＿＿＿＿＿＿
郡：＿＿＿＿＿＿＿＿＿＿＿＿＿＿＿＿＿
州：＿＿＿＿＿＿＿＿＿＿＿＿＿＿＿＿＿
郵便番号：＿＿＿＿＿＿＿＿＿＿＿＿＿＿＿＿＿
電話番号：＿＿＿＿＿＿＿＿＿＿＿＿＿＿＿＿＿
Eメールアドレス：＿＿＿＿＿＿＿＿＿＿＿＿＿＿＿＿＿＿＿＿＿
会社名：＿＿＿＿＿＿＿＿＿＿＿＿＿＿＿＿＿＿＿

お客様が弊社から情報を受け取る際に用いる言語
　A. 英語
　B. スペイン語
　C. その他　具体的に：

通常のあなたの航空機の手配をするのはどなたですか？
　A. ご自身
　B. 秘書
　C. その他

既に他のマイル会員に登録されていますか？
　はい
　いいえ

「はい」と回答した方にお尋ねします．どちらの航空会社の会員ですか？
　デルタ航空
　ユナイテッド航空
　ブリティッシュエアウェイズ
　エアーフランス
　その他

1年間で国際線を利用される回数を教えてください．

席のお好みを教えてください．
　A. 窓側
　B. 通路側
　C. どちらでもよい

**事例7**　航空会社におけるマイル会員登録フォーム

名，住所等）やカテゴリーデータ（A，B，Cといった複数の選択肢から選ばれたデータ）がある．また，子供の数や年齢，年間の航空機利用回数といったデータは数値型であり，生年月日は日付型のデータとなる．データの質という観点から言えば，カテゴリーデータは質をコントロールしやすい．一方，自由記述のテキストデータは，ユーザごとに入力に一貫性をもたないため，このデータを用いて分析を行う際にはテキストマイニング等の特殊な処理を必要とする．

## ポイントカードの登録フォーム：データテーブルの構成

　この節では，事例4から7で紹介した登録フォームから取得したデータで構成されたデータテーブルについて検討する．表3.5には個人情報に関するデータが含まれており，この点において表3.2から3.4で紹介したデータとは異なる．これは表3.5のデータがインターネットおよびテレビで展開する通信販売企業のポイントカードの登録フォームから得られたデータだからである．顧客がこのカードを入手したい場合，すべての必須回答項目に回答する必要がある．顧客によっては，電話番号や家族の構成人数などは非常にセンシティブな情報であり，その詳細について回答したくない場合もあるだろう．このようなビジネスにおいては家庭についての情報は非常に重要である一方，電話番号については代わりの連絡先としてEメールアドレスを尋ねておけば必須回答としなくてもよいだろう．（必須回答項目としていない）家庭についての情報の回答率を上げるためには（金銭的）インセンティブや子供に対してプレゼントを送るといった特典を設けるという方法が考えられるだろう．以上のような方法で登録フォームについての回答率を上げることができる．

　表3.6では，カー用品を扱うウェブサイトにおける登録フォームから得られるデータを示した．ここで得られる情報の多くは個人情報だが，ある項目はビジネスについて関連した項目を尋ねている（あなたの興味は…）．最後の質問では顧客がどのような経緯でこのサービスのことを知ったかを尋ねているが，これは広告の費用対効果を測定する上で重要な項目である．表3.5のデータとは異なり，このフォームでは「郡」についての項目がある．ここで国が異なる場合，郡，州，郵便番号といった項目はフォーマットが異なることを考慮すべきで

表 3.5 通信販売企業のポイントカードの登録フォームから得られたデータ

| 姓 | 名 | 住所 | 市 | 郡 | 州 | 郵便番号 | 電話番号 | 家族の人数 | 家族の年齢 | 家族の性別 | コメント |
|---|---|---|---|---|---|---|---|---|---|---|---|
| Essie | Roudabush | 6220 S Orange Blossom Trl | Memphis | Shellby | TN | 38112 | 901-327-5336 | 1 | 31 | 女性 | |
| Bernard | Fifield | 22661 S Frontage Rd | Phoenix | Maricopa | AZ | 85051 | 602-953-2753 | 3 | 40<br>42<br>12 | 男性<br>女性<br>女性 | |
| Valerie | Haakinson | New York | New York | New York | NY | 10001 | 212-889-5775 | 2 | 25<br>27 | 女性<br>男性 | |
| Marianne | Dragaj | 14225 Hancock Dr | Anchorage | Anchorage | AK | 99515 | 907-345-0962 | 4 | 45<br>47<br>15<br>18 | 女性<br>男性<br>男性<br>女性 | |

表 3.6　カー用品のウェブサイトの登録フォームから得られたデータ

| 姓 | 名 | 住所 | 市 | 郡 | 州 | 郵便番号 | 国 | 電話番号 | Eメール | 生年月日 | あなたの現状 | どうやって知ったか |
|---|---|---|---|---|---|---|---|---|---|---|---|---|
| Haley | Sharper | 100 E Broad St | Evansville | Vanderburgh | IN | 47713 | US | 812-412-4804 | haley@sharper | 1960/12/23 | A | A |
| Allysen | Seid | 1722 White Horse Mercerville R | Trenton | Mercer | NJ | 8619 | US | 609-584-1794 | allysen@seid.com | 1995/01/01 | A | A |
| Joan | Pujol | Av. Pedralbes, 33, 1, 1 | Barcelona | Bercelona | CAT | 08034 | Spain | (+34) 93-1050122 | Joan.pujol@yahoo | 1980/06/15 | A | A |
| John P. | Smith | 78 James Street | Salisbury | Adelaide | SA | 5108 | Australia | +(61)8 8406 280922 | Jpsmith55@egcit.au | 1975/12/12 | D | A |

ある．3行目のデータではスペインの地名であるカタロニアの略称であるCATが州のフィールドに入力されている．また郡のフィールドに入力されているバルセロナは地方自治体であり，スペインにおける郵便番号はアメリカのフォーマットとは異なる．またスペインの住所は街路名，家もしくはブロックの番号，階数もしくはアパートの号数という順で構成されている．4行目のデータにはオーストラリアの住所が入力されている．これはアメリカの住所データとよく似た構造となっている．また，3，4行目に含まれる電話番号は国ごとのコードを先頭につけることになっている．適切なフォーマットによる入力はデータの信頼性に大きな影響を与える．したがって，各入力フィールドにフォーマットをコントロールするような仕組みを作るといった対応が必要である．ポイントカードの登録フォームの設計におけるこういった細部の作り込みには細心の注意を払うべきである．第5章では，どのような注意を払うべきか，より詳細に検討する．

　表3.7では，香水チェーンにおけるポイントカードの登録フォームから取得したデータを示した．大部分の項目は申込者自身についての情報を尋ねており，1項目（肌のタイプ）のみ製品に関連する項目を尋ねている．用いられているデータの型はテキストデータ，日付型データ，カテゴリーデータである．氏名は姓名が同一フィールドに格納されており，これは今後ダイレクトメールを送るときの処理において面倒なことになる．また，このビジネスは「香水を売る」というものである以上，大部分の顧客は女性であるとは思われるものの，このフォームでは顧客の性別を尋ねていない．今後香水だけでなく，デオドラントや他のスキンケア関連製品を売っていこうと考えているならば性別は尋ねておくべきだろう．

　表3.8では航空会社におけるマイル登録フォームの事例を示した．本事例は，顧客の個人情報や提供サービスについて詳細に尋ねているという点で，これまでの事例の中で最も網羅的な設計となっている．どの項目を必須回答項目とするかは非常に難しいトピックである．たとえば，申込者の氏名や生年月日，性別を必須とするのは理にかなっている一方，婚姻状況や，子供の数やその年齢といった項目は一部の申込者にとっては過剰な情報提供であるともいえ，必須回答にするのは避けた方がよいだろう．

表 3.7 香水チェーンのポイントカード登録フォームから得られたデータ

| 氏名 | 住所 | 市 | 郡 | 州 | 郵便番号 | 電話番号 | Eメール | 生年月日 | 言語 | 肌のタイプ |
| --- | --- | --- | --- | --- | --- | --- | --- | --- | --- | --- |
| Colin Evertt | 645 Church St | Grandview | Jackson | MO | 64030 | 816-765-0961 | colin@evertt.com | 1984/12/30 | A | C |
| Jannie Crotts | 101 US Highway46 | Denver | Denver | CO | 80202 | 303-292-5477 | jannie@crotts.com | 1970/05/15 | A | C |
| Jacklyn Catino | 1092 Saint Georges Ave | Faifield | Essex | NJ | 7004 | 973-882-3960 | jacklyn@catino.com | 1963/07/12 | A | C |
| Mariano Argenti | 1201 18th St | Altamonte Springs | Seminole | FL | 32701 | 407-332-9851 | mariano@argenti.com | 1995/11/15 | B | D |

表3.8 航空会社のマイル会員登録フォームから得られたデータ

| 姓 | 名 | 生年月日 | 性別 | 婚姻状況 | 子供の数 | 住所の所属 | 住所 | 電話番号 | Eメール | 企業名 | 使用言語 | 予約の実行等 | 他のマイル会員の登録 | マイル会員の登録企業名 | 国際線の利用回数 | 席の好み |
|---|---|---|---|---|---|---|---|---|---|---|---|---|---|---|---|---|
| Gidley | Gracie | 1975/12/30 | F | S | 0 | B | 2255 Kuhio Ave #1203, Lander, Fremont WY, 82520 | | gracie@gidley.com | United Waste Systems | A | B | N | - | 0 | A |
| Cieloszyk | Karla | 1985/05/18/ | M | M | 2 | B | 22343 Se Stark St, Pensacola, Escambia FL, 32503 | | karla@cieloszyk.com | Manpower Temporary Services | A | B | N | - | 2 | A |
| Blumenthal | Tyree | 1968/07/09/ | M | M | 2 | B | 104 N Aurora St, New York, New York NY 10028 | | tyree@blumenthal.com | P C Systems | A | B | N | - | 2 | B |
| Norris | Bertie | 1955/02/15/ | F | S | | A | 108 Washington St, Houston, Harris TX 77040 | | bertie@norris.com | Ackerman Knitting Products Inc. | A | A | Y | Delta | 5 | B |

テキストデータ，日付型データ，カテゴリーデータ，数値データが混在した事例を表 3.8 に示した．このアンケート設計にはいくつかのミスがある．たとえば，住所の項目には州，郡，市町村，番地，郵便番号といったデータが分けられることなく 1 つのフィールドに格納されてしまっている．これではプロモーションメールを送る際の住所データの整形が非常に面倒である．また，すべてのデータにおいて，子供の生年月日および携帯電話の電話番号の項目はすべて空白となってしまっている．この登録フォームを設計した際には，データ捕捉や処理の面からミスがないかを検討すべきであった．

---

### アンケートの設計

**参考文献**

アンケート設計の詳細は本書の内容を大きく超える．より深く知りたい読者には以下の参考文献を読むことをお勧めする．

- Brace, Ian. 2008. *Questionnaire Design: How to Plan, Structure and Write Survey Material for Effective Market Research.* London, UK: Kogan Page Publishers. ISBN: 9780749450281.
- *Questionnaire Design.* 2005. Adapted by Eiselen, R. J. and Uys, T. from Eiselen, R., Uys, T., and Potgieter, N.
- *Analysing Survey Data Using SPSS13: A Workbook.* Johannesburg, South Africa: University of Johannesburg. Accessed at: http://www.uj.ac.za/EN/Research/Statkon/Documents/Statkon%20Questionaire%20Design.pdf.

---

## ポイントカードの利用についてのトランザクション分析

ポイントカードの申し込み時のデータ捕捉プロセスと併せて考えておきたいのが，カード利用の分析である．顧客がカードを利用すると，購入した製品やサービス，その費用，ポイントカードの利用日時といったログが生成される．このデータは，たとえ匿名のデータであったとしてもデパートやガソリンスタンドにおいては非常に有用なデータである．顧客がポイントカードを利用するたびにトランザクションデータが蓄積され，顧客のトランザクションプロフィー

ルが生成される．（たとえば，80パーセントの顧客が午後2時から午後8時の間に購買しており，また70パーセントの顧客はニュージャージーで，20パーセントはニューアークで，10パーセントはその他の場所で購買している等）トランザクションプロフィールは，顧客のデモグラフィック情報やその他登録フォームの入力から得られる個人情報に基づく．デパートやスーパーマーケットにおけるビジネス課題を解決する上で，このような情報は，顧客の傾向や嗜好を反映した棚の位置や製品の配置を行う際に用いられる．また過去の購買履歴に基づき，他の製品のプロモーションをメールで送ることも可能である．

### データ捕捉

#### 顧客データの保護

　顧客は往々にして，企業は不必要に顧客についての情報を収集していると思いがちである（これはインターネット上でデータを集める際に重要なポイントとなる）．幸い，顧客は個人情報保護に関する現行法で守られている．これらの法律は，顧客の明確な同意なしに第三者へデータ提供を行うことを制限している．また，これらの法律は顧客データの種類および範囲，データ利用に関する制限，取得したデータをもとに企業がプロモーションをかける際に必要な同意の方法などを定義している．それにもかかわらず現実には，企業がプロモーションをかけてきたときにそれを断るためには，顧客は事後的にその旨を返答せざるをえないといったいくつものバッドプラクティスがある．そういった返答をしなければ，デフォルトで顧客はプロモーションメールの対象として登録されてしまう．このトピックについてはあらためて第18章で議論する．

　表3.9はスーパーマーケットのトランザクションデータログから得られた4件のデータを示している．このトランザクションデータは，顧客IDおよび製品IDを用いて情報がまとめられている．顧客についてのデータは顧客ID（CID）でインデックスされた顧客テーブルに格納されており，ここにはどのようなディスカウントが適用されたかの情報も含まれている．同様に，製品データもまた製品テーブルに格納されており，ここには価格情報が含まれている．こうして顧客が店を訪問するたびに，顧客の消費データおよび製品の購買データが格納されていく．

表 3.9　ポイントカードの利用履歴から得られるトランザクションデータ

| CID | 日付 | 時刻 | センター | 納品 ID |
|---|---|---|---|---|
| C01500 | 2013/12/10 | 12:31 | ニュージャージー | P34Z212 |
| C03782 | 2013/12/10 | 12:31 | ニュージャージー | P34Z212 |
| C09382 | 2013/12/10 | 12:32 | ニュージャージー | P95Q622 |
| C01500 | 2013/12/10 | 12:33 | ニュージャージー | P71A250 |

## デモグラフィックデータ

　デモグラフィックデータとは，ある集団を他の集団と区別できるように特徴づける集計データのことを指す．このデータは国全体や，地域，都市，または特定の製品やサービスのターゲットとなりうる集団単位で集計される．基本的なデモグラフィックデータには年齢，性別，人種，職種，教育，婚姻状態といった情報が含まれる．デモグラフィックデータを必要とするデータマイニングプロジェクトとしては，社会的・経済的カテゴリや教育レベルを顧客レコードに追加するといった顧客セグメンテーションが挙げられるだろう．国勢調査のデータはアメリカ合衆国国勢調査局において入手できる．これは一般に公開されているデータであり，http://www.census.gov または http://2010.census.gov で入手できる．この国勢調査データにはトピックや地理的情報，人種や職種などさまざまな項目でフィルターをかけることができ，http:// factfinder.census.gov でその情報を閲覧できる．アメリカ合衆国国勢調査局には 12 の支局があり，その地域の結果を見ることもできる（例：ニューヨーク支局のデータは http://www.census.gov/regions/new_york で確認できる）．ヨーロッパではユーロスタット（Eurostat）が同様の情報を提供しており，http://epp.eurostat.ec.europa.eu でその情報は確認できる．以下，他の国についての国勢調査情報を挙げる．

- 日本：http://www.stat.go.jp/english/

- 中国：http://www.stats.gov.cn/english/
- オーストラリア：http://www.abs.gov.au/
- ロシア：http://www.gks.ru/wps/wcm/connect/rosstat_main/rosstat/en/main/
- ブラジル：http://www.ibge.gov.br/english/default.php
- インド：http://mospi.nic.in/Mospi_New/site/home.aspx

世界中の国における国勢調査情報の一覧は世界貿易機関のサイト（http://www.wto.org/english/res_e/statis_e/natl_e.pdf）で確認できる．なお，これらのリンクはそれぞれの国の状況に応じて変更される可能性があることに注意してほしい．デモグラフィックデータはこういった公的セクターから入手するほかにも，デモグラフィックデータを収集し売買している企業から入手するという方法もある．そのような企業の代表的なものとして the Population Reference Bureau（http://www.prb.org）や USA Data（http://www.usadata.com），US Data Corporation（http://www.usdatacorporation.com）などが挙げられる．

### デモグラフィックデータ

デモグラフィックデータには多くの用途がある．たとえば，新製品をリリースする際のマーケティングに使ったり，すでに有している顧客データやビジネスデータと紐づけたりもできる．中程度の収入で3人以上の子供をもつ世帯向けの製品を評価することで，新しい地域におけるマーケットプレゼンスを増加させるというビジネス課題の解決にも使える．また，職場まで30マイル以上かけて通勤している層の人々が多く居住している地域を特定したりもできる．

## 国勢調査（2010年のアメリカ国勢調査データより）

この節では2010年のアメリカ国勢調査データについて議論する．というのも，多くの国の国勢調査のフォーマットはアメリカのものと同様であるからである．アメリカ合衆国国勢調査局ではさまざまな分野にまたがって多くの調査

を行っている．たとえば，雇用状況については雇用調査（the Survey of Active Population, SAP）が実施されている．また，家計調査（Family Budgets）では家庭の消費状況を調査している．出生動向調査（The Survey of Fertility）では，出生率の観点から女性に対して調査を実施している．障がい者実態調査（The Survey of the Disabled, Deficiencies, and Health Conditions）では肉体的精神的に障害をもつ人々の人数の把握を行っている．住宅調査（The Residence Questionnaire）は賃貸か持ち家かといった住宅事情について調査している．世帯調査（The Household Questionnaire）では婚姻状態や教育レベル，前回の国勢調査からの住民の移動状況などを調査している．個人調査（The Individual Questionnaire）は 16 歳以上の学生または社会人を対象としており，雇用形態や通学している学校の種類，主に生活している場所等について尋ねている．

国勢調査のデータから得られる結果の例としては以下のようなものがある．

- 国の人口およびそれが性別，年齢，出生地，婚姻状態，居住地等でどのように分布しているか．
- 様々な同居状態を考慮した家庭の構成．
- 職業の内容，専門性等を考慮した雇用状況，失業者の人数，求職中の人数，教育を受けている人数（ここでは教育内容および保有している資格も考慮している）．
- 通勤・通学状況（交通集団も含む）．
- 住宅，オフィス等の建築物の分布．
- 住居に関する障害状況（住居設備やエレベーターへのアクセス状況等）．
- 本宅以外の住宅所有状況．

図 3.1 では，性年齢から見た 2010 年のアメリカ国勢調査における人口構成を示した．この図からは，人口がどこに集中しているかに着目することで富裕状況も読み取れる．たとえば，65 歳以上では男女比に大きな違いがあり，女性の方が多い．45 歳から 65 歳にはベビーブームによる人口増大の影響も読み取れる．この人口増大は時間とともに移動しており，2000 年の国勢調査の結果と比較することでそれは明らかである（図中では影で示した）．

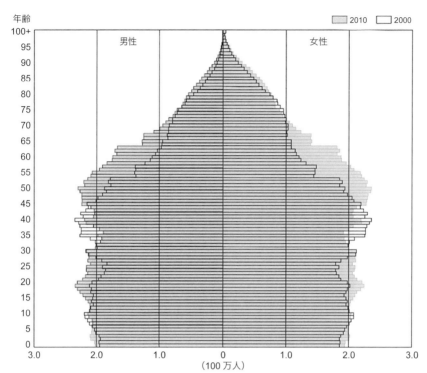

図 3.1　2010 年のアメリカ国勢調査における人口構成

## マクロ経済データ

　企業とそのビジネスは完全に他者から独立した存在ではない．たとえば，ビジネスは複雑で相互に絡み合った関係性の中にあり，地域的，国家的，国際的に見ても地理的な影響を受ける．したがって，利益やコストおよび顧客に影響を及ぼす重要な因子のいくつかは外的要因となる．

　ビジネスセクターのレベルでの経済データには総売上，製品・サービスごとの売上，前期（四半期，年単位）との比較が含まれる．国家レベルでの経済データとしては，鉱工業生産指数，物価，労働コスト指数，GDP，経済活動指数，失業指数，総合消費者物価指数，統合消費者物価指数，標準金利，国債価格，家

計負債指数，消費者態度指数，原油価格，金価格，鉱物価格（銅，石炭等），インフラに関するコスト（電気，ガス，電話等），エネルギー消費指数，セメント生産量（これは建築業界の活動状況を反映する），自動車販売量，貿易収支，株価，特定企業の株価，為替レート等が挙げられる．貿易に関係する企業にとっては，取引を行う上で為替レートは非常に重要な指標である．これらの指標の実際の状況を表 3.10 に示した．また，インターネットで得られる情報についてはこの節の最後で紹介する．

外部データはロイター通信やブルームバーグ，フィナンシャルタイムスといった金融専門紙から得ることができる．これらのデータソースからは，アメリカだけでなく，EU やアジア，日本，中国その他の国の指標についてのデータも得られる．

---

**外部データ**

**内部データと外部データの結合**

企業が自身のトランザクションデータと外部データを結合する際，日付などの共通のインデックス情報が必要になる．金利や GDP といったマクロ経済データは月，四半期，年単位で公表されている．これは企業がすべての情報を 1 つのファイルにまとめようと思うのなら，タイムスタンプのデータをトランザクションデータの中にもっておく必要があることを意味する．

---

表 3.10 では，1 行ごとに 1 年間のデータを格納したマクロ経済データのサンプルを示した．この表からは，この 4 年間で中国は高い GDP 成長率を示していること，アメリカはイギリスや EU とは対照的に正の成長率を示していることなどが読み取れる．以上のような情報は，貿易関係のビジネスにおいては重要である．

他のデータ候補として，貿易収支，労働コスト，国債，消費者負債やその他NASDAQ，NYSE，ダウジョーンズ（アメリカ），LSE（イギリス），DAX（ドイツ），Hang Seng（香港）といった株式取引指標が挙げられる．つまり，企業は分析に用いるデータを自身の内部データに限定することなく，ビジネス課題を考慮した上で外部データも検討すべきである．内部データは外部データに

表 3.10 マクロ経済データの例：アメリカにおけるマクロ経済指標 2007–2011

| 年 | 消費者物価指数[※1] | インフレ率[※1] | 工業生産指数[※2] | 有効金利[※2] | GDP(アメリカ)[※3] | GDP(EU)[※4] | GDP(イギリス)[※5] | GDP(中国)[※6] |
|---|---|---|---|---|---|---|---|---|
| 2011 | 224.94 | 3.16 | 93.80 | 0.10 | 1.04 | 1.50 | 0.20 | 9.20 |
| 2010 | 218.06 | 1.64 | 90.07 | 0.18 | 1.04 | 2.00 | 0.42 | 10.4 |
| 2009 | 214.54 | −0.36 | 85.55 | 0.16 | 0.97 | −4.30 | −0.2 | 28.7 |
| 2008 | 215.30 | 3.84 | 96.29 | 1.92 | 1.02 | 0.00 | −0.67 | 9.6 |
| 2007 | 207.34 | 2.85 | 100.00 | 5.02 | 1.05 | 3.00 | 0.60 | 11.4 |

出典：
※1 アメリカ合衆国労働省労働統計局
※2 アメリカ連邦準備制度理事会
※3 ユーロスタット
※4 イギリス国家統計局
※5 中国国家統計局

よって補完されるが，このような外部データは，テキストデータや Excel などのスプレッドシート，HTML といった形式で広くインターネット上に公開されている．

### マクロ・ミクロ経済データ

**ビジネス課題**

マクロ経済データとミクロ経済データを併せて使用する例として，バルセロナ港についてのデータマイニングプロジェクトを挙げる．このプロジェクトにおけるビジネス課題は不確実性を考慮にいれてコントロールしつつも，正確で信頼性の高い情報を成果物として出すというものであった．バルセロナ港におけるミクロ経済データとしては，船積量，主な海上ルートにおける貨物の種類などが挙げられる．マクロ経済データとしては，国および期間ごとの GDP や金利，消費者物価指数などが挙げられる．ミクロ経済データとマクロ経済データはタイムスタンプデータを用いて 1 つのテーブルに結合することができ，クラスター分析や相関分析に用いることができる．詳しくは以下の文献を参考にされたい．

> - Nettleton, D. F., Fandin o, V. L., Witty, M., and Vilajosana, E. 2000. "*Using a Data Mining Workbench for Micro and Macro-Economic Modeling.*" Proceedings Data Mining 2000, pp. 25–34, Cambridge University, U.K.: WIT Press.

以下にマクロ経済データを公表しているウェブサイトを挙げる（URL は変更される場合がある）．

- National Statistics Institute: http://www.stats.gov. このウェブサイトはアメリカ，ヨーロッパ，その他の国における国際的経済指標をリストアップしている．多くの国は同様のウェブサイトを自国のウェブサイトとしてインターネット上で提供している．また，OECD 等の国際機関も世界レベルでの指標を提供している．
- US Department of Commerce: http://www.commerce.gov
- European Central Bank: http://www.ecb.int
- US Department of the Treasury: http://www.treasury.gov
- Institute for International Research: http://www.iirusa.com
- World Bank: http://www.worldbank.org and http://data.worldbank.org l International Monetary Fund: http://www.imf.org
- IMF World Economic Outlook 2012:http:// www.imf.org/external/pubs/ft/weo/ 2012/02/
- IMF Data and Statistics: http://www.imf.org/external/data.htm
- Economic forecasts, news, and indicators for Latin American economies: http://www.latin-focus.com
- Asian Development Bank Data and Statistics: http://www.adb.org/data/statistics l Asia-Pacific Economic Cooperation: http://statistics.apec.org.

市，州，地方の商工会議所も，地方レベルでの同様の経済指標を公開している．

## 競合についてのデータ

　特定のビジネス領域に関するデータは主要企業が公開している年報を通じて得ることができる．こういった年報には，その都市の売上およびこれまでの推移，オフィスや営業代理店の数，人事情報，オフィスや販売店舗，工場の位置，原料の調達状況，従業員数，マーケット戦略，製品やサービスの数や種類，主要顧客，取引先数，製品ごとのマーケットシェアといった情報が含まれている．ビジネスにおいて，競合の新製品リリースおよび市場におけるその受容状況については目を配る必要がある．なぜなら，もし競合の新製品リリースがうまくいったなら，同様の製品をマーケットに送り込むという方法が使えるからである．また，競合のベストプラクティスについて情報収集することもできる．

　市場において勝ち抜くためには質の良いデータベースが不可欠である．このデータベースには，競合の特徴やその製品およびサービス，それらに関するビジネスデータが含まれている．多くの企業は自身の製品やサービスに関するビジネスデータを企業サイトに公開しており，それらは容易にアクセス可能である．しかし，(もし情報公開する場合は) 競合に利用されてしまい企業の損失につながるような重要な情報についてはうっかり漏らしてしまわないよう注意を払うべきである．

　図 3.2 では，スーパーマーケットチェーンの世界トップ 10 についての売上データ (単位：100 万ドル) を示した．たとえば，Kroger 社はその名声やこの種のデータが金融マーケットに及ぼす影響を把握しておくためにこのようなランキング情報について知っておく必要がある．しかし，アメリカ国内のみで展開するような企業については，国内競合他社のプレゼンスについてのみ把握しておけばよいだろう．売上データのほかにも競合のプロフィールを反映しているような有益な情報はある．たとえば売上の推移，純利益，負債や貸付金，多角化状況等である．以上のようなデータを用いることで，競合の利益率や戦略，市場へのアプローチといったプロフィールを構築できる．またこのような情報は，特定のビジネス領域においてプレゼンスを増すために，公開買い付けや競合の買収準備を進めている企業によっても集められている．

**主要スーパーマーケットチェーン（全世界）における総売上**
**（単位：100万ドル）**

| | | | | |
|---|---|---|---|---|
| 1 | Wal-Mart Stores | アメリカ | 217.800 | |
| 2 | Carrefour | フランス | 67.721 | |
| 3 | Ahold | オランダ | 64.902 | |
| 4 | Kroger | アメリカ | 50.098 | |
| 5 | Metro AG | ドイツ | 48.264 | |
| 6 | Albertson's | アメリカ | 37.931 | |
| 7 | Tesco | イギリス | 37.378 | |
| 8 | Safeway | アメリカ | 34.301 | |
| 9 | Costco | アメリカ | 34.137 | |
| 10 | Rewe Gruppe | ドイツ | 33.640 | |

図 3.2　競合企業データの典型例

　図 3.2 は，（一時点のデータであるため）売上の推移についてまったく情報を与えていない．売上の推移を把握するためには過去 X 期間にさかのぼって売上データを入手する必要がある．こうすることでランキングがどのように変化してきたのかを確かめることができ，どの企業が高い売上を上げるようになり，その一方どの企業が売上を下げたのかなどを把握できるようになる．

　以下の文献は競合分析を実施する際に参考にしたい文献である（リンクは変更されている可能性あり）．

- Fahey, L. Feb. 2007. "Focus On: Competitor Analysis Turning Data to Insight." CBS News. http://www.cbsnews.com/8301-505125_162-51053003/focus-on-competitor-analysisturning-data-to-insight.（この文献は競合分析におけるデータの有用性について書かれている．）
- Kaushik, A. Feb. 2010. "8 Competitive Intelligence Data Sources & Best　Practices." http://www.kaushik.net/avinash/competitive-intelligence-data-sources-best-practices.　（これは競合についての情報をまとめたデータベースを構築する際のガイドである．）
- Manion, J. "Collecting and Utilizing Competitor Data." n.d. Stratigent, LLC.　http://www.stratigent.com/community/websight-newsletters/

collecting-and-utilizing-competitor-data．（この文献は競合の情報をどのようにして収集し利用するかについて書かれている．）

> **データソース**
>
> **考えておくべきこと**
>
> 　インターネット上に公開されているデータを利用する際に常に念頭に置いておくべき問いが2つある．「データ検索結果の保存は容易か」と「データはエクスポートできるか」である．データソースを探す手段としては，Googleのアドバンスドサーチオプション，各国でよく使われている検索エンジン，各国の組み込みファイリングシステム，アメリカの証券取引委員会が提供するEDGARデータベース（および各国における同様のデータベース）等が挙げられる．

## 株式，シェア，コモディティ，投資などの金融マーケットデータ

　企業が上場している，同一分野の他企業の株価を気にしている，または投資に関係しているなら，株式取引情報はその会社にとって重要な情報となる．上記に該当しない場合は，株価については特に注意を払う必要はないかもしれない．
　一次産品（commodities）は鉱物や農産物を指しており，この取引については記録されており，オンライン上で売買も可能である．一次産品データとしては金，銀，原油，コーヒー，小麦，プラチナ，銅等についての現在価格，将来価格がある．一次産品の価格はこれらを直接扱うビジネスに関係しており，この価格の推移や将来価格はwhat if分析の入力値となる．また燃料，食品，金属といったカテゴリでまとめた指標もある．
　以下のウェブサイトでは，一次産品についての価格データを提供している．

- CNNMoney at http://money.cnn.com/data/commodities/
- Index Mundi at http://www.indexmundi.com/commodities/

> **金融データ**
>
> **データマイニングにおけるビジネス課題**
>
> 　市場やサプライヤー，顧客，競合についての状況認識をしたい場合，または株価や原材料価格の変動に応じてアラートを出したい場合に，株価や金融データはカギとなる．分析する際は Google ファイナンスや Yahoo ファイナンスからデータをエクスポートして使うことが多い．中小企業の場合，製品やサービスを納入している大口取引顧客の株価を把握するというケースもある．金融データは顧客企業が買収，合併，再建対象となる可能性を検討する際に用いる．運輸業の場合，現在，未来の原油価格には注意を払うべきである．金融データの予測モデル構築は特殊な分野であり，本書の範囲を超えるため，より詳しく知りたい読者には以下の文献をお勧めする．
>
> - Azoff, E. M. 1994. *Neural Network Time Series Forecasting of Financial Markets*. Hoboken, NJ: John Wiley and Sons Ltd.
> - Wikipedia: Stock Market Prediction. See: http://en.wikipedia.org/wiki/Stock_market_prediction.
> - 高柳慎一ほか．2014．金融データ解析の基礎．共立出版．

　一般経済指標（Major composite indices）は国内経済，国際経済についてのバロメーターである．しかし金融やテクノロジーといった特定のビジネスセクターによっては一般経済指標と連動しないことがある．これは一般経済指標主要ビジネスセクター全体を反映した値だからである．

　一般的に株価はきわめて変動が大きく，主要機関およびアメリカやヨーロッパの中央銀行総裁といった主要人物の発言に影響を受けやすい．このような発言は極端な楽観論を招いて猛烈な投資を促したり，反対に極端な悲観論によって市場を委縮させたりする．また近年では，各国の国債金利も重要な指標となっている．これらの金利によって，各国が国の負債をまかなうために資本を集める際，投資家にどのくらい支払う必要があるかが決まる．企業の株式情報を分析する1つの方法として，株価の経時的プロットがある．対象とする企業の株価に加えて，その市場全体の指標，同一ビジネスセクター全体の指標，そのビジネスセクターの主要企業の株価もプロットするとよい．しかし，企業の活動状況を評価する上で株価のみでは不十分である．企業のパフォーマンスを評価

するためには株価と併せて株価収益率（PER），配当額など背景情報を把握する必要がある．このような背景情報（ファンダメンタルズ）には，ほかに時価総額，粗利益，純利益，負債状況等も含まれる．

企業の株式情報の評価は以下のようなインターネット上の情報を用いると楽になる．よく知られているデータソースとしては以下のものがある．

- Yahoo ファイナンス（http://finance.yahoo.com/）
- Google ファイナンス（http://www.google.com/finance）
- Market Watch（http://www.marketwatch.com/investing）
- Reuters（http://www.reuters.com/finance/stocks）

これらのデータソースでは，対象とする企業の株式情報を名前や銘柄略称で検索して入手することができる．企業を指定すると，当日の株価の推移がその企業のサマリー情報と共に表示される．同時に主要な競合企業の情報およびアナリストの評価（買い推奨/売り推奨等），そして対象企業およびそのビジネスセクターにおける値動きに関係する直近の金融関係のニュースも表示される．Yahoo ファイナンス等において，データはスプレッドシートの形でエクスポート可能であり，各企業がもつ分析ソフトウェアにインポートすることができる．

### 外部データ

**株式市場データ**

株式市場情報については以下のウェブサイト等が参考になる．

- The Motley Fool（http://www.fool.com）
- Warren Buffet's website（http://www.warrenbuffett.com/）（ウォーレンバフェットは「オマハの賢人」とも言われる有名投資家である）

金融に特化したテレビチャンネルとしては CNBC およびブルームバーグが挙げられる．グーグルの検索ワード分析も株式市場動向を予測する上で近年注目されている研究対象である．詳細については以下の wikipedia の記事を参照されたい．

- http://en.wikipedia.org/wiki/Stock_market_prediction

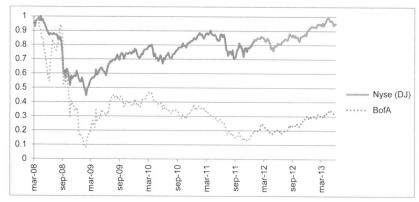

図 3.3　バンクオブアメリカの株価および NYSE 総合指数の推移（2008–2013）

図 3.3 では，ニューヨーク証券取引所における過去 5 年間のバンクオブアメリカ（BAC）の株価プロットを示した．NYSE 総合指数も同時にプロットしている．各指標は比較のために 0 から 1 の範囲に標準化されている．NYSE 総合指数は NYSE 上場企業全体の株価を反映した指標である．バンクオブアメリカは，2007–2008 年に発覚したいわゆるサブプライムローン問題の影響を受け，2009 年から激しい値動きをしている．これは銀行セクターにおける株価として典型的な変動である．

# 第4章

# データ表現

## イントロダクション

　ビジネスデータ分析には一連の決まったステップがある．各ステップには堅固なプラットフォームがあり，各ステップの質がプロジェクト全体の質を決定する．これまでの章ではビジネス課題を決定し，必要なデータを特定してきた．次のステップはデータ変数の表現方法の決定になる．本章では，基本的な表現と発展的な表現の2パートに分けて，解釈および可視化の方法について議論する．

## 基本的なデータ表現

　本節では基本的なデータ型および可視化方法，そして標準化，データの分布，外れ値といったトピックも扱う．また，可視化の方法としては円グラフ，ヒストグラム，グラフプロット，レーダーチャートを扱う．ほかには異なるデータ型の変数の表現，比較，処理方法を紹介する．基本的なデータ型としては数値型，名義カテゴリ型，順序カテゴリ型，二値型を紹介し，変数の標準化方法，各変数の分布の確認方法，異常値，外れ値の特定方法についても紹介する．

## 基本的なデータ型

　データがファイルの形で記録されているとき，行数がレコード数を表し，列数が変数の数を表しているのが一般的である．通常，加工前の生データはExcelに代表されるスプレッドシート，AccessやDB2，MySQLに代表されるようなデータベーステーブルの形で蓄積されており，データ内の変数はすべて同じ

型ではなく，数値型やカテゴリ型などが混在していることが多い．

　データが一定のプロセスのもとで生成されたにせよ，データベースからランダムに抽出されたものにせよ，最初にやるべきことはデータを眺めて探索することである．このステップではデータに対して最初の決断を下すことになる．つまり，データを可視化し，そこに意味づけするために，各変数に対して前もって型を与えるというものである．統計学では，変数の型はデータの性質を反映させるというより，データを処理しやすくするために与えられるものである．データがすでに生成されたものである場合，各変数に対して型が定義されているはずである．（たとえば，データベーステーブルの場合であればスキーマ，Excelの場合であれば書式という形で定義されている．）ここでやるべきは，与えられた型が分析を進めていく上で適切なものであるかどうかチェックすることである．もし適切でないなら，データを変形する必要がある．たとえば，（順序が意味をなさない）名義カテゴリ変数が順序カテゴリ変数とされていることがある．郵便番号を考えてみよう．郵便番号は 20037-8010，60621-0433，19020-0025 といった値をとるが，これは各値の間で比較するものではない．また，州の名称リストも同様の例である．州の名称リストがアルファベット順に並んでいるからといって，ニュージャージーがニューヨークより人口が多いとか，アラバマがアラスカよりも広いといった意味がこめられているわけではない．

　一方，「（ある職業における）経験のレベル」はその値に順序の概念が含まれているといえ，1, 2, 3 といった数値もしくは低，中，高といった形で表現できる．データの中に，比較が必要な変数が多数含まれている場合は，各変数の型の検討に時間を割くべきである．そうでなければデータが本来もっていた意味が失われてしまうことになる．本章では，これまで簡単に触れてきた型についてビジネスデータにおける実例を挙げながらより詳細に検討していく．なお，より学術的な視点から型について知りたい読者は以下の資料を参照してほしい．

- http://turner.faculty.swau.edu/mathematics/math241/materials/variables/

　各変数において最適な型を設定できたら，次は各変数の内容を可視化および要約統計量を算出して概観する．可視化の方法はその変数の型に依存する．数値型の場合は折れ線グラフ，カテゴリ型の場合はヒストグラムまたは円グラフ

を用いるとよい．要約統計量も同様に変数の型に依存する．数値型の場合は最大値，最小値，平均値，標準偏差を，カテゴリ型の場合はモード，各カテゴリの頻度などを用いるとよい．

### 変数の比較

#### 異なる型をもつ変数

同一の型の変数を分析して，変数間で比較するのは容易である．可視化は異なる型の変数の頻度および分布を比較する上で有用な技術である．たとえば，この2年以内（これは数値型の変数）の顧客において「顧客の種類（これはカテゴリ型の変数）」の分布を把握したい場合は円グラフを用いるとよい．このようにして，どの種類の顧客との取引が長く続いているのか傾向を把握できる．

データの型確認，可視化，標準化や異常値，エラー値の除去，分布の調整といったデータ探索のステップが終わると，次のステップはモデリングである．モデリングを始める際，データセットはグループやセグメントに分割して，もしくは直接的に，分類器や予測モデルを構築する．シンプルなアルゴリズムの場合，データはすべて同一の型（たとえば，数値型）に変更した上でモデリングする必要がある．（この場合）カテゴリ型（順序型，名義型）の変数には1，2，3といった数値を割り当てて，数値型として扱う．しかし，これまでも述べてきたことだが，この処理は変数の性質を適切に反映しているとは言えない．したがって，もう1つのやり方として，すべての変数をカテゴリ型として処理するという方法がある．この場合，数値型の変数は一定の範囲で区分してカテゴリ型に変換する．

「salary」という変数をカテゴリ化する例を考えてみよう．まず，どのような範囲でカテゴリ化するかを定義する必要がある．ここでは0から100，101から999，1000以上という3つのカテゴリに区分化する．次に，各カテゴリに対応した名前をつける．名前はその内容を明示的に表すものに設定する．ここでは0から100のカテゴリには「low salary」，101から999には「medium salary」，1000以上のカテゴリには「high salary」という名前をつける．なお，範囲および名前についてはその変数を可視化する，もしくはそのデータに詳し

い専門家に相談して定義するとよい．

ほかにも入力データを処理するための洗練されたモデリング技術がある．たとえば，各変数の型に応じて真の距離を算出する，もしくはすべてのデータを1つのフォーマットに変換するアルゴリズムがある．

異なる型の変数が混在したデータセットを吟味してモデリングするためには，各変数の相違点，関係の深さを測らなければならない．35歳の顧客と75歳の顧客の違いを解釈することは容易である．また，日用車とスポーツカーを区別することも容易である．しかし，青い日用車と，8年前に製造されたことしか情報がない自動車を比較するのはそう容易ではない．この難しさは，データが不正確なことや変数の型が適切に設定されていないことに起因しているわけではなく，異なる型の変数を比較することの困難さに起因している．

> **変数の型**
>
> **数値型とカテゴリ型**
> 変数の型にはまず知っておくべき2つの基本的な型がある．それは数値型とカテゴリ型である．数値型を用いる変数の代表例としては「年齢」があり，35, 24, 75, 4といった値をとる．カテゴリ型を用いる変数の代表例としては「婚姻状況」があり，「結婚している」，「独身である」，「離婚した」，「死別した」といった値をとる．

## 異なる型の変数の表現，比較，処理

データを探索し，モデリングする前段階で，変数への型の設定は終わっている必要がある．よく知られた表現（これらは異なるデータ処理のニーズを考慮に入れている）について，次の節以降で金融機関における顧客データの典型例を用いながら検討していくことにする．

銀行の顧客データは顧客1人に対して1レコードが対応しており，変数としては氏名，住所，電話番号，残高利用中の商品およびサービス，クレジット格付け（credit rating），顧客レコードが作成された日付などが含まれている．派生

変数（derived variable）としては，譲与的条件のローン（loan concession）やマーケティングキャンペーンにおける広告ターゲットの指標がある．銀行の顧客データに含まれる変数の型は，カテゴリ型（名義型，順序型），数値型，二値型などさまざまである．また，顧客がローンを返済できる確率や利用中の金融商品に対する金利のグレードといった確率で表現される変数も含まれている．

## 変数の主な型

　変数には数値型，順序カテゴリ型，名義カテゴリ型，二値型，日時型という5つの主な型がある．以下，各型について説明をするが，用いている事例は第3章のものを参照している．

　数値型の例としては，年齢，残高，クレジット負債比（credit-to-debt ratio）が挙げられる．この型のデータは35，24，75，4といった整数や35.4や24.897といった小数で構成される．第3章の事例1における変数「年」は数値型を設定するのがよい．一方，事例2における「情報の有用性」は数値型もしくは順序カテゴリ型を設定するとよい．図4.1には3つの数値型変数を用いた3次元プロットを示した．

　順序カテゴリ型変数の例としては，「利益性」（値として低中高）や「顧客になってからの時間」（値として短中長）が挙げられる．順序カテゴリ型変数の条件としてカテゴリが順序をもつ必要がある．たとえば，負債レベル1％は負債レベル2％よりも負債レベルが高いといったものである．事例1において，質問2「車の購入予定を教えてください」では最初の3つのカテゴリが順序カテゴリ型になっており，最後のカテゴリは名義カテゴリ型になっている．また，質問7「車の購入にいくらまで払えますか」ではすべてのカテゴリが順序カテゴリ型である．

　名義カテゴリ型の例としては「製造メーカー」（シボレー，フォード，メルセデス，オペル）や「郵便番号」（20037-8010，60621-0433，19020-0025）などが挙げられる．名義カテゴリ型は，カテゴリ型変数で意味のある順序をもたないものである．先に挙げた「アルファベット順」は順序であるものの，そのカテゴリの値が表現するものとは関係ないため「意味のある」順序ではない．（た

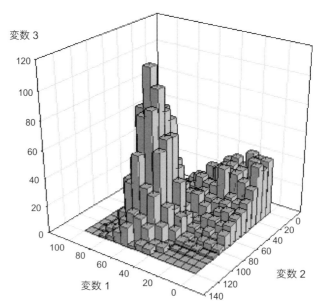

**図 4.1** 3 つの数値型変数の 3 次元表示

とえば，アラスカはアルファベット順でネブラスカよりも前に来るからといって大きい州というわけではない）事例 1 の質問 6「あなたが最も重要視する特徴を選んでください」の変数は名義カテゴリ型となる．図 4.2 には異なる型の変数におけるプロフィールをレーダーチャートで示した．

二値型の例としては，「モーゲージローンを利用しているか」（はい，いいえ），「キャンセルの有無」（はい，いいえ），「性別」（男性，女性）がある．この型は名義型のうち，2 種類のカテゴリのみをとる特殊なタイプである．この型をとる変数はアンケートフォームを用いて収集されたデータに多い．アンケート依頼主のサービス，製品や特徴に関連する yes/no 型の質問を用いた場合などである．事例 1 の質問 1「新しい車の購入予定はありますか」や質問 5「車の主な用途は何ですか」はいずれも二値型変数である．

日付および時刻型は通常併せて扱われる．日付は数値型のサブタイプとして考えられ，内部的にも数値型として扱われる．日付の表現にはバリエーションがあり，アメリカでは MM/DD/YYYY，ヨーロッパでは DD/MM/YYYY，ISO

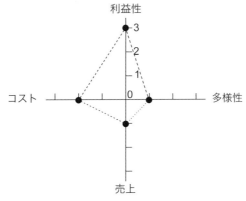

図 4.2　レーダーチャートの一例

では YYYY/MM/DD となっている．また，日および月は数値の代わりに名称で表現されることもある．トランザクションデータでは，日付およびタイムスタンプは重要な情報である．これらのデータは内部的には数値として格納されているため，日付間の差を計算したり，大小を比較したりといった日付に関する簡単な演算を実行できる．なお，テキストファイルやスプレッドシートからインポートしたりエクスポートするときには，日付型は文字列として扱われてしまうことがあることに注意してほしい．

　一方，時刻型は日付型のサブコンポーネントまたは独立した型として定義されている．そのフォーマットは，23:56 のような24時間形式もしくは 11:56 pm といった AM/PM 形式をとる．国際標準時（グリニッチ標準時から+/- 12時間で表される）で表される場合もある．日付/時刻型はタイムゾーンを付加して表される場合もある．アメリカの場合，4つのタイムゾーンがあり，国内のトランザクションデータを扱う場合，タイムゾーンが併記されている必要がある．併記されていない場合は，ニューヨーク州の場合であれば EST（東部時間），のように所在地から判定する．

68　第 4 章　データ表現

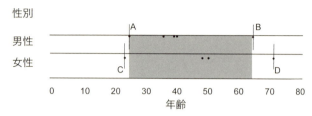

**図 4.3**　可視化によって 2 つの変数の関係を評価する一例：カテゴリ型変数の「性別」と数値型変数の「年齢」の関係を見ている

　図 4.3 は男女別に年齢の分布を比較しており，男性は A から B まで分布している一方，女性は C から D まで分布している．2 つの分布は A から B の間で重なっている（図中灰色）．このようにして 2 つの変数の重なりの程度を計算することができ，関連性の強さを評価することができる．

　図 4.4 では，「最終購買からの経過日数」という変数の分布を示したものである．10 日にピークがあり，50 日までは分布は下り坂を示し，50 日以降はほぼ一定になり，90 日でゼロとなっている．

　図 4.5 は「州ごとの顧客数」を円グラフで示したものである．ニューヨークの顧客はペンシルバニアの 10 倍であることがわかる．

　図 4.6 は製品間の売り上げの推移を比較したものである．

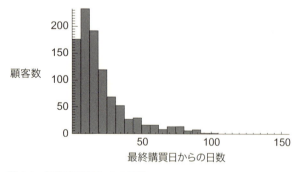

**図 4.4**　最終購買日からの日数

変数の主な型　69

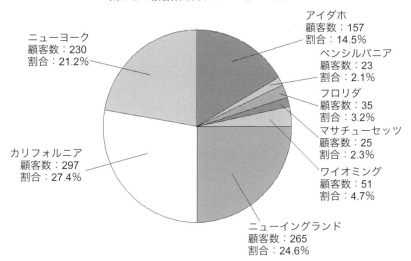

**図 4.5**　変数「州ごとの顧客数」の分布

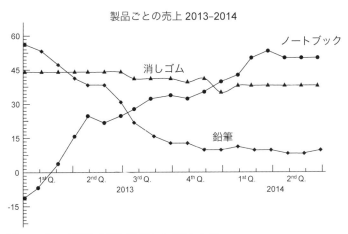

**図 4.6**　3つの変数を折れ線グラフで示した例

> **カテゴリ型の変数**
>
> **ポイントカードの登録フォーム**
> 　第3章の事例7にあるようなポイントカード登録フォームには，婚姻状態（4カテゴリ），予約者（3カテゴリ），利用中の他社マイルサービス（5カテゴリ）といったカテゴリ型の変数が含まれており，これらは円グラフでの表示に適している．

## 変数に含まれる値の標準化

　異なるデータセットを比較する際や，データセットを予測モデルに投入する際，値を同一範囲に揃える操作が必要であり，この操作のうち，数値データを0から100や0から1の範囲に揃えるもののことを標準化と呼ぶ．
　データの標準化は異常値による影響を小さくするために用いられる．ここで一例として，「収入」と「年齢」の2つの変数のみからなるデータセットを考えてみよう．収入は0ドルから50,000,000ドルの範囲で分布している一方，年齢は18から90歳までの間で分布している．モデルの種類にもよるが，一般にこれらの値をモデルの入力として使うと，モデルは大きな値をとる変数をより重要視してしまう傾向にある．これを避けるためには各変数の値を標準化する必要がある．標準化が必要なもう1つの理由として，変数を可視化する際に同一スケールにしておくと便利であるというメリットが挙げられる．
　「年齢」のデータを標準化する際は，値と最小値の差を最大値と最小値の差で除する．たとえば，ある「年齢」のデータが35で，最大値が65，最小値が18の場合，標準化したデータは$(35-18)/(65-18)$で求められ，0.36となる．もし年齢が18，つまり最小値の場合，0となり，年齢が65，つまり最大値の場合，標準化したデータは1となる．標準化には，平均値との差を分散で除するという方法もある．
　データマイニングの手法によっては，データの前処理の1ステップとして標準化を組み込んでいるものもある一方，いくつかのニューラルネットワークの手法のように標準化された入力データが必要な手法もある．すべてのデータを

同一スケールで標準化しておくと，変数間の比較をする際に便利である．たとえば標準化しておくことで，変数間の分布の違いをヒストグラムで容易に確認できる．

> **変数変換**
>
> **標準化**
> 　変数を自動的に標準化することは避けた方がよい．なぜなら，標準化によって特徴が失われることがあるからである．ルールベースの手法を用いる際，標準化は逆に結果の解釈を難しくしてしまう．用いる手法の特性を踏まえた上で，標準化を行うかどうかを決定すべきである．たとえば，探索的分析を行う際は変数を標準化せずに，予測モデルを作る際には標準化するといった使い分けが必要になる．

## 変数に格納された値の分布

各変数における分布は，これまで議論してきたような標準化のプロセスと関係している．なぜなら標準化を実施する際に，変数における値が最小値から最大値に至るまでどのように分布しているかを知ることになるからである．たとえば，「四半期における顧客の訪問数」という変数があり，最小値は0，最大値は25だったとしよう．そして顧客の多く（60パーセント）は5から10の間に分布している．この場合，平均値は7から8程度になるだろう．この訪問数とその頻度をヒストグラムで表した場合，分布は0から25という全範囲に対して左に寄った分布となるだろう．

> **統計学の原則**
>
> **標準偏差**
> 　統計学において標準偏差は平均値（期待値）からどの程度ばらついているかを示す指標である．標準偏差が小さい場合，データは平均値の近くに分布しており，標準偏

差が大きい場合，平均値から離れて分布していることを示す．たとえば 20, 21, 22 という 3 つの年齢データからなるデータセットを考えてみよう．この場合，平均値は 21 で標準偏差は 1 となる．もし年齢データが 20, 40, 60 だった場合，平均値は 40 であり，標準偏差は 20 となる．標準偏差は他の統計量と同様，スプレッドシートの関数を用いて計算することが可能である．具体例については以下を参照されたい．

- http://www.mathsisfun.com/data/standard-normal-distribution.html

先の例とは別の形の分布もありうる．たとえば，最小値側に寄った分布や最大値側に寄った分布，平均値を中心とした対称型の分布などである．データ分析の開始時点では対称型の分布が望ましい．なぜならデータが偏っていたり，歪んでいることに伴う問題を避けられるからである．他の分布として，正規分布（ガウス分布）やピークが複数ある多峰性分布もある．分布については次の節で扱う．

### 統計学の原則

**正規分布（ガウス分布）**

正規分布（ガウス分布）はベル型の分布であり，平均値を中心にして対称の形状をとる．正規分布の典型的なグラフは X 軸に変数の値，Y 軸に各値の頻度という形で示される．この分布は平均値を中心にして対称となっており，平均値の周囲にデータの大部分が分布している．値が連続値の場合は，一定の範囲（0–10, 11–20 等）で値を階級化することでヒストグラムの形で表現できる．詳しくは以下を参照されたい．

- http://www.mathsisfun.com/data/standard-normal-distribution.html

### 異常値（外れ値）

変数の分布を見ていく上で困ることの 1 つに異常値の存在がある．たとえば 18 から 70 までの値をとる「年齢」という変数を考えてみよう．この変数に 250

という値が含まれていたとする．これは明らかにエラーであり，元のデータを確認した上でデータを再入力して訂正することになるだろう．元のデータでも250となっていた場合は，そのデータを削除するという対応になるかもしれない．この変数の場合は間違いは明らかだったが，他の変数の場合，異常値はここまでわかりやすいものではない．大量のデータを扱っているとさまざまな異常値があり，それらを特定して除いていくことが必要になる．もし異常値を除かなかった場合，これらの値は変数から得られる統計量をゆがめてしまうだろう．

図4.7は月あたりの平均支出をX軸に，顧客数をY軸にとったグラフである．分布は平均値が875ドルである正規分布とおおよそみなしてよいと考えられる．分布において750ドルをピークに顧客数が減少している．このデータにおける疑わしい値は大きく3つのグループに分けられる．1つ目のグループは平均支出が0のグループである．これはデータ欠損もしくはデータ処理ミスなどが原因であると考えられる．2つ目のグループは，分布全体の傾向に従わない値である．250から275ドルの間に高頻度に分布する低支出グループは精査する必要がある．3つ目のグループは，2つ目のグループとは逆に1600から1675ドルに高頻度に分布する高支出グループである．2つ目と3つ目のグループはその特徴について精査し，単なるエラーデータなのか何か特別な理由があって全体傾向から外れた値となっているのかを確認しなければならない．第5章では，

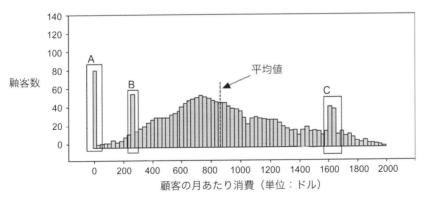

図4.7 「顧客の月あたり消費（単位：ドル）」ごとの顧客数（異常値を示すグループをA，B，Cで表している）

エラーデータの原因と対処法についてより詳細に議論する．

> **統計学の原則**
>
> **推測統計学**
>
> 統計的推測はサンプリングしたデータから母集団に関する結論を導き出す方法である．推測統計学はこの方法に特化したツールであり，仮説検定およびサンプルからの推定を実施するために用いられる．たとえば，新製品に関する感度を調査したサンプルからその母集団の反応を推測することができる．また，ある顧客において観察された差が真の差なのかそれとも偶然生じた差なのか，その確率を算出することもできる．一方，記述統計学は，最大値，最小値，平均値，標準偏差といったデータそのものの性質を記述するものである．独立変数と目的変数の関係の強さもまた評価できる．第6章と第8章ではこれらのトピックについてより詳細に検討する．推測統計学についてより詳しく知りたい場合は以下を参照されたい．
>
> - http://www.socialresearchmethods.net/kb/statinf.php
> - 奥村晴彦．2016．Rで楽しむ統計．共立出版．

図 4.8 は 3 つの主力製品が売り上げに占める割合を示している．売上全体に対して，鉛筆は 27.3 パーセント，ノートは 25 パーセント，ボールペンは 22.7 パーセントを占めている．しかし，残りの 25 パーセントは疑わしい値となっており，中でも 14.5 パーセントは XX となっている．これはデータ入力時もしくは処理時にエラーが生じた結果であろう．また，4.7 パーセントは空白となっており，これは入力時に何も入力しなかったか，もしくは NULL データであろう．分析や統計モデリングを実施する際は，これらのエラーデータを含めるかもしくは除いてしまうか決めなければならない．もしエラーデータを含めるのであれば，他のデータソースを用いるもしくは他の変数から推定するなどして別の値を割り当てる必要がある．

なお，5.8 パーセントは「その他」となっていた．「その他」は低い割合にとどまっている限り，おそらくエラーデータではないものと考えられるが確認は必要である．なお，この節では主に外れ値を可視化して特定する方法に焦点を当てているが，自動的に外れ値を特定しフィルターするアルゴリズムもある．

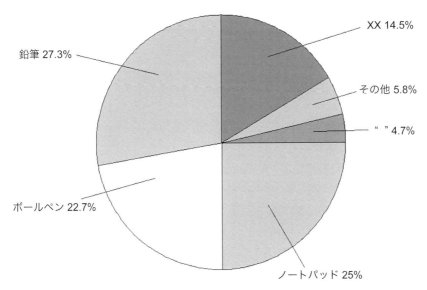

**図 4.8** 「製品タイプ」の分布

### データの質——外れ値

**ビジネス課題としての外れ値**

　外れ値はビジネス課題上，興味のあるデータである場合もある．たとえば，詐欺の検出においては大部分の正常なトランザクションは普通の動きをしている一方，詐欺の疑いがあるトランザクションは異常な動きをしている．また，高収益の顧客集団は，大部分を占める平均的な収益の顧客集団とは異なる動きをしており，製品やサービスのターゲットとなりうる．

## 発展的なデータ表現

　本節では，データ表現についてより発展的な方法，つまり特殊な型やより複雑なデータ構造について議論する．具体的には，階層型データ（hierarchies），セマンティックネットワーク（semantic networks），グラフ（graph），ファ

ジー (fuzzy) の 4 つの型についてどのようなデータ入力および処理が必要か紹介する．

**階層型データ**

階層型データはその名のとおり，階層的に構成されたデータ構造であり，通常はトップダウン型かつツリー状の構造をもつ．たとえば，企業におけるビジネスをもっとも一般的なレベルで表現すると製品やサービスとして表現される．そして製品はまた，衛生用品や掃除用品，寝具などさまざまな製品群として表現され，サービスもまた美容院，エステサロン，眼鏡用品店などさまざまなサービス群として表現される．図 4.9 では，以上の構造をツリー構造として表現した．

階層型データ構造を実装するためにはツリー構造が必要となるが，これは多くのプログラミング言語において実装されている．また，XML を用いて階層型データ構造を表現するという方法もある．XML（Extensible Markup Language）は構造型ドキュメントを表現するための文書フォーマットの 1 つである．人間が読んでわかる構造でありながらプログラムで直接処理できるようにもなっている．XML の詳細については以下を参照されたい．

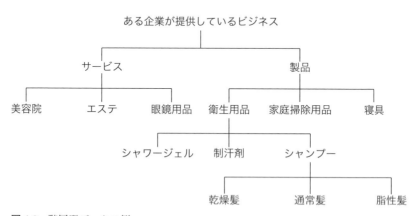

図 4.9　階層型データの例

- http://en.wikipedia.org/wiki/XML

> **階層型データ構造**
>
> ツリーマップ
> 　ツリーマップは階層型データ構造を可視化することに特化した手法である．ある階層を四角形で表現した場合，その階層に属する下の階層のデータは上の階層の四角形に重ねる形で小さな四角形で表現するという入れ子状の可視化手法である．四角形の面積はデータの値に比例しており，各データの内容に準じた色で塗り分けられる．ツリーマップの詳細については以下を参照されたい．
>
> - http://en.wikipedia.org/wiki/Treemapping

## セマンティックネットワーク

　セマンティックネットワークは，概念の言語的表現およびその依存関係を表現したデータ表現構造の1つである．たとえば，金融商品はその期間，リスクレベル，その他の特徴によって表現される．モーゲージローンの場合で言えば，長期商品であり，住宅保険，生命保険，当座預金口座と関連する．図4.10では，ローンや投資が含まれる金融商品についてシンプルなセマンティックネットワークを示した．長期ローンの例としてはモーゲージローンがあり，低リスク投資の例としては国債が挙げられる．
　セマンティックネットワークの実装は，先の節で議論したようなツリー構造とはいくらか異なる．セマンティックネットワークはグラフ様構造であり，オブジェクト間で垂直接続構造をもつだけでなく水平接続構造ももつ．Java，Python（Network X ライブラリ），C++にはセマンティックネットワークを実装するのに必要なライブラリがあり，グラフ処理やオントロジーを扱える．セマンティックネットワークにおけるノードやリンクの表現およびオブジェクトやその関係を抽出するための効率的なクエリの実装には行列やリンクドリストといったデータ構造がよく用いられる．

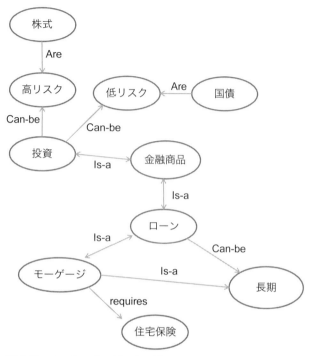

図 4.10　オントロジーデータの例

## グラフデータ

　グラフデータはオブジェクトをノード，オブジェクト間の関係をエッジとしたグラフ構造を用いたデータ表現構造である．ノード間のコミュニケーションはエッジの情報として表現される．たとえば，オンラインソーシャルネットワークはノードを参加者，エッジを参加者間のつながりとしたグラフデータとして表現される．また，二者間で送受信されたメッセージ（ウォールへの書き込み，メール等）は，エッジに関する数値情報として表現される．（Facebook のソーシャルグラフについて詳細を知りたい場合は以下を参照のこと．http://en.wikipedia.org/wiki/Social_graph）

　グラフデータはノードとエッジで構成されるが，ソーシャルネットワークの

データを扱う際は取り扱いが難しい点も多い．そのようなポイントとして，(1) ノード間のリンクについてどのようなアクティビティを取り出すか，(2) 重要なデータが取得できない場合がある，(3) アクティビティにおいて頻度や潜時における最低ラインをどのように決めるか，(4) 各ノードにおいて利用可能な情報およびグラフの全体像，(5) グラフとして表現した時に検討したい仮説はなにか，といったものが挙げられる．

図 4.11 の上の図では，オンラインソーシャルネットワークにおける相互リンク状況を示している．この図はこれ以上の情報を示していない．一方，下の図では，「この 3 ヶ月間で送受信されたメッセージの数（5 通以上）」をノード間の関係性として算出するルールのもとで分析を行った．したがって，この図におけるエッジの数値はメッセージの数を表している．

図 4.11 にあるように，相互リンク状況に基づきグラフ構造を規定した場合，その反対の「相互リンクがない」という情報もまた表現されている．ある二者が相互リンクはしているものの，このソーシャルネットワークではまったく交流していないという例を考えてみよう．グラフ構造からはこれ以上の情報は入

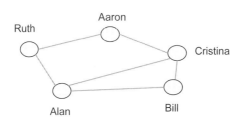

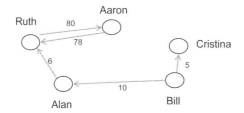

**図 4.11** ソーシャルネットワークをグラフデータとして可視化した例（上図：「つながり」を可視化，下図：「コミュニケーション」を可視化）

手できず，現実世界において交流しているかどうかはわからない．ひょっとしたらこの 2 人のユーザがソーシャルネットワーク上では交流していない理由は，同じオフィスで働いており，実際に会って会話しているからかもしれない．なお，グラフデータの実装についてはセマンティックネットワークと同様の内容となる．

**ファジーデータ**

　現実には，あるデータ，たとえば顧客データが 1 つのカテゴリのみに属することは少ない．多くの場合，企業が定義したカテゴリに対しては顧客は 2 つ以上に属する．たとえば，ある顧客は A というカテゴリに属しながら B にもも多少は属するかもしれない．また，ある顧客は A と B の両方のカテゴリのどちらにも強く当てはまり，また別の顧客は A のみに当てはまるかもしれない．ここで，A というカテゴリに属しつつ，B にも多少は属する顧客において，B の情報を切り捨ててしまうのは有益な情報を捨てるに等しい．このような曖昧な分類を行う 1 つの方法として，「カテゴリに属する程度」という情報を付加するというものがある．具体的には，あるカテゴリに対して 0（まったく該当しない）から 1（完全に該当する）という情報を付加する．この場合，各カテゴリに属する値は合計して 1 になるように設定する．

　たとえば，ある顧客は「リスク小」が 0.5，「リスク中」が 0.6 というように設定する．図 4.12 ではリスクについての表現として，4 つのカテゴリ「なし」「小」「中」「高」に分類した例を示した．カテゴリは，三角形および台形で表現されており，顧客は 2 つ以上のカテゴリに属するため，これらの図形は重なっている．X 軸はリスクインデックスを数値で表現しており，これは別途データマイニングモデルを用いて算出した値である．Y 軸には各リスクカテゴリに属する割合を数値で表現している．各顧客は，X 軸の 1 点から引かれる垂線とリスクカテゴリとの交点で表現される．

　顧客 A を例にとると，その X 座標は 7.5 であり，その垂線は「なし」と「低」の 2 つのカテゴリと交わっている．各交点の Y 座標はそれぞれ 0.24，0.76 となっており，顧客 A が属する各カテゴリの割合を示している．顧客 B も同様に

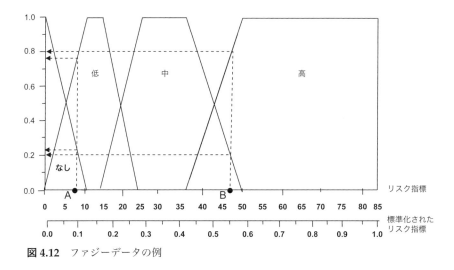

**図 4.12** ファジーデータの例

「中」と「高」の 2 つのカテゴリと交わっており，Y 座標はそれぞれ 0.2 と 0.8 を示している．

　ファジーカテゴリは，それを表現する台形のサイズ，形，重なりの程度からも情報を得ることができ，ビジネスにおける意思決定に利用できる．たとえば，先の顧客のリスクカテゴリにおいて「高」に属する割合が 0.4 以上の場合は貸出をしないといった判断ができる．

　ファジーデータの実装においては，データが数値型で構成されている必要がある．各カテゴリに属する割合を算出するには，図 4.12 に示したような方法を用いる．データが数値型であれば広く使える方法である．各カテゴリがなす台形を数学的に表現するファジールールの集合によって割当ては行われ，各割合はデータとして格納される．同時に元のデータおよび参照情報についても格納される．

# 第5章

# データの質

## イントロダクション

　データの質，つまりデータの利用可能性およびアクセス可能性は，ビジネスにおけるデータマイニングを進める上で特に注意を払う必要がある．本章ではデータを扱う上で生じる典型的な問題について論じる．この問題にはデータの内容に関するエラー（特に文章を扱う場合），データ入力や変換時に生じるエラー，データとビジネス課題との関連性，データの信頼性，そしてデータの質の評価方法が含まれる．そして最後に，データ抽出に伴う典型的なエラーについて論じた後，それらをどのようにして避けるのか実例を引きながら考える．

　データの質を考える際，まずはビジネス課題をどう選ぶかについて考えるべきである．ここでは「既存顧客の流出を3パーセント減少させる」というビジネス課題を考えてみよう（ビジネス課題の選び方については第2章を参照のこと）．このビジネス課題は「顧客流出（customer churn）」としてよく知られたものであり，一定の期間において取引をやめてしまった顧客数を指す．ビジネス課題を選んだ後は，この分析において必要なデータの入手可能性を評価する．この評価を受けて，場合によっては必要なデータをもっていないことが判明するかもしれない．このような場合，2つの策が考えられる．1つはプロジェクトを延期して，必要なデータの入手を優先するというものであり，もう1つはこのビジネス課題はあきらめて，逆にデータが入手可能なビジネス課題に切り替えるというものである．もし前者を選ぶならデータ入手に伴うコストの評価に移り，コストが現在の予算に見合うかどうか確認する必要がある．

　必要なデータが利用できることが確認できれば，今度はデータの質の評価に入る．たとえば，データは欠損していないか，エラーだったり疑わしいデータ

はどの程度含まれているか，ビジネス課題と関係する変数が少なすぎないかなどである．

先のビジネス課題「顧客流出を3パーセント減少させる」の例で考えてみよう．顧客流出の予測モデルの構築およびその予防策を打つためにはどのようなデータが必要だろうか．ここで得られるデータは，顧客ID，顧客になってからの経過時間，最終購買日からの経過日数，昨年の購買頻度に関する指標などがあるだろう．デモグラフィックデータとしては，顧客が個人なら，年齢，性別，婚姻状況，郵便番号などが考えられ，法人なら所在地やビジネスセクター，従業員数などが挙げられる．

以上のようなデータを組み合わせることで，1つの変数が1つの列に対応し，顧客1人が1行に対応した1つのデータファイルを構築できる．このファイルをスプレッドシートとして開くことで，たとえば「郵便番号」や「婚姻状況」がすべて空白であるといったようなエラーに気づくことができる．郵便番号や婚姻状況は必ずしも入手できるデータではないが，すべて空白であるというのは何かのエラーであろう．また「年齢」の列においてゼロ，負の数，100を超える値といったエラーが見つかる場合もあるだろう．このような場合，たとえ「年齢」の列が欠損なく埋まっていたとしても信頼できないデータといえる．

データの欠損を扱う際，欠損値の割合や対象とする変数の特徴によって対策は分かれる．もし欠損値の割合が一定のライン（たとえば50パーセント）以上の場合，この変数を除いてしまうかどうかを検討する必要がある．この変数が数値型ならば，統計学的に，たとえばその変数の平均値を用いて欠損値を補完するという方法もある．その変数の分布をグラフで図示して，もし欠損値が特徴的な欠損を示しているようであれば，その性質を利用して欠損値を補完してもよいだろう．そして，対象とする変数と相関の高い変数を用いて欠損値を予測するという方法もある．

エラーを特定する際には，対象とする変数の傾向を掴むために，その分布をヒストグラムなどのグラフを用いて可視化するとよい．たとえば，ある顧客に対する月ごとの請求がだいたい60ドルから150ドルの範囲に収まっている際，2,700ドルの請求が来たらそれは疑わしいデータである．これは特定が簡単な例だがもっと難しい場合もある．その際は正常群と異常群を区別するようなセ

グメンテーションモデルを用いるとよい．セグメンテーションモデルについては第 6 章および第 8 章で議論する．また異常値の特定において，変数の分布を利用する方法については第 4 章の議論も参考にしてほしい．

### 外れ値と異常値

#### ビジネス課題
ときに外れ値や異常値を特定するというビジネス課題もあるので，データの前処理を行う際は異常値や外れ値だからといって無条件に除去してしまわず，ビジネス課題について一度振り返るべきである．

よくあるデータ前処理として，構造化されていないデータから隠れた構造を抽出するというものがある．たとえば，番地，町名，州，郵便番号などがすべて 1 つのテキストデータとして格納されたテキストデータの列を考えてみよう．このようなデータを構造化する場合，番地，町名などをそれぞれ独立した列として分割するという処理になる．この処理を行うにはテキストマイニングの種々の手法（lexical analysis, semantic analysis, pattern detection）などを用いるとよい．商用ソフトウェアにはこのような処理を自動的または半自動的に実行してくれるものもある（たとえば，Daedalus: http://www.daedalus.es/en/ がある）．

### テキストマイニング ― データの質

#### データソース
第 3 章では，ポイントカードの登録にあたってユーザが氏名や住所，電話番号といった個人情報をテキストデータとして入力する例について議論した．このようなデータの質は，入力フィールドのフォーマットをどのように設定するかで決まる．しかし第 3 章の事例 3 では，企業を変更にするに至った動機を尋ねる入力フィールドなどいくつかのものは自由記述となっていた．このフィールドで得ようとしているデータは非常に重要なものにも関わらず，フォーマットを自由記述にしてしまうと入力データの質をコントロールすることは難しい．このような場合は前もって回答項目を準備して

おき，その中から選ばせるようにしておくことで入力データの質をコントロールすることができる．

### テキストマイニング

第11章ではテキストマイニングを扱っている．また，テキストマイニングについてもっと知りたい場合は以下の資料を参照するとよい．

- Witten, I. H. 2005. "Text Mining." In: Practical Handbook of Internet Computing. M.P. Singh, ed., pp. 14.1–14.22. Boca Raton, FL: Chapman & Hall/CRC Press.

## データの質に関する典型的な問題

「コンセプトエラー」はデータにまつわる問題を複雑化させる．データソースが異なればそのフォーマットも異なるし，自由記述のデータがあればそこに隠された構造を抽出しなければならない．そして，データソース同士を結びつけるインデックスも一見しただけではわからない．こういった問題のすべてがデータのアクセスや理解をより難しくする．

異なるデータソースに伴ってフォーマットも異なる，という問題を考えてみよう．ファイル1は「CARS, INC.」という企業から得られたデータ，ファイル2は「CARSINC.」という企業から得られたデータである．おそらくこの2つの名前は同一企業を指しているものと考えられ，異なる名称が使われている理由としては入力者の誤解かタイピングエラーが予想される．テキストデータにまつわる他の問題として「一致性」も挙げられる．自由記述の住所データにおいて3行にわたって入力されているとき，都市名は多くのデータにおいて3行目に入力されているが，まれに1，2行目に入力されているといった問題である．

表5.1には顧客の氏名や住所のテキスト入力にまつわる典型的な問題を挙げ

**表 5.1** データの一貫性に問題がある典型例

| Name Field | Address Field 1 | Address Field 2 |
|---|---|---|
| McBRIDE, CARRIE | | 1 LAKE PARKWAY, CHICAGO IL 60621-0433 |
| **CHESAPEAKE, Inc.** | 205 108TH **AVN** NE, Suite 100 | **AMBLER PA** |
| STEPHEN, J., **BERNSTIEN** | **316** STATE BOULEVARD | **WASH** 20037-8011 |

た．ここには以下のような問題が含まれている．

- 恣意的な短縮形（WASH は WASHINGTON を表している）
- 略称の誤記（AVN は AVE と記入すべき）
- 郵便番号が入力されていない（AMBLER PA とのみ記入されている）
- タイピングの誤記（「Bernstien」はおそらく「Bernstein」であり，「316」はおそらく「361」）
- 企業名と個人名の混在（「CHESAPEAKE, Inc.」）
- 住所の空欄（「住所1」が空欄になっている）

氏名，住所，郵便番号に対応した参照テーブルや辞書を用いて，この種の問題を半自動的に解決してくれるツールもある．しかし，参照テーブルや辞書はあくまで静的なデータであるため，実際のデータに適用するためには用途に合わせてカスタマイズする必要がある．

## データの内容のエラー

データの内容のエラーは，一般に「個人の氏名」といったフィールド名とそのフィールドに実際に含まれているデータの内容の不一致のことを指す．たとえば，企業名と個人名が同一フィールドに含まれているなどである．また，住

表 5.2　テキスト入力に一貫性がない例

| Person Name | Address | Work Telephone |
|---|---|---|
| (WARREN AND ASSOCIATES) | BAYVIEW AVENUE | 914-349-1033 (OFFICE). |
| DWAYNE CARTER, JR. | PROMOTION 443, 60621-0483 | 481.696.3124 |
| JAMES- REAL ESTATE | 1400 AMPHITHEATRE PARKWAY, SAN JOSE, SANTA CLARA, CALIFORNIA – ZIP 95101-408 | (011)(718)-123 -4567 (cellphone) |
| 5333 FARNAM STREET | IN THE CITY CENTER | (408) 741-0901 |
| "JLC ASSOCIATES" | ONE MACROSIFT WAY | 215-761-4007 |

所フィールドにこちらが期待していない関係や地名の情報が含まれていることもある．たとえば，住所フィールドに「最初の角を左に曲がる」といった指示が含まれているなどである．

　ほかによくあるエラーとしては，略記や不適切なスペース，カンマの使用，そして不適切なデータの区切りなどが挙げられる．不適切な区切りの例としては，住所フィールドに苗字が含まれてしまっていたり，街路名が行の終りで途中で区切られて，次の行からその続きが始まるといったエラーがある．このようなエラーは，データの始まりと終りをわかりづらくしてしまう．表 5.2 には，氏名，住所，電話番号が適切なフィールドに入力されていない例を示した．

　データの質を高めるような前処理に特化したソフトウェアもある（例:IBM Data Integration Platform: www.ibm.com/ software/data/integration）．また，データの抽出，フィルタリング，データの質の向上に特化したソフトウェアもある（例：ETI Standard: www.eti.com）．

## ビジネス課題との関連性およびデータの信頼性

　データモデルの質およびデータそのものの質に大きく影響を及ぼす要素として、ビジネス課題との関連性およびデータの信頼性が挙げられる．ビジネス課題との関連性は変数の性質から判断でき、データの信頼性はその変数に含まれているデータの内容をもって判断する．たとえば、「年齢」という変数は「収入レベル」に関連する．また、NULLではない、もしくはその変数に通常含まれる範囲を逸脱していない（年齢の場合1から100）などをチェックすると、「年齢」の80パーセントが信頼できるデータといった結果が得られる．このチェックは通常2人で行う．

　表5.3はあるビジネス課題のもと、集められた変数における10人分のサンプルデータを示した．年齢の列を見ると3行目には0、4行目には99が入力されている．明らかにこれらの値は間違っている．したがって、この10人分のデー

表5.3　信頼度を算出するためのサンプルデータ

| | | | | | | | | |
|---|---|---|---|---|---|---|---|---|
| | | | | Variables | | | | |
| Customer ID | Age | Marital Status | Gender | Time as Customer | State of Residence | Income Level | Office | Has Mortgage? |
| C2013-81 | 21 | S | F | 22 | MA | 2 | 2 | N |
| C2012-12 | 42 | M | M | 145 | NY | 4 | 8 | Y |
| C2011-17 | 0 | - | F | 10 | NY | - | 8 | Y |
| C2013-03 | 99 | D | M | 12 | CA | - | 1 | N |
| C2008-99 | 35 | M | F | 120 | CA | 4 | 1 | Y |
| C2011-51 | 55 | M | M | 800 | MI | 5 | 3 | Y |
| C2013-24 | 28 | - | M | 60 | MI | 3 | 3 | Y |
| C2012-92 | 62 | W | F | 900 | MA | 3 | 2 | N |
| C2012-65 | 38 | - | F | 122 | MA | 4 | 2 | Y |
| C2013-58 | 50 | M | M | 106 | NY | 5 | 8 | Y |

タからいえばこの 2 人分のデータは信頼性に欠けるといえ,「年齢」における信頼度は 0.8 となる．これはあくまで一見した場合の初期評価である．ひょっとしたら 6 行目の 55 は実は 45 かもしれない．これを判断するには他のデータを用いたクロスチェックや顧客からのフィードバックが必要である．「婚姻状況」には欠損値が 3 つある．したがって信頼度は 0.7 となる．このようにして各データセットは欠損値がないかチェックが必要である．複数のデータセットを扱う場合，それぞれのデータセットで欠損値がないかチェックをした後，信頼度を算出して，最後に平均するとよい．これらの設定した値が正しい場合，同様の値をクロスチェックをした上で，年齢の値にも適用するとよい．3 つ目の変数「収入レベル」にも 2 つの欠損値があるが，他の変数「性別」「顧客である期間」「住んでいる州」「オフィス」「モーゲージローンを利用中か」は欠損値やエラー値もなく正しいように見える．

表 5.4 は表 5.3 に示した変数の信頼度の一覧である．ビジネス課題「年金プランに契約する可能性」との関連度も信頼度と併せて表示している．最も関連度が低い変数は「収入レベル」(0.71) であり，最も信頼度が低い変数は「婚姻状況」(0.70) である．関連度は「年金プランの契約有無」との相関から算出しており，信頼度は欠損値およびエラー値の割合から算出している．

しかし実務上，関連度および信頼度はどのように使ったらよいのだろうか．関連度や信頼度を考慮しないデータモデリングの手法は通常，目的変数と関連

**表 5.4** 表 5.3 のサンプルデータにおける信頼度と関連度

| | Variables | | | | | | | |
|---|---|---|---|---|---|---|---|---|
| | Age | Marital Status | Gender | Time as Customer | State of Residence | Income Level | Office | Has Mortgage? |
| Grade of relevance | 0.81* | 0.9 | 0.72 | 0.82 | 0.79 | 0.71 | 0.87 | 0.84 |
| Grade of reliability | 0.8 | 0.7 | 1 | 1 | 1 | 0.8 | 1 | 1 |

*1 = totally relevant/reliable and 0 = totally irrelevant/unreliable

しない変数や，信頼度の低いデータは除く，またはフィルタリングするとよい．一方，関連度や信頼度を考慮する手法は，変数やデータを除く代わりに，関連度や信頼度に応じて変数およびデータの影響度を調節する．

- ビジネス課題と直結する目的変数との関連度が 0.1 である変数は分析対象から外すべきである．関連度が 0.7 以上の変数を分析対象とすべきである．
- 信頼度を用いることで，異常値や外れ値を含むようなレコードを必ずしも除く必要がなくなる．その代わりに結果に対する影響を信頼度の分だけ弱めればよい．

このようにして同一レコードに含まれる他の変数の情報を失わずに済む．各変数に許容範囲を設定しておいて，その範囲を逸脱する値についてはできる限り除いてしまうという方法もある．この場合，どの程度情報が失われたかについては把握しておく必要がある．このように，評価方法や利用できるデータの状態に応じてさまざまな手法がある．

## データの質の定量的評価

データのチェックおよび修正が終われば，データの質を「問題ない」「問題はあるが利用はできる」「信頼できない」といったレベルで定性的に評価できる．しかし，より正確に評価するには定量的な評価が欠かせない．定量的評価にはいろいろな方法があるが，ここではシンプルな方法を示す．各変数に関する情報は以下のとおりである．

  データに関する情報：
  データソースとなるテーブル：
  入力データおよび出力データ：
  入力データ：
    関連度　h=high, m=medium, l=low
    信頼度　h=high, m=medium, l=low
    分布　　g=good, m=medium, b=bad

安定性　h=high（1年以上），m=medium（3ヶ月以上1年未満），l=low（3ヶ月未満）

専門家のサポート　データの内容の説明およびデータの抽出，前処理に関して専門家のサポートを受けられる

　以上のような情報が入手できれば，「ある変数は関連度は高いが信頼度は低い」といったように関連度および信頼度を算出できる．算出した指標をもとに，たとえば信頼度が40パーセントを下回っていればこれ以上プロジェクトを進めるに十分なデータが得られていないといった判断ができる．この場合，2つの改善方法がある．1つは対象となる変数の信頼度や分布の改善，もう1つは同程度の関連度をもちながらもっと信頼度の高い，またはもっと都合の良い分布をもつ変数の選択である．

　データの安定性が低いことはそのプロジェクトにとって致命的ではないものの，間接コストは増えてしまう．なぜなら，低い安定性はデータを取り巻く環境の変化が速いことを意味しており，高頻度でモデルを作り直し，分析をやり直す必要があるからである．モデルを何度も繰り返して構築し分析をやり直せばその分だけプロジェクトにかかる費用は増加する．激しい変化にさらされているビジネスといえば電気通信業界が挙げられる．この10年間で公衆が使う通信技術は固定電話から携帯電話，さらにはオンライン上のサービス，メッセージ，ソーシャルネットワークとめまぐるしい変化を遂げた．つまり10年前に作られたモデルは，新しい技術やハードウェア，ソフトウェアが生まれるたびに何度も更新される必要があったといえる．

## データ抽出とデータの質——よくあるエラーとそれを避ける方法

　この節ではデータソース，データ抽出段階におけるエラーについて議論する．分析において，すでに生データから抽出され，クリーニングも終わり，フォーマットも整えられ，妥当性も確認されたデータが入手できれば幸運といえよう．しかし，こういったデータの前処理は往々にして未完了の状態で分析者のもとにやってくる．ウェブのログデータを処理する際，前処理はテクニックを要す

る．あるオンラインブックストアのクエリログからのデータ抽出の例でいえば，まず必要な変数を不必要な変数と区別する必要がある．同時に，ユーザや検索クエリの一連のセッションの特定も行う必要がある．

## データ抽出

以下はオンラインブックストアのログを用いたデータ抽出の事例である．表5.5はログの生データを示している．先頭のフィールドはアクセス者のIPアドレスであり，2番目のフィールドはタイムスタンプ，3番目のフィールドはタイムゾーンを示す．タイムゾーンはグリニッジ標準時との時間差で表現されており，たとえば-5の場合，グリニッジ標準時より5時間前であることを示す．続いて4番目のフィールドはウェブページにおけるアクションを示しており，5番目のフィールドはユーザのセッションID (User ID)，アクションの詳細，その他のパラメータを示す．6番目のフィールドはアクションコードを示してい

**表 5.5** オンラインブックストアのログ

| IP Address | Date/Time | Time Zone | Action | Action Detail | Action Code |
|---|---|---|---|---|---|
| 187.421.421.12 | 20/Sep: 08:45:02 | -05 | SELECT | /xyz.jpg | -1 |
| 99.710.414.120 | 20/Sep: 08:45:54 | -05 | SELECT | /z21q49j12b95/99/1?isbn=1558607528&Run.x=12&Run.y=14 | 1 |
| 412.27.32.92 | 20/Sep: 08:45:55 | -05 | SELECT | / e1k1t681nutr/pp/L?su=mql | 1 |
| 99.710.414.120 | 20/Sep: 08:47:09 | -05 | SELECT | / z21q49j12b95/pn/0120885689 | 1 |
| 99.710.414.121 | 20/Sep: 08:54:42 | -05 | SELECT | / z21q49j12b95/pn/0321303377 | 1 |
| 99.710.414.120 | 20/Sep: 08:56:31 | -05 | SELECT | / z21q49j12b95/pn/0750660767 | 1 |

る．レコードは 2 番目のフィールドが示すタイムスタンプに沿って時系列順に並んでいる．

表 5.5 は 4 つの IP アドレスからなる 6 つのレコードを示している．「アクションの詳細」列において 2 つ目のレコードは ISBN 番号が 1558607528，User ID が z21q49j12b95 となっている．User ID とアクションの詳細はスラッシュで区切られている．User ID において前半の 6 つの文字は個人識別子となっており，後半の 6 つの文字はアクセスのたびに変更される．したがって，1 つ目のレコードでは User ID は z21q49 となる．表 5.5 において IP アドレスは，一つのレコードを除いて実質，User ID とみなせる．しかし，異なる User ID をもつ別々のユーザが同じ IP アドレスを利用している場合もある．たとえば，IP アドレスがインターネットサービスプロバイダのサーバのものだったり，複数の PC が接続されたサーバのものであったりする場合である．またダイナミック IP アドレスを利用しているユーザもいる．この場合，同一ユーザがアクセスのたびに異なる IP アドレスを用いることになる．今回の分析に関していえば，個人識別子としては User ID の方が IP アドレスよりも信頼できるといえよう．

本分析において，日時フィールドおよびアクション詳細フィールドは，日付，時刻，User ID，ISBN 番号を抽出するために整形する必要がある．表 5.6 は User ID が z21q49 であるレコードにおいて整形済のレコードを示した．表 5.7 ではさらに，表 5.6 のデータと ISBN 番号で把握できる書籍データを結合して整形したレコードを示した．

これら一連の処理は一見スムーズに進んだように見える．しかし表 5.7 のデー

**表 5.6** z21q49 であるレコードにおける整形済のレコード

| IP Address | Date | Time | Time Zone | User ID | ISBN |
| --- | --- | --- | --- | --- | --- |
| 99.710.414.120 | 20/09 | 08:45:54 | -05 | z21q49 | 1558607528 |
| 99.710.414.120 | 20/09 | 08:47:09 | -05 | z21q49 | 0120885689 |
| 99.710.414.121 | 20/09 | 08:54:42 | -05 | z21q49 | 0321303377 |
| 99.710.414.120 | 20/09 | 08:56:31 | -05 | z21q49 | 0750660767 |

**表 5.7** 表 5.6 のデータと ISBN 番号で把握できる書籍データを結合して整形したレコード

| User ID | Time | Category | Publisher | Title |
|---|---|---|---|---|
| z21q49 | 08:45:54 | TK5105.8883 Elect. Eng. | Elsevier | Web Application Design Handbook: Best Practices |
| z21q49 | 08:47:09 | QA76.76.D47 Maths. | Morgan Kaufmann | Effective Prototyping for Software Makers |
| z21q49 | 08:54:42 | TK5105.888 Elect. Eng. | Addison-Wesley | The Non-Designer's Web Book |
| z21q49 | 08:56:31 | TK5105.888 Elect. Eng. | Elsevier | Introduction to Web Matrix: ASP.NET Development for Beginners |

タを得るためには，対象となるユーザの一連のクエリに対してデータ抽出を行い，解釈をするという問題を解決しなければならない．すべてのユーザが分析に値するデータをもっているわけではない．数百回にものぼるような高頻度でアクセスしているようなユーザは，ボットや API（Application Programming Interfaces）によるアクセスの可能性がある．こういったユーザを除いて分析するためには，アクセスしている書籍の頻度や，アクセス元のユーザの頻度に着目するとよい．

さて，さらに分析を進めると，1 回のセッションあたり 23 クエリ以下であることがわかった．これは午前 8 時 30 分から午後 6 時 30 分までの 10 時間に抽出されたデータにおいて，1 つの User ID で生成されるクエリ数が 23 以下であったことを示す．表 5.7 で見たように，一連のセッションは検索している書籍の種類において連続している．以上の知見から，この分析は中程度の頻度のクエリ数に絞って進めた方がよいことがわかる．この範囲に絞り込むと，先の 10 時間のレコードからは 5,800 冊の書籍と 4,300 人のユーザが対象となった．さらに 9/20 のデータに範囲を広げると，総レコード数は 1,420,300 となり，中程度の頻度のクエリ数に絞り込んだレコードとなると 109,368 となった．

## データの妥当性を確かめるための手順

先の節で得られた知見に基づくと，今回扱っているログデータの妥当性を確かめるための一連の手順は以下のようにまとめられる．

1. アクションコード（表 5.5 参照）が 1 であること．これを満たすレコード数は 1,320,879 となる．
2. 適切な ISBN 番号が含まれていること．これを満たすレコード数は 924,615 となる．
3. 総クエリ数が 23 以下であること．これを満たすレコード数は 109,368 となる．

この手順に従うと，表 5.5 の 2 行目のレコードは「アクション詳細」フィールドに適切な ISBN 番号が格納されていることが確認できるため，分析の対象になる一方，1 行目のレコードはエラー値が含まれているため，分析の対象からは除くことになる．

## 派生データ（derived data）

国際標準図書番号（ISBN）は国際的に用いられている書籍の個別識別子である．今回のログデータにおける ISBN コードは 10 ケタのものを用いている．これは以下の 4 つのパートで構成されている．

1. グループ記号：出版物の出版された国，地域，言語圏
2. 出版社記号
3. 書名記号
4. チェックディジット

ISBN コードが 817525766-0 の場合，グループ記号が 81，出版社記号が 7525，書名記号が 766，チェックディジットが 0 となる．出版社記号の長さはさまざまであるが，この例では 4 ケタとなっている．

本分析において必要なその他の派生データとして，ISBNコードごとの書籍のタイトル，トピック分類（LCC）および出版社のデータがある．これはJavascriptを用いてLibrary of Congress Online CatalogのAPIにアクセスすることで得られる．この情報は先のログファイルに格納されている情報ではないが，結果を解釈し，書籍のトピックおよび出版社を特定する上で重要である．

## データ抽出のまとめ

これまでの内容をまとめると，抽出したデータが分析に耐えうるようなものであり，その後の分析で間違った結論を導かないために必要な4つのアクションがある．

1. ユーザの特定には，IPアドレスではなくユーザのセッションIDを用いる．
2. 高頻度のユーザレコードはボットもしくはAPIによるものなので除く．
3. ISBNコードを含まない，またはアクションコードにエラー値が含まれているような不適切なレコードは除く．
4. 派生データとしてISBNコードを用いて書籍のカテゴリおよび出版社のデータを追加することで，データの情報量を増やす．

## データ入力およびデータ生成がデータの質に与える影響

本章ではデータの質の評価について，ビジネス課題との関連度および信頼度から論じた．これまではすでに生成されたデータについて論じてきたが，データセットがどのようにして生成されたか，そしてその生成プロセスの影響についてはよくよく考えておく必要がある．第3章ではサーベイ，調査票，ポイントカードの登録フォームについて論じた．これらはウェブサイト上から回答するオンライン形式，もしくは印刷物の形で配布され，その回答をあらためてデータとして入力する形式のものがある．前者の方がフォーマットのコントロールが可能であり，データの質も高いといえるが，多くのデータは手入力が必要であることも現実である．つまりデータの入力者の仕事の質や，その後のクロス

チェックおよび入力データの妥当性の確認が非常に重要となる．また，本章の後半で見たログ分析の事例のように，データは IT プロセスの中で自動的に生成される．自動生成はデータの質という観点から見れば，入力エラーが入る余地がないため，望ましいプロセスであるといえる．しかし，IT プロセスにおいてバグがあった場合，大量のデータが同一エラーのもとに生成されることになる．たとえば，間違ったデータフォーマットやゼロで上書きされたタイムスタンプなどである．さらに，もっと検出しづらい散発的なエラーもある．たとえば，システム管理者による NTP（Network Time Protocol）[7]の同期ミスはログデータの信頼性に影響を与え，IP アドレスのコンフリクトはログデータにおけるレコードの欠損につながる．これらの問題の影響を軽減するためには，自動チェックソフトと手作業による確認を通常の手順として組み合わせるとよい．一般に，手作業で入力されたデータにおいて適用してきた，信頼度と関連度に基づくデータの評価基準は，自動生成されたデータにおいても適用可能である．

　分析者がデータのチェックに慣れてくると，エラーや異常値に気づきやすくなる．これはログや顧客レコードを初めて見る分析者はそこに格納されている値が正しいのかどうかを評価できないことを意味する．

---

[7] 訳注　コンピュータに内蔵されているシステムクロックをネットワークを介して正しく同期させるためのプロトコル．

# 第6章

# 変数の選択と因子の推定

## イントロダクション

　本章では，データに含まれる大量の変数から重要な変数のみを選択し合成する方法を扱う．これはビジネスデータ分析の初心者が難しいと感じるであろう部分である．変数の選択，合成について初心者は，そのビジネスに精通したプロの勘に頼るもの，もしくは完全に統計学的に可能なものと考えがちである．しかし現実はその2つの方向性の間にある．実務的には以下の2つの視点をベースに考えるとよい．

1. 手持ちのデータの特性の把握とデータが何に使えるのか可能性の確認
2. 分析のゴールまたは結果の確認，およびそれを達成するために必要なデータが揃っていることの確認

　本章の最初の2つの節では，この2つの視点に基づいたアプローチおよび基本的な統計手法を紹介する．3番目の節ではデータマイニング手法についても紹介する．最後の節では商用のシステムも含めた具体的なソリューションを紹介する．実際，変数選択，合成を行い，ベストなデータを得るためには本章で紹介するような複数の手法を知っておくとよい．

### 変数選択

#### なぜ変数選択を行う必要があるのか？

　なぜ分析やモデリングの前に変数選択を行う必要があるのだろうか？　分析を行い，モデリングするならすべてのデータを使えばよいと思わないだろうか．第2章および

第6章 変数の選択と因子の推定

> 第5章ではビジネス課題との関連性という観点から変数選択を行ってきた．大量の変数で構成されたデータにおいて，多くの変数はビジネス課題との関連度は小さい．また，変数選択を行ってデータをスリムにすることで，モデリングをするにあたり質の高いデータとすることができ，分析の結果も解釈しやすくなる．本章では変数選択について論じると同時に，既存の変数から新しい変数を合成する方法についても学ぶ．

　変数選択および変数の合成は，データ分析プロジェクトの各ステップ（ビジネス課題の定義，データの質の確保，そして分析等）において相応の重要性をもつため，本書の全体を通じて繰り返し現れるテーマである．第2章では，変数の1つひとつを吟味してビジネス課題との相関を算出したこと，そして第5章では，各変数において関連度および信頼度を算出したことを思い出してほしい．これらはいずれも変数選択の手法として用いることができる．

> **付録のケーススタディについて**
>
> **変数選択，変数合成，データの前処理**
> 　付録では，データマイニングプロセスの各段階に焦点をあてた3つのケーススタディ（顧客ロイヤリティ，クロスセリング，聴取率予測）を紹介している．各ケーススタディは現実のプロジェクトに則した内容となっており，本章で紹介する手法を用いている．

## 利用可能なデータの選定

　本節では「本プロジェクトにおいて現時点で保有しているデータは何で，そのデータを使って何ができるのか？」というあらゆるデータ分析プロジェクトにおいて最初に問われる問いについて考える．まず，分析において考慮すべきビジネスの構成要素を考えてみよう．構成要素としては「顧客」，「小売，卸，生産段階における製品またはサービス」，「製品の内容（例：500mgのアスピリン×25」，「売り上げデータ」などが考えられる．また分析にはコストデータも利用できる．コストデータは，インフラストラクチャー，ロジスティクス，初期投資などさまざまな観点において分類できる．このようなコストデータは，利益率

をどのように計算するかによって利用方法が異なってくる．また，ビジネス構造の関連要素も考慮する必要がある．たとえば，営業チャネルやオフィス，営業リージョン，営業マン，営業キャンペーンといったものである．目的によっては供給側の視点にたって，供給者，供給時間，供給関連コストや供給物の質といった要素も考える必要がある．

　営利企業である以上，その規模の大小を問わず，自身のビジネスに影響を与える変数については把握しておかなければならない．この変数群はコントロールパネルやダッシュボードと呼ばれ，時系列変化や他の指標との比較によって表現される．ビジネスの責任者はコントロールパネルの値に基づいてビジネスの現状を把握し，適切なアクションをとる．コントロールパネルには先のパラグラフで示したような要素を集約した指標が用いられる．

　マーケティングにおける典型的なコントロールパネルには以下の要素が含まれる．

- 営業指標：総売上，区分ごとの売上（製品，製造ライン，リージョン，営業マン，顧客タイプ，市場セグメント，売上げの規模，仲介業者）
- コスト指標：総コスト，区分ごとのコスト（製品，製造ライン，リージョン，営業マン，顧客タイプ，市場セグメント，売上げの規模，仲介業者）
- 利益指標：総利益，区分ごとの利益（製品，製造ライン，リージョン，営業マン，顧客タイプ，市場セグメント，売上げの規模，仲介業者）

　以上の指標のもと，コントロールパネルを構築した場合，「木を見て森を見ず」にならないよう注意しなければならない．つまり，膨大な指標のもと，局所最適な解に陥ってしまうという問題である．同時に，こういった指標は一定の期間（年単位等）の周期性を示すことにも注意しておきたい．したがって，常に前期はどうだったのかという比較を行い，ビジネスが成長しているのかそれとも衰退しているのか判断して適切なアクションをとる必要がある．このようなアクションはビジネスの責任者（新しく設立された営業所の責任者や新製品の責任者等）によって実行される．なお，ビジネスの成長には市場の成長/衰退や競合企業の戦略といった外的要素も絡んでくる．「木を見て森を見ず」にならないためには，「メタ指標」といわれる2次レベルの指標に目を向けるとよい．

102　第 6 章　変数の選択と因子の推定

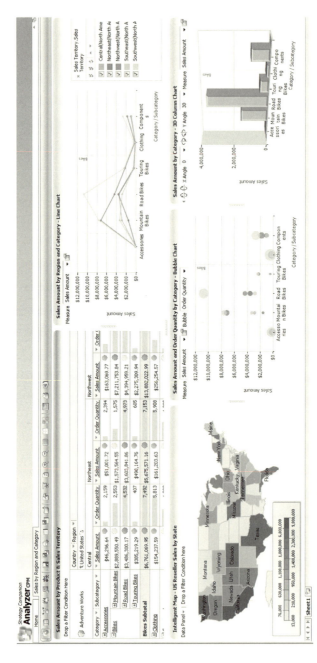

図 6.1　StrategyCompanion 社 (http://strategycompanion.com/) が提供する分析サービスにおけるダッシュボード

これを見ることでコントロールパネル上の指標を注意深く解釈できる．例としては「前期において最も利益が伸びたリージョンはどこか」や「全製品の成長率を 25 % 以上下回れる製品は何か」などである．メタ指標の作成方法には2つある．前期や他製品などとの「比較」，そして目標値を超える/超えないといった「目標値の利用」である．一定の基準に抵触した場合，メタ指標は警告を出すようにしておく．基準の例としては，「製品 Z の平均配送時間が 30 日を超える」「B タイプの製品の返品率が 15 % を超える」などが考えられる．

図 6.1 にはダッシュボードの例を示した．これは一連の重要なビジネス指標をグラフィカルに表示している．こういった見せ方をするソフトウェアはビジネスインテリジェンスシステムや，エグゼクティブインフォメーションシステムなどと呼ばれており，外観は車や航空機のコントロールパネルによく似ている．車のダッシュボードで言うところの速度計，水温，燃料レベルになぞらえて，キャッシュフローや株価，生産性などのビジネス指標を表示しているわけである．なお，ダッシュボードはビジネスの領域や用途に応じてカスタマイズが必要である．

## 変数の統計的評価

本節では，目的変数（ビジネス課題と直接関係する変数）と比較することなく，変数を評価する技術について論じる．本節で学ぶ技術を用いることで，変数の関係を把握することができ，そこからデータ分析やモデリングのヒントを得ることができる．なお，この変数評価が完了すると，本章の 2 つ目の節で学んだような無数の候補の中からビジネス課題と直接関連する変数の選択に進むことができる．

相関およびデータフュージョンといった本節で紹介する技術は，説明変数を目的変数と比較するためにも使える．本節では銀行のリテール業務を例にとるが，その手法自体は他のビジネスにも適用できるものである．表 6.1 では，銀行のデータベースから得られる変数の初期セットを示している．「携帯電話の利用状況」を除くすべての変数は事前に設定した信頼度（0.7）をクリアしている．信頼度の観点からは，「携帯電話の利用状況」については除去候補となりう

表 6.1 銀行におけるデータマイニングプロジェクトで用いる変数の候補

| 変数 | 型 | データの由来 | とりうる値 | 信頼性 |
|---|---|---|---|---|
| 年齢 | 数値型 | Simple | 0 から 100 | 1.0 |
| 月あたり収入の平均 | 数値型 | Simple | 口座情報から算出 | 0.9 |
| 月あたり消費の平均 | 数値型 | Simple | 口座情報から算出 | 0.8 |
| 月あたり収支の平均 | 数値型 | Simple | 口座情報から算出 | 1.0 |
| 携帯電話の利用額 | 数値型 | Derived | 口座情報の携帯電話請求額から算出 | 0.3 |
| 職業 | カテゴリ型 | Simple | 学生，大学生，会社員，自営業，管理職，起業家，定年退職者など | 0.9 |
| 婚姻状態 | カテゴリ型 | Simple | 独身，結婚している，離婚した，死別した | 0.9 |
| 子供の有無 | カテゴリ型 | Simple | はい/いいえ | 0.7 |
| 性別 | カテゴリ型 | Simple | 男性/女性 | 1.0 |
| 商品/サービス | カテゴリ型のベクトル | Simple | 顧客が契約している銀行の商品/サービス | 1.0 |

以上の変数はあくまで銀行における分析時に用いるもので，他のビジネスを対象とする場合は変数が異なってくることに注意．

る．なお，ここで言う信頼度の評価に際しては，データ欠測率やエラーの割合といった第 5 章における評価基準を用いている．

## 相関

ピアソンの相関係数はよく用いられる数値指標である．この指標は $-1$ から $1$ までの値をとり，$0$ は無相関，$1$ は完全な正の相関，$-1$ は完全な負の相関を示す．これは以下のように解釈できる．ある 2 つの変数における相関係数が $0.7$ のとき，明らかな正方向の相関がそこにあることを示す．正の相関は，変数 A

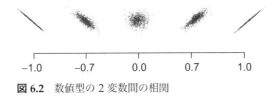

**図 6.2** 数値型の 2 変数間の相関

が増加すればそれに応じて変数 B も増加することを示しており，負の相関は変数 A が増加すれば，それに応じて変数 B は減少することを示す．

ピアソンの相関係数について詳しく知りたい場合は以下を参照のこと．

- Boslaugh, Sarah and Paul Andrew Watters. 2008. *Statistics in a Nutshell: A Desktop Quick Reference*, ch. 7. Sebastopol, CA: O' Reilly Media. ISBN-13: 978-0596510497.

「年齢」と「給与」という 2 つの変数を考えた場合，強い正の相関があると考えられる．なぜなら，一般に歳をとるにつれて給与は増加するからだ．具体的には，相関係数は 0.7 といった数値をとるかもしれない．図 6.2 は数値型変数をそれぞれ X 軸，Y 軸にプロットした例であり，各図の相関係数を X 軸の下に示している．右から順に，相関係数が 1 と完全な正の相関を示す例，相関係数が 0 で無相関の例，相関係数が -1 で完全な負の相関を示す例となっている．

相関係数は型が同一であれば，数値型でもカテゴリ型でも算出できる．しかし，場合によっては異なる型に対して相関係数を算出したい場合もあるかもしれない．たとえば，一方の変数が数値型ともう一方がカテゴリ型の場合などである．この際は数値型変数をカテゴリ型変数に変換するとよい．たとえば，「年齢」を「18 から 30」「31 から 40」「40 以上」といった形で変換するなどである．

相関係数と同様に，共分散[8]もよく用いられる指標である．相関係数は -1 から 1 までの値をとるが，共分散はその範囲にとどまらない．共分散は 2 変数

---

[8] 訳注　$X, Y$ を確率変数として，$E[X]$ を $X$ の期待値としたとき，共分散（Cov）およびピアソンの相関係数（Cor）は以下のように表される．

$$\mathrm{Cov}(X, Y) = E[(X - E(X))(Y - E(Y))]$$
$$\mathrm{Cor}(X, Y) = \frac{E[(X - E(X))(Y - E(Y))]}{\sqrt{E[X - E(X)^2]E[Y - E(Y)^2]}}$$

の分散（もしくはボラティリティ）がどの程度同期しているかを示す．

共分散について詳細を知りたい場合は以下を参考のこと．

- Boslaugh, Sarah and Paul Andrew Watters. 2008. *Statistics in a Nutshell: A Desktop Quick Reference*, ch. 16. Sebastopol, CA: O'Reilly Media. ISBN-13: 978-0596510497.

表 6.2 は，表 6.1 の変数群のうち 4 つを例にとり相関係数を示したものである．最も高い相関係数を示した変数の組は「専門職であるか否か」と「収入」であり，0.85 を示した．「年齢」と「収入」の組がそれに次いで 0.81 であった．最も低い相関係数を示した変数の組は「携帯電話の利用状況」と「収入」であり，0.25 を示した．「携帯電話の利用状況」と「専門職であるか否か」の組がそれに次ぎ，0.28 であった．「携帯電話の利用状況」は他のどの変数とも低い相関を示しており，説明変数からは除いた方がよいと考えられる．表 6.1 では「携帯電話の利用状況」は 0.3 と極めて低い信頼度を示しており，この結果も先の判断を後押しする．また，「専門職であるか否か」は「収入」とのみ高い相関を示している．しかし，「専門職であるか否か」と「収入」という変数の組は，この種のビジネス（銀行業務）においては重要であると考えられるので除去候補とはしない．このように，各変数における相関係数を求めると，値は正方行列として並べられる．対角線を対称にして同じ値が並び，対角線上には 1 が並ぶことに注意したい．なぜなら，対角線上の相関係数は各変数自身との相関係数とな

**表 6.2** 変数間の相関状況

|  | 年齢 | 収入<br>(US ドル) | 職業 | 携帯電話の<br>利用額 |
|---|---|---|---|---|
| 年齢 | 1 | 0.81 | 0.38 | 0.60 |
| 収入（US ドル） | 0.81 | 1 | 0.85 | 0.25 |
| 職業 | 0.38 | 0.85 | 1 | 0.28 |
| 携帯電話の利用額 | 0.60 | 0.25 | 0.28 | 1 |

るからである．

## 因子分析

　因子分析とは，説明変数群の相関関係を説明できるようなより少ない背景因子を抽出する統計的手法のことである．これは目的変数との比較を必要とせず，説明変数のみで実行できる．主成分分析は因子分析の特殊な形であり，変数間の分散を最大化することにより変数間の線形関係を抽出するものである．これにより，相互に独立で線形関係にある因子を抽出することができる．

　因子分析の詳細については以下を参照のこと．

- Boslaugh, Sarah and Paul Andrew Watters. 2008. *Statistics in a Nutshell: A Desktop Quick Reference*, ch. 12. Sebastopol, CA: O'Reilly Media. ISBN-13: 978-0596510497.

　表 6.1 に示した 6 つの変数に対して主成分分析を実行することで以下の 2 つの因子を抽出できた．1 つ目の因子は「デモグラフィック因子」である．これは $0.581 \times$ 年齢 $+ 0.566 \times$ 専門職であるか否か $+ 0.522 \times$ 婚姻状況 $+ 0.263 \times$ 子供の有無で求められる．2 つ目の因子は「経済因子」である．これは $-0.926 \times$ 収入 $- 0.372 \times$ 消費 $- 0.065 \times$ 年齢 $+ 0.021 \times$ 専門職であるか否かで求められる．

---

**因子分析**

**データモデリングにおける因子分析の目的**
　因子分析の目的は，ビジネス課題に対して最大限の情報量（訳注必要）をもつ最小限の説明変数を得ることにある．通常，大量の説明変数のどれを選んでどれを捨てるかがデータモデリングにおいて課題となるが，因子分析によって，モデルの複雑さを減らすことができるため，結果の質を高めることができる．

---

　因子分析を適用することで，説明変数群を高い予測能力をもち，少ない数の因子群に集約することができる．

## データフュージョン

ビジネスにおいてデータベースやデータマート（第12章を参照）を構築する際，総売上をリージョンごとに合計したり平均したりといった集約のプロセスは欠かせない．しかし，このプロセス自体はデータの価値を高めるものではない．少ないデータでデータの価値を高める際に用いるのがデータフュージョンである．データフュージョンとは，2つの数値型変数をその傾向や特性をより良く表現する1つの変数に融合することである．数値型変数以外にもデータフュージョンは適用できるが，その場合，若干手続きが煩雑となる．データフュージョンの一例として，「収入」と「消費」を融合する例を考えてみよう．この場合，収入を消費で除した新しい変数を定義できる．この変数は，収入と消費の間に明らかに関係があるという事前知識を利用して生成している．どの変数を用いて融合させるべきか情報が乏しいときは，全変数間の相関係数を算出してそれを用いるといった統計的アプローチもある．

> **付録のケーススタディについて**
>
> **変数間の比を用いた新しい変数の生成**
> 付録におけるケーススタディ1（顧客ロイヤリティ）とケーススタディ2（クロスセリング）では，実際のデータにおいて変数間の比を用いて新しい変数を生成する例を示した．

## データから変数を選択するアプローチのまとめ

初回分析と変数間の相関係数算出，主成分分析の実行を経て，今回得られたデータについてひとまずの結論を得ることができた．主成分分析で得られた顧客のデモグラフィック因子と経済的因子には一定の相関があり，これは顧客セグメンテーションに使えそうである．顧客セグメンテーションでは現状の顧客についての理解を改善し，ビジネス課題の解決を目指す．また，今回の分析に

加えて，顧客が現在保有している商品の情報があれば，その商品情報を目的変数として，クロスセリングを目的とした予測モデルを構築することができる．

## 望ましい結果を得るための変数選択

本節では「分析の最終目標を把握し，必要なデータを入手済み」という段階における分析について学ぶ．ビジネス課題を仮定しなかった前節とは異なり，本節ではビジネス課題を仮定して分析を進める．つまり，ビジネス課題と直結する目的変数と，説明変数の関係を評価することが目的となる．なお事例としては，前節と同じ銀行のリテール業務の事例を引き続き用いる．なお，今回の場合，必要に応じて新しいデータを入手できることとする．データの入手には，第 3 章で紹介したような手法を用いる．

## ビジネス課題に応じて説明変数を評価し選択する統計的手法

この銀行における分析の最終目標は，表 6.1 に示したような説明変数群（実際のデータの場合，変数の数はもっと多い）の中から目的変数を最も良く説明する最小限の変数群を抽出することにある．この際，先に示したようなデータフュージョンを用いて新しい変数を作ることも考慮にいれる．たとえば，年齢と給与という 2 つの変数があれば，前者を後者で除することで年齢給与比という新しい変数を作るといったことである．最小限の変数もしくは因子に絞る際には，絞った変数群が目的変数と強い相関をもつことが条件となる．入力変数と出力変数の関係を評価する方法についてはさまざまなものがある．

> **統計学的コンセプト**
>
> **関係性の度合い（Relation）と関連性（Relevance）について**
> 本章の文脈では，関連性とは説明変数と目的変数（ビジネス課題）の関係を指す．関係性の度合いは，そのような限定がなく，任意の 2 つの変数についての関係を指す．本章の最初の節で論じた相関係数の算出は，いずれの指標についても適用できる．

**表 6.3　目的変数と説明変数の相関状況**

| 説明変数 | 目的変数（商品 A の購入）との相関 |
|---|---|
| 商品 B の購入 | 0.77 |
| 可処分収入 | 0.75 |
| 世帯主であるか否か | 0.65 |
| 婚姻状態 | 0.45 |
| 顧客期間 | 0.32 |

　典型的には，説明変数と目的変数（ビジネス課題）との相関係数を算出する．たとえば，目的変数が「商品 A の購入」で，説明変数が「顧客期間」「可処分収入」「商品 B の購入の有無」「婚姻状況」「世帯主であるか否か」とした場合，その相関行列は表 6.3 に示す形になる．この表は，商品 A の購入に関連する重要な因子は「商品 B の購入（相関係数 0.77）」「可処分収入（相関係数 0.75）」「世帯主であるか否か（相関係数 0.65）」であることを示している．一方，「婚姻状況（相関係数 0.45）」「顧客期間（相関係数 0.32）」は商品 A の購入にはつながっていないようである．この場合，判断基準として相関係数の閾値を設定する必要がある．閾値の設定方法としては，相関係数の分布を確認した上で，相関係数が顕著に減少する部分を閾値として用いるとよい．

> **説明変数との関連**
>
> **変数を追加する**
> 　表 6.3 では表 6.1 にはなかった「世帯主であるか否か」「顧客期間」という 2 つの変数が追加されている．この変数はいずれも既存のデータから作成したものである．ただし「世帯主であるか否か」の情報は多くの顧客において欠測していたため，これを取得するためのアンケートなどを実施する必要がある（具体的な方法については第 3 章を参照）．

ここで順序カテゴリ型変数の相関について考えてみよう．たとえば，「高」「中」「低」という3つのカテゴリがあるとすると，これをそれぞれ3, 2, 1というように数値に変換することでピアソンの相関係数を求めることができる．ただし，この変換は3つのカテゴリが等間隔かつ線形の関係にあることを仮定している．場合によっては「高」は「中」の10倍であるかもしれない．したがって，相関係数を算出する前にこの関係については確認しておく必要がある．なお，順序カテゴリ型に対してはスピアマンの相関係数を用いるという方法もある．

スピアマンの相関係数およびそれに関連したカイ二乗検定の詳細については以下を参照のこと．

- Boslaugh, Sarah and Paul Andrew Watters. 2008. *Statistics in a Nutshell: A Desktop Quick Reference*, ch. 5. Sebastopol, CA: O'Reilly Media. ISBN-13: 978-0596510497.

名義カテゴリ型に対して相関係数を求める場合，これまでとは異なるアプローチが必要になる．最もメジャーな方法としてはカイ二乗検定が挙げられる．これは当てはまりの良さまたは独立性を測るものである．当てはまりの良さは2つの分布を比較することで算出できる．独立性は2つの変数がどれだけ確率的に独立であるかをクロス集計表を用いて算出する．年齢階層がアンケートの結果に与える影響を例にとってみよう．ここでは年齢階層ごとに各変数の頻度がわかるようなクロス集計表を作成した．表6.4は「商品カテゴリ」と「利益性カテゴリ」の2つの変数を例にとっている．別のアプローチとしては，カテゴ

**表 6.4** 商品カテゴリと利益率カテゴリのクロス集計表

|  | 利益率大 | 利益率小 | 計 |
| --- | --- | --- | --- |
| 商品 A | 65 | 32 | 97 |
| 商品 B | 20 | 15 | 35 |
| 計 | 85 | 47 | 132 |

リごとの変数の頻度を示したヒストグラムを作成してその分布を比較するという方法がある．

> **変数選択**
>
> **クロス集計表を用いて変数を選択する**
>   表 6.4 からは，最も利益性の高い顧客において商品 A は商品 B より 80 パーセント以上購入されていることがわかり，商品の購入は顧客の利益性に関係しているといえる．つまり利益性を目的変数として用いるデータモデリングを行う上で，製品カテゴリは説明変数として含める必要がある．

数値型変数を順序カテゴリ型変数に変換する．ときに数値型変数を順序カテゴリ型変数に変換すると分析が進めやすい場合がある．理由を以下に挙げる．

1. カテゴリ型変数にしておくと目的変数（ビジネス課題）とより高い相関を得られることがある．
2. 順序型カテゴリは顧客セグメンテーションを行う上で扱いやすい．
3. 順序型カテゴリはその意味を把握しやすい．
4. 順序型カテゴリは他の順序型カテゴリと直接比較できる．

本節では，この後の顧客セグメンテーションモデルの説明変数とするために，数値型変数である「年齢」をカテゴリ型変数に変換する．この際，以下の 4 つの方向性がある．

1. すでに銀行の中で用いられている年齢カテゴリがある場合はそれを用いる．
2. 顧客の年齢分布を確認した上でカテゴリを設定する．
3. 分析コンサルタントやマーケティング部など，銀行内の関連部署と協議の上でカテゴリを設定する．
4. パーセンタイルを用いてカテゴリを設定する．

パーセンタイルを用いてカテゴリを設定する場合，カテゴリ数をいくつにするか，変数のとりうる値を考慮した上で決めておく必要がある．各パーセンタ

イルには，設定した範囲の割合のレコードが含まれる．

　数値型変数は昇順または降順に並べ替えておくべきである．たとえば，「年齢」を5, 10, 25, 50, 75, 90, 95というように7つのパーセンテージで区切ったとしよう．最初のパーセンタイルは5パーセントの顧客が含まれる．2つ目のパーセンタイルには10パーセントの顧客が含まれ，7つ目のパーセンタイルには95パーセントの顧客が含まれる．このような処理を加えることで見えてくることは何だろうか．パーセンタイルで区切ることで，カテゴリはデータの性質を反映する．また，レコードは1つのカテゴリにのみ所属するように処理しなければならない．つまり0パーセント以上5パーセント未満，5パーセント以上10パーセント未満といった形である．

　図6.3は「年齢」の分布をプロットしたものである．X軸のパーセンタイルは変数の分布に依存しているため，変数によって相対位置は異なってくる．たとえば，ある部分にデータが集中していれば，その部分のパーセンタイルの間隔は狭くなる．図6.3を見ると，25パーセンタイルから75パーセンタイルまでの50パーセント分の範囲は年齢で35から47歳，つまり12歳分の間隔となっており非常に密であるのに対して，90パーセンタイル以降の10パーセント分の範囲は年齢で55から72歳と17歳分の間隔となっており非常に疎である．

　図6.3のパーセンタイルを用いると，「年齢」のカテゴリについては26歳未満，26歳以上29.5歳未満，29.5歳以上35歳未満，35歳以上42歳未満，42歳

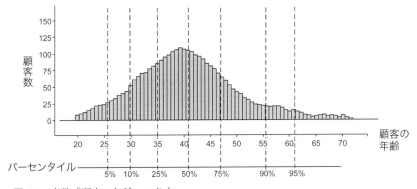

**図 6.3** 変数「顧客の年齢」の分布

以上 47 歳未満，47 歳以上 56 歳未満，56 歳以上 62 歳未満，62 歳以上と 8 つに分けられる．このカテゴリはこの後顧客セグメンテーションに用いる．

パーセンタイルを用いた分析について詳細を知りたい場合は以下を参照のこと．

- Boslaugh, Sarah and Paul Andrew Watters. 2008. *Statistics in a Nutshell: A Desktop Quick Reference*, ch. 16. Sebastopol, CA: O'Reilly Media. ISBN-13: 978-0596510497.

## 顧客セグメンテーション

本節はビジネス課題に沿って説明変数を選択する一例を示す．ここで，ビジネス課題は 1 つの目的変数に対応しているわけではなく，より抽象的なレベルで定義される．具体的には，本節におけるビジネス課題は，より市場のニーズに沿った商品やサービスを提供するために，セグメンテーションの手法を用いて銀行の顧客のセグメンテーションおよび分類を改善することである．

顧客セグメンテーションの目的は，多様な特徴をもつ顧客をカテゴリに分類することで商品やサービスを効率よく提供できるようにすることである．

セグメンテーションに取りかかるにあたって，今回は銀行がすでにもっている分類を参考にする．この分類は分析コンサルタントやマーケティング部など，銀行内の関連部署と協議の上で把握するとよい．しかし，協議を行っていくうちに，新しい顧客セグメンテーションの必要性が見えてくるだろう．たとえば，マーケティング部が見逃しているセグメントがあるかもしれない．また，データモデリングの結果と顧客データベースを IT プロセスに組み込むことで顧客セグメンテーションが自動化され，新しい価値を創出できるかもしれない．

---

**セグメンテーション**

**説明変数と目的変数**

セグメンテーションは，目的変数を必要としないという点でクラスタリング（第 9

章および本章の第3節）と似ている．クラスタリングは説明変数を一定のクラスターに振り分ける．なお，振り分けた後，各クラスターにおける目的変数や説明変数の特徴を確認して，生成されたクラスターの名称をつける必要がある．

## 変数選択——あらためて分析をやり直す

　図 6.4 は，表 6.1 の変数に対して顧客セグメンテーションを実施した結果である．クラスタリングを適用した結果，4つのセグメンテーションが生成された．性別，携帯電話の使用状況，収入，消費に強く影響を受けているようである．これは，各変数間に統計的な関連性があったからである．

　しかし，この結果を銀行内の専門家に伝えたところ，この結果は意味のあるものではなく，銀行内で用いられている現行の分類と一致しないという証言が得られた．ここからさらにデータセット内のすべての変数において相関係数を算出したところ，携帯電話の利用状況および性別は，他の変数とは低い相関であることがわかった．したがって，この2つの変数はクラスタリングには用いないこととした．これをふまえて実施したクラスタリングの結果は銀行内の専

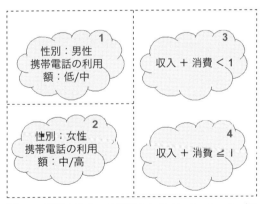

**図 6.4** 銀行のリテール顧客のセグメンテーション（クラスタリングを実施した結果）

門家にも受けいられた．しかし，この分析にはまだ検討の余地がある．たとえば，高相関を示す既存の変数を用いて新しい変数を作ることができる．銀行内の専門家からも顧客セグメンテーションを行うための追加の変数があると有用であるとの意見を得た．したがって，より意義のある変数を探索するために分析を続けることとする．

さて，銀行はいったん得られた結論を捨てて，より望ましい結果を得るためにここまで進めてきた分析をやり直すことにした．これに伴い，マーケティング部やデータ分析コンサルタントを始めとする銀行内の専門家たちとのブレーンストーミングが数度繰り返された．この際，データ処理を担当している部署にも参加を募った．これはデータおよびそこに含まれる変数が企業内のデータベースにおいて利用可能であるかを，その信頼度と共に確認するためである．

### 因子の生成

**新しい変数の作成**

　データマイニングを行う際に用いる変数には，顧客の年齢といった元からデータに含まれている変数や，顧客利益率といった比のタイプの変数のほかにも新しい変数を追加していく必要がある．銀行内の専門家たちとの意見交換を通じて，今回の分析において，いくつかの追加の変数が必要であることがわかった．たとえば，顧客の経済レベル（収入および支払能力）や，VIP であるかどうかの指標などである．収入データが利用できない場合，顧客の経済レベルは代替指標を用いて算出することになる．代替指標の例としては，住所，郵便番号，自動車の保有台数，保有している自動車の種類，住んでいる家の価格，別荘の有無などが挙げられる．併せて年金プラン，投資プラン，株，保険，ローンといった他の財産関連指標を考慮してもよい．また，月単位の給与および小切手の利用状況や，月末の当座預金口座の収支状況を確認することで収支サイクルを把握することができ，顧客の支払能力を評価できる．さらに，アンケートを実施することで追加の情報を得ることもできる．VIP であるかどうかの指標については，100,000 ドルを超える預金が口座にある，専門職である，責任のある地位についている，銀行内の職員とコネがあるという条件で選定した．顧客ロイヤリティについての情報は今回のデータには含まれていない．この変数を作成するには，「顧客期間」や現時点で顧客が利用している商品およびサービスの価値評価といった変数を用いるとよい．

表 6.5 にはセグメンテーションに用いた最終的な説明変数群を示した．銀行における顧客セグメンテーションについて詳細を知りたい場合は以下を参照のこと．

- Liua, Hsiang-His, and Chorng-Shyong Ongb. Jan. 2008. "Variable Selection in Clustering for Marketing Segmentation Using Genetic Algorithms." In: *Expert Systems with Applications.* Amsterdam: Elsevier, 34 (1), pp. 502–510.

表 6.5 に示した変数のもと，銀行の全顧客からサンプリングを行ってデータセットを作成した．この次のステップとしては，このデータセットにおいて，「VIP なのに支払能力がない」や「退職者なのに年齢が 22–24 歳のカテゴリに含まれている」といったエラーや不整合な結果が含まれていないかを確認する．

データセットにおいて偏りがなく全顧客の特徴を反映しており，エラー，欠測や不整合もないことが確認できたら，セグメンテーションにとりかかることができる．

## 顧客セグメンテーションの最終的なモデル

図 6.5 は顧客セグメンテーションの最終的なモデルを示している．ここでは，顧客は 7 つのセグメントに分割されている．まず年齢は複数のセグメントにおける分割基準として用いられており，セグメント 1, 2, 4 では「若い」となっており，セグメント 7 では「退職」となっている．次に婚姻状況も重要な基準であり，セグメント 4 では「独身」，セグメント 2, 3 では「既婚」となっている．子供の有無はセグメント 2, 3 で用いられており，セグメント 3 ではさらに子供が未成年であることが条件となっている（子供についての情報はアンケートによって取得した）．セグメント 5 は「専門職である」ことが条件となっている．ここでいう専門職とは，実業家，監督，法曹，建築家，エンジニア，医療専門職などが含まれる．「収入レベル」は 2 つのセグメントにおける分割基準として用いられており，セグメント 1 では「低収入」，セグメント 5 では「富裕」という条件となっている．

**表 6.5** 銀行の顧客セグメンテーションで用いた変数 (1)

| 変数 | 型 | データの由来 | 取りうる値 | 元になった変数 |
| --- | --- | --- | --- | --- |
| 年齢 | 数値型 | 年齢 | 0 から 100 | |
| 年齢カテゴリ | カテゴリ型 | Simple | 0 から 100 | 1.0 |
| 経済レベル (1) | 数値型 | Derived | 月あたりの収入によって数値化<br>1:600 ドルまで<br>2:601 から 1200 ドル<br>3:1201 ドル以上 | 月あたりの収入（給与,賃貸収入等） |
| 経済レベル (2) | カテゴリ型 | Derived | 低い, 中低, 中, 中高, 高 | 職業, 教育, 住所, 郵便番号, 自動車の保有台数, 国内資産, 別荘の保有状況, 年金プランの収支, 投資プラン, 保険等 |
| 負債/債務レベル | カテゴリ型 | Derived | 低, 中低, 中, 中高, 高 | モーゲージローン, クレジットカード, その他の負債, 月あたりの消費, 収入サイクル, 口座収支が 30 日以上マイナスかどうか |
| VIP か否か | カテゴリ型 | Derived | はい/いいえ | 現金で 100,000 ドル保有しているか, 職業等 |
| 退職しているか否か | カテゴリ型 | Derived | はい/いいえ | 男性 65 歳以上または女性 60 歳以上または年金生活者 |
| 職業 | カテゴリ型 | Simple | 学生, 大学生, 会社員, 自営業, 管理職, 起業家, 定年退職者など | |

**表 6.5** 銀行の顧客セグメンテーションで用いた変数 (2)

| 変数 | 型 | データの由来 | 取りうる値 | 元になった変数 |
|---|---|---|---|---|
| 専門職か否か | カテゴリ型 | Derived | はい/いいえ | 「職業」において実業家，監督，法曹，建築家，エンジニア，医療専門職等に該当する場合 |
| 婚姻状態 | カテゴリ型 | Simple | 独身，結婚している，離婚した，死別した | |
| 子供の有無 | カテゴリ型 | Simple | はい/いいえ | |
| 未成年の子供の有無 | カテゴリ型 | Simple/Derived | はい/いいえ | 子供の年齢データ（入手できれば） |

以上の変数はあくまで銀行における分析時に用いるもので，他のビジネスを対象とする場合は変数が異なってくることに注意.

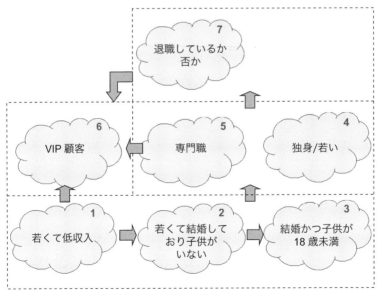

**図 6.5** 最終的な銀行のリテール顧客のセグメンテーション

図 6.5 は顧客セグメンテーションと併せて矢印でもって顧客のライフサイクルを示した．若い顧客は結婚し，子供をもち，より稼ぐようになるといった流れである．なお，ここで示した顧客セグメンテーションはあくまで一例である．たとえば，退職者セグメントは今後先進国においては人口の多くを占めるようになり興味深い対象といえる．さらに彼らは年金を受け取り，子供も独立して教育費もかからず，親からの相続もあるなど非常に裕福な層である．

若い層も同様に興味深い．彼らは現時点では裕福ではないものの，生涯価値は老人に比べると高いからである．

本章で行った最初の分析を是としていた場合，これらの顧客層はひとまとめにされてしまっていたであろう．是としなかった場合は，ここまで行ってきた一連の分析のように変数を見直し，新しい変数を作成し，あらためてデータをサンプリングしてセグメンテーションを更新するといった作業をすることになる．

---

### データの質

**コストに対する質**

データはさまざまな面において完璧とは言えない．しかし，データの質についてはデータの前処理にどれだけ時間と労力を費やしたかで決まる．つまりデータの質は，その分析においてデータをより良いものとするためにどれだけの努力がなされたか，という測定可能で客観的かつ経済的な要素であるといえる．第 2 章および第 5 章では，分析の段階になってデータが不十分な質のものであることが発覚するような事態を避けるために，どのようにしてビジネス課題を決定して，データの利用可能性を検討すべきかという方法を紹介している．

---

### 本節のまとめ

本節を締めくくるにあたって，分析のやり直しはデータマイニングプロジェクトにおいて最終的なアプローチであることを強調しておきたい．いかなるプロジェクトにおいてもよく練られたビジネス課題であるにこしたことはない．とはいえ，データセットからの変数選択を進めるうちにビジネス課題となる目

的変数があらためて特定されることがあるのも事実である．

## 変数選択に用いるデータマイニングの手法

　本章の最初の2つの節では，相関係数や因子分析といった古典的な統計学的アプローチに基づいた変数選択の手法を紹介してきた．本節ではこれに加えて，ルールインダクション，ニューラルネットワーク，クラスタリングという3つのデータマイニングの手法を紹介する．本章では，目的変数（ビジネス課題）の予測変数としてどの説明変数が最適か，という変数選択の用途に絞ってこれらの手法に触れるが，各種法の詳細については第9章で紹介する．

### ルールインダクション

　ルールインダクションとは，説明変数から目的変数に対して「if-else」タイプのルールを生成するデータマイニング手法の1つである．代表的なものとしてC5.0アルゴリズムが挙げられる．このアルゴリズムでは，情報理論的なアプローチを用いて目的変数に対して最も関連している説明変数を選択しながら木構造を構築する．この際，関連度が低い変数が含まれる枝は刈り取られ，木から除かれる．各枝に選ばれた変数は，この後の分析に用いることができる．なお，目的変数の値は枝の終端（葉）に示されることを覚えておきたい．ルールインダクションアルゴリズムは，値および変数について追加の情報を提供する．木において上位の情報は広い範囲に適用できるルールであり，下位の情報はより特殊な場合に適用できるルールである．

　C5.0は従来あったC4.5アルゴリズムの改良版である．C5.0アルゴリズムの詳細については以下を参照のこと．

- Quinlan, J. R. 1993. *C4.5: Programs for Machine Learning.* Burlington, MA: Morgan Kaufmann (rev.). ISBN-13: 978-1558602380.
- Data Mining Tools See5 and C5.0. March 2013. Available at: http://www.rulequest.com/see5-info.html.

図 6.6 はルールインダクションを用いた結果の一例である．説明変数には「35歳以上かどうか」「モーゲージローンに加入しているか」「自営業か」を，目的変数には「年金プラン」を用いた．木の葉として表示されている数値は実際に「年金プラン」を利用している顧客の割合を示している．先に見たように，木の最上位にある変数（「35歳以上かどうか」）が最も一般的なルールである．つまり，顧客の年齢が年金プランの契約にあたって最も重要な因子ということである．最下位の変数「自営業か」は，年金プランの契約にあたって極めて特殊な変数であることを示している．他の2つの変数は，ルールインダクションのアルゴリズムの中で最低限の情報サポート基準を満たせず枝刈りの対象となったため，木からは除かれている．情報サポート基準は目的変数との関連度もしくは相関を示す指標と考えればよい．このように決定木を用いたルールインダクションは目的変数と関連している/していない変数を特定するために用いることができる．この技術の詳細は，第9章においてデータモデリングの文脈で解説する．

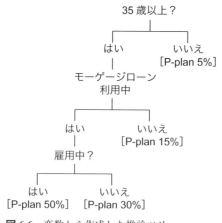

図 6.6 変数から作成した推論ツリー

## ニューラルネットワーク

　ニューラルネットワークは，相互接続された人工的なニューロンを仮定したデータモデリングである．モデルの学習の際に，ニューロンの連結は強められたり弱められたりする（この技術の詳細は第 9 章を参照のこと）．本節においては，ニューラルネットワークは説明変数と目的変数の関係性を定量的に評価するために用いられる．学習済みのニューラルネットワークにおいては，あるニューロンは高い重みを与えられる（活性化）一方，別のニューロンは低い重みを与えられ，結果に対する影響度を弱められる．

　重みは数値で表されるため，この値を用いて目的変数との関連度という解釈で説明変数を評価できる．重みをプロットすると，インフレクションポイントと呼ばれる活性が顕著に低下するポイントを見つけることができる．説明変数の選択基準として閾値を設定する際に使える指標である．

## クラスタリング

　クラスタリングも変数選択に用いることができる（クラスタリングの詳細については第 9 章で扱う）．Weka や IBM SPSS Modeler を始めとする多くのデータマイニングツールにおいて，生成されたクラスターに対して目的変数を重ねたプロット（2D クラスタープロット）を表示することができる（詳細については第 19 章で扱う）．これを用いることで，クラスターにおいて目的変数がどれだけフィットしているかを確認できる．たとえば，3 つのクラスターが生成され，目的変数が Yes/No の 2 つのカテゴリで表される場合を考えてみよう．この際，クラスター 1 に所属するデータは目的変数がすべて Yes，クラスター 2 に所属するデータは目的変数がすべて No，クラスター 3 に所属するデータは目的変数が Yes と No の半分ずつだったという結果が得られたとする．これはクラスタリングがうまくいった事例といえる．仮にどのクラスターも Yes と No が半分ずつだった場合はクラスタリングがうまくいっていない，つまり目的変数に対する説明変数の選択が適切でなかったといえる．

それでは，どのようにして説明変数の適切な組み合わせを見つけたらよいだろうか．まず最初に1つ以上の説明変数を選ぶ．そしてクラスタリングを実行して，目的変数とのマッチングの程度を確認する．そして望ましい結果が出るまで，この手順を何度も繰り返す．この一連の流れは目的変数とより関連する説明変数を選ぶという意味で，他の変数選択の手法においても有効な方法である．

## パッケージ化されたソリューション

変数選択には標準化されたソリューションを購入するという方法もある．SAS Enterprise Miner や IBM Intelligent Miner などは，銀行，保険，通信など各業界に特化したソリューションを提供している（詳細については第19章を確認のこと）．

これらのソリューションは非常に簡便なインタフェースで提供されており，データクリーニング，サンプリングなどの前処理プロセスを簡単に実行できるようになっている．しかし，こういったソリューションの真価は，業界に特化した変数セットを提供することで，専門家や新しいノウハウへのキャッチアップを不要とし大幅な時間の節約につなげることができるという点にある．

本節では特定のソリューションを例に挙げて説明する．業界が同じであれば，一定の目的変数に対して有効な説明変数は共通であり，パッケージ化されたソリューションを用いることで車輪の再発明を避けることができる．しかし，標準化されたソリューションには注意しなければならない点もある．なぜなら，業界は同じでも現場によってはその現場に特有の確率的な要素が関与してくる場合もあるからである．したがって，いきなりデータマイニングツールを用いるより EIS や OLAP システムを用いてまずはデータの概観を掴んだ方がよい．

## オープンソースソフトウェアの利用

変数選択においてはオープンソースソフトウェアを用いるという手もある．以下に興味深いサーベイの一例を挙げる．

- Piatetsky, G. June 3, 2013. "KDnuggets Annual Software Poll: Rapid-Miner and R Vie for First Place." KDnuggets. Available at: http://www.kdnuggets.com/2013/06/ kdnuggets-annual-software-poll-rapidminer-r-vie-for-first-place.html.

## 変数の前選択

　先に挙げたような難点はあるものの，パッケージ化されたソリューションは分析のスタートにおいて良い選択といえ，これをベースにカスタマイズしていけばよい．パッケージ化されたソリューションには開発企業が現場で得た知見がつまっている．有効な説明変数が業界によって異なるように，同じ業界の中でも CRM の各局面（潜在顧客の発見，クロスセリング，解約防止）において有効な変数はさらに異なる．銀行顧客におけるクロスセリングは，通信における顧客のクロスセリングと同じ説明変数が使える一方，業界特有の変数もあるだろう．たとえば，「顧客期間」は各業界で有効な変数と考えられるが，「前期における市内通話時間の標準偏差」は通信業界特有の変数だろう．

　ある業界における経済的な興味や特定のビジネス課題に応じて，業界標準のシステムが開発されてきた．一例として FAMS (Fraud and Abuse Management System) が挙げられる．これは保険業界における詐欺の検出に用いられるシステムである．このシステムには分析手法のみならず，分析および予測モデルの構築に必要な一連の変数も含まれている．本節では FAMS について掘り下げていく．

### FAMS （詐欺検出システム）

　FAMS は銀行をはじめとする金融業界に特化した IBM のソリューションである．これは IBM SPSS Modeler に組み込まれたニューラルネットワークアルゴリズムを利用しており，その説明変数には詐欺の疑いがあるトランザクションを検出するためにあらかじめ選定された変数が用いられている．このシステムによって各トランザクションは成功，保留，拒否の3つにスコアリングされ

る．今回のビジネス課題は，速度および正確性において現行の手法を大きく上回る手法を開発することである．FAMSシステムについて詳細を知りたい場合は以下を参照のこと．

- Ebbers, Mike, Dheeraj R Chintala, Priya Ranjan, and Lakshminarayanan Sreenivasan. Mar. 11, 2013. "Real-Time Fraud Detection Analytics on System z." *IBM Redbook*, 1st ed. IBM. SG24-8066-00.

FAMSは予測を行う際に履歴データベースを参照している．このシステムがスコアを算出して一定の閾値を超えていた場合，そのトランザクションは拒否され，また別の閾値を下回っていた場合は受け入れられる．スコアが2つの閾値の間に位置する場合は保留となる．しかし，このシステムがyes/noという結果を出力するにあたって追加の処理ルールを必要とする．

こういったシステムを開発する上での難点の1つに，オンライン環境での動作が挙げられる．オンライン環境でのトランザクション処理は迅速でなくてはならない．これは一般的な分析とは対照的な点である．

詐欺検出のためにあらかじめ選ばれた変数は大きく3つのグループに分けられる．トランザクションデータ，顧客プロフィール，顧客のカード情報である．トランザクションデータには，現在のトランザクションの量，500ドルを超えるトランザクションの数，過去3時間以内のトランザクションの数，過去3時間以内のトランザクションの量，前回のトランザクションからの経過時間が含まれる．なお，先月のトランザクションデータと現在のトランザクションデータの比較，過去10回のトランザクションデータと現在のトランザクションデータの比較も行われ，例外的な値を示していないかチェックされる．顧客プロフィールには，性別，教育レベル，婚姻状況，職業，経済状態，年収，世帯主か否かという情報が含まれる．これらのデータは二値型，カテゴリ型，数値型などさまざまな型で表現される．

顧客のカード情報には，クレジットカードID，クレジットカードの上限額，上限額に対する収支バランス，前回のカード使用額，今回取引を行おうとしている銀行の国別コード，今回の取引対象となる銀行とカード保有者との間に以前取引があったか否かが含まれている．

## まとめ

本章では，大量の変数からビジネス課題に関連する変数を選択し，場合によっては合成する方法を扱った．各手法はデータドリブンのもの，ビジネス課題ドリブンのものがあり，相関係数や因子分析といった古典的統計学をベースにした手法も紹介した．データマイニングを用いた変数選択についても議論した．そして最後に，特定の業界に特化してあらかじめ重要な変数のみが選択済みのパッケージ化されたソリューションについても紹介した．

# 第 7 章

# サンプリングとパーティショニング

## イントロダクション

　サンプリングとは，分析やモデル作成のためにデータセット全体から一部のデータセットを抽出する手法を指す．その際，抽出したデータセットはデータセット全体の特徴を反映したものでなくてはならない．サンプリングはデータ量が膨大な際に欠かせない技術である．たとえば，ある銀行が 500 万件の顧客データを保有していて，分析およびモデル作成が必要になったとしよう．この際，このデータからうまくサンプリングできれば全データセットの 5 パーセントつまり 25 万件のデータであっても十分その目的を達成できるのである．

　現代のように十分にストレージの容量があり，コンピュータのプロセッサの計算能力も高く，それを安価に使える状況において，サンプリングは本当に必要なのかという議論がある．サンプリングが必要だと主張する側は，サンプリングが適切に行われていれば，容量にしても計算能力にしても節約できるという意味で有効だという．一方，もはやデータセット全体を処理したとしても十分に許容できる時間と労力で処理できるためサンプリングは不要という主張も昨今のビッグデータの潮流に乗って現れている．また，データセット全体を処理することで，サンプリングを行ったら失われてしまうような外れ値やニッチな特徴をつかまえることができるという主張もある．結局，データセット全体をそのまま処理するか，サンプリングを行うかは，データセットが処理能力やストレージに比べてどれだけ大きいか，ビジネス課題は何かという点に依存する．まず最初に考慮すべきはコストである．仮に，予算の範囲内でデータに見合うだけの処理能力およびストレージを用意できるのであればコストの問題はクリアしていると言える．また，処理能力やストレージを考慮して単に処理す

るデータセットを減らすためのサンプリングとは別の局面でサンプリングが必要になる場合もある．たとえば，データマイニングを行うために全データセットから訓練データ（アルゴリズムを適用してモデルを学習させるためのデータ）とテストデータ（モデルの妥当性を検証するためのデータ）をそれぞれサンプリングする必要がある場合もあるだろう．また，分析目的に応じたデータセットを抽出する必要がある場合もあるだろう．このような場合に対応するためにはサンプリングの知識は不可欠である．本章ではより詳細にこの点を論じていく．

　本章ではランダムサンプリングや，年齢，顧客期間などの変数に沿って抽出したいというビジネス用途に基づいたサンプリングなど，さまざまなサンプリングの手法を紹介する．また同時に，データマイニングを行う際の訓練データおよびテストデータの抽出方法，そして昨今のビッグデータについての話題も取りあげる．

## データを減らすためのサンプリング

　サンプリングにおいてまず考慮すべき点とは，サンプルが全データセットの特徴を反映しているかどうかということである．これを達成するもっとも簡単な方法は，全体から一定の割合をランダムにサンプリングすることである．割合はたとえば5パーセントで試して，その結果を検証するとよい．検証方法は，いくつか主だった変数を決めてその分布をサンプルとデータセット全体で比較する．これは，仮にデータセット全体において男性が30パーセント，女性が70パーセントだった場合，サンプルで同じ割合になっているかどうか確認するということである．

### サンプリング

　分析やモデリングのために複数のデータセットを抽出するサンプルサイズは，各変数の分布が望ましい形になるくらいの規模が望ましい．通常，データマイニングを用いたデータモデリングの場合，大きく分けて訓練データとテストデータの2つのデータセットが必要になる．データセットの分割方法もクロスバリデーションをどのよう

に行うかに依存するが，通常は 3，5，10 といったところである．クロスバリデーションの詳細については第 9 章で解説する．

さて，ここからは例を挙げつつ，データセット全体からサンプリングする方法について述べる．ここでは 100 万件のデータから 5 万件のデータを抽出したいとしよう．多くの統計ソフトウェアや商用のデータマイニングツールにはサンプリングツールが備わっており，複数のサンプリングを試せるようになっている（このようなソフトウェアについては第 19 章で触れる）．まず初めにデータの先頭 5 万件を抽出してみよう．明らかにこれは 100 万件のデータセット全体の特徴を反映しているとは言いづらい．なぜなら，仮にデータセット全体において女性が 40 パーセントを占めていたとして，さらにデータセットが女性，男性の順に並べ替えされていたとすると，先頭 5 万件はすべて女性になってしまうからだ．往々にしてデータセットは性別などいくつかの変数で並べ替えされているものであり，抽出にバイアスがかかる可能性がある．このような事態を防ぐために，ランダムサンプリングなど他の方法が必要になる．ランダムサンプリングは，データセットをレコード単位（行単位）でランダムに抽出してくるという手法である．

## データセットからレコードを抽出する

### ランダムサンプリング

ランダムサンプリングを行う際，その結果は使用しているソフトウェアに依存する．一部のソフトウェアにおいては，乱数生成において十分にランダム性が確保されていない場合があるため，どのようなアルゴリズムで乱数生成しているのか事前に確認が必要である．たとえば，マイクロソフト社の Excel における random 関数は 0 以上 1 未満の実数を一様な確率でランダムに返す．スプレッドシートを開くたびに，random 関数は実行され，結果が変化する．もし 0 以上 1 未満でなく，a 以上 b 未満というように任意の数値間の乱数を生成したい場合は random()*(b−a) + a とするとよい．一方，Java も乱数生成器を持ち 0 以上 1 未満の範囲で結果を浮動小数点で返す．ここでは乱数の種（seed）が重要である．乱数の種を設定しておくことで，結果に再現性を確

> 保できるようになる．値は何でもよいので，たとえばプログラムを書いている現時刻のミリ秒を設定する，などが使われている．Oracle には 2 つの乱数生成関数がある．1 つは整数で結果を返し，もう 1 つは実数の結果を返す．

サンプリングの別の方法として，$n$ 行おきにレコードを抽出するという方法がある．この場合，同じレコードが繰り返し抽出されることはない．ただし，この方法も先頭から抽出する方法と同様に，並べ替えに伴うバイアスを避けられない．統計学的サンプリングについてより知りたい場合は以下を参照のこと．

- Lane, D. M. n.d. "Introduction to Sampling Distributions." Availableat: http://onlinestatbook.com/2/sampling_distributions/intro_samp_dist.html.
- Peck, Roxy, Chris Olsen, Jay L. Devore. 2008. *Introduction to Statistics and Data Analysis*, 3rd ed., ch. 2. Stamford, CT: Cengage Learning. ISBN-13: 978-0495557838.

図 7.1 はデータセット全体と，正しくサンプリングされたデータ，間違った方法でサンプリングされたデータの 3 つにおける変数分布を比較した例である．先頭行では平均売上，製品ごとの売上，年齢という 3 つの変数について分布を示している．まず平均売上について言うと，データセット全体で見たとき，8 月における落ち込み，第 1 四半期と第 4 四半期における増加という特徴が認められる．この特徴は正しくサンプリングされたデータでは反映されているものの，間違った方法でサンプリングされたデータには反映されていない．製品ごとの売上を見ると，データセット全体と，正しくサンプリングされたデータでは同じような割合になっているものの，間違った方法でサンプリングされたデータでは，ハムとベーコンが明らかに大きな割合を示すという異なる分布になっている．最後に年齢をみると，データセット全体と，正しくサンプリングされたデータは 22 歳から 56 歳までという範囲のもと，同様の分布となっている．一方，間違った方法でサンプリングされたデータは全体としてフラットな分布になっている．実務上では，データセット全体との違いは 10 パーセント程度まで

データを減らすためのサンプリング 133

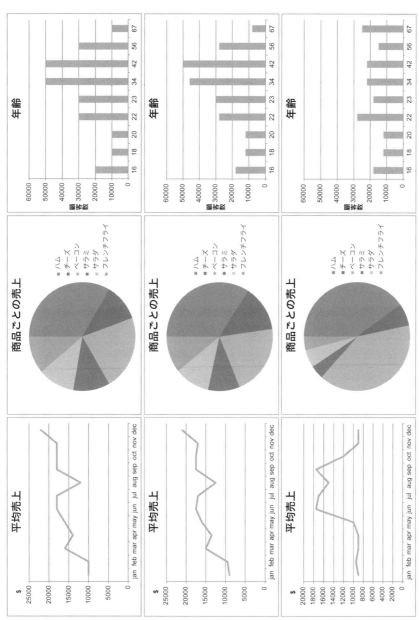

図 7.1 変数の分布（上段：すべてのデータ中段：正しいサンプルデータ下段：間違ったサンプルデータ）

なら許容される．違いの定量化については，数値型変数であれば平均値および標準偏差，相関係数を用いる．カテゴリ型変数の場合であれば，各カテゴリの頻度および最頻値で比較するとよい．

図 7.2 はデータセット全体とサンプルの統計量を比較したものである．まずデータセット全体（左の列）の統計量について述べる．年齢の平均値は 44.28，標準偏差は 19.66 であり，売上の平均値は 1128.57，標準偏差は 475.09 である．製品はカテゴリ型の変数であり，製品 a が 30 パーセント，b が 70 パーセントである．年齢と売上の相関は 0.9923 である．

図 7.2 の中央の列はサンプルの統計量であり，右の列はデータセット全体とサンプルの統計量の差を示している．こうして見ると，カテゴリ型の変数である「製品」の差が大きい．データセット全体では a が 30 パーセント，b が 70 パーセントという割合なのに対して，サンプルでは 50 パーセントずつとなっている．理想的にはデータセット全体との差は 0，つまり統計量が一致することが望ましい．実務上は多少の乖離はやむをえないが，極力，差は小さくしたい．原則として，今回の「製品」のようなカテゴリ型変数におけるクラスの分布はデータセット全体とサンプルで一致することが望ましいが，例外もある．それはサンプリングの対象が教師あり学習における目的変数であり，クラスの分布が不均衡になっている場合である．この例外については本章の後半で述べる．サンプリングおよびその結果もたらされる分布の変化について詳細を知りたい場合は以下を参照のこと．

- Lane, D. M. n.d. "Introduction to Sampling Distributions." Available at: http://onlinestatbook.com/2/sampling_distributions/intro_samp_dist.html.

| 全データセット | 年齢 | 売上 | サンプルデータ | 年齢 | 売上 | 差 | 年齢 | 売上 |
|---|---|---|---|---|---|---|---|---|
| 平均 | 44.28 | 1128.57 | 平均 | 25.71 | 1357.14 | 平均 | 18.57 | −228.57 |
| 標準偏差 | 19.66 | 475.09 | 標準偏差 | 5.34 | 713.81 | 標準偏差 | 14.32 | −238.72 |
| 相関関係 | 商品 | | 相関関係 | 商品 | | 相関関係 | 商品 | |
| 0.9923 | 0.3 | a | 0.88299639 | 0.5 | a | 0.1093 | −0.2 | a |
| | 0.7 | b | | 0.5 | b | | 0.2 | b |

図 7.2　全データセットとサンプルデータセットとの比較

表 7.1 の左列はランダムサンプリングした場合で，右列は 4 行おきにサンプリングした場合の結果を示している．

1 つのデータセットから複数のデータセットを抽出する場合，抽出したデータセットで同じレコードが含まれないように注意しなければならない．つまり，データセット間に重複がなく，排他的であるように抽出するということである．

表 7.1　顧客データベースから 2 つの手法でサンプリングした結果の比較

| サンプリング手法 | | | |
|---|---|---|---|
| (1) ランダム | | (2) 4 行おきにサンプリング | |
| 顧客 ID | 選択されたかどうか | 顧客 ID | 選択されたかどうか |
| 1 |   | 1 | × |
| 2 | × | 2 |   |
| 3 |   | 3 |   |
| 4 | × | 4 |   |
| 5 | × | 5 | × |
| 6 |   | 6 |   |
| 7 |   | 7 |   |
| 8 | × | 8 |   |
| 9 |   | 9 | × |
| 10 |   | 10 |   |
| 11 |   | 11 |   |
| 12 | × | 12 |   |
| 13 |   | 13 | × |
| 14 | × | 14 |   |
| 15 |   | 15 |   |
| … |   | … |   |

サンプルの妥当性および質を確認する際は，主だった変数の分布をプロットし，その形状と分布範囲をチェックするとよい．平均値に比べて非常に大きい，もしくは小さい値は特に注意して確認した方がよい．これによって分布の形状が変わることがあるからだ．

　極値もしくは外れ値を発見した場合，1つのやり方としてはその値を含むレコードを除いてしまうという方法がある．ただしこの場合，同じレコードに含まれる他の変数の値も除かれてしまうことに注意する．一方，ビジネス課題が詐欺の検出などのように外れ値に興味があるものである場合は，逆に外れ値をうまくサンプリングしてくる必要がある．

　図7.3は800万件のデータから20万件のサンプルを2つ，ランダムサンプリングした例を示している．先に述べたように，多くのソフトウェアではこのようにデータをサンプリングするツールを備えているが，データの添字をランダムに指定することでもランダムサンプリングは可能である．一見簡単そうに見えるランダムサンプリングだが陥りやすい罠がある．その1つに，サンプルの排他性が挙げられる．つまり，今回のように2つのサンプルを抽出する場合であれば，互いに同じレコードを含まないようにしなければならないということである．すなわち，サンプル2を抽出する際は，データセット全体のうち，サ

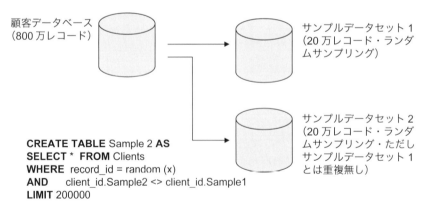

図7.3　データベースから2つのサンプルデータセットをランダムサンプリングで取得する例

ンプル 1 に含まれていないレコードから抽出する必要がある．

> **サンプリング**
>
> **ランダムサンプリング**
> 　図 7.3 および 7.4 におけるサンプリングで乱数が用いられている．この場合，乱数値は 800 万件のデータセット全体に対して新しい変数として追加され，その値に従って並べ替えされた後，先頭 20 万件のレコードを抽出することになる．また図中の SQL にあるような乱数生成関数を用いて顧客 ID をランダムサンプリングし，そこに紐づくレコードを抽出するという方法もある．

## 一定の基準に従ってデータをパーティショニングする

　分析の目的によっては，データセット全体とは異なる分布のサンプルを抽出したいときもある．たとえばデータセット全体において，顧客の 85 パーセントが商品 A を購入，15 パーセントが商品 B を購入していたとする．仮にサンプルにおいてその割合を 50 パーセントずつとしたい場合，商品 B の購入者のレコードは 50 パーセントになるように重複して抽出されることになる．

> **サンプリング**
>
> **クラス均衡**
> 　もともとは不均衡なクラス間の分布を均衡させてしまうことは，本章の最初で論じた「データセット全体とサンプルでクラス分布は同一でなくてはならない」という原則に反する．しかし，教師あり学習を行う際はその限りではない．なぜなら，クラス不均衡があることでモデルの学習に支障が生じるからである．

　この手法は，ある顧客が商品 A を買うか商品 B を買うかを予測したいというモデルを教師あり学習を用いて構築したいときに有用である．もし不均衡なままモデルを作れば，クラス間不均衡を反映して商品 B より商品 A を買う確率が

高いという結果を出すだろう．たとえばもっと極端な例，商品 A の購入割合が 90 パーセント，商品 B の購入割合が 10 パーセントという場合を考えてみよう．これを目的変数としてモデルを学習させた場合，モデルは正解確率が最も高くなるように学習するため，すべてのレコードにおいて商品 A を購入すると予測するだろう．つまり商品 A に対して 100 パーセントの正解率で商品 B に対して 0 パーセントの正解率を出すように学習するのである．これでは意味のないモデルになってしまう．（この問題の詳細については第 9 章で論じる．）

---

**不均衡データ**

**教師あり学習**

教師あり学習とは，入力されたデータにおける目的変数を教師データとして「学習」することから名付けられた．教師あり学習の代表例としてはニューラルネットワークやルールインダクションが挙げられる．（詳細については第 9 章で論じる．）

---

なお商品 B を購入したレコードを重複して抽出する際には，2 次的な影響を避けるように抽出しなければならない．たとえば，この操作により「商品」については均衡化できたとしても，他の変数「リージョン」などが不均衡になる可能性もあるからである．

別のサンプリング方法として，ノンランダムなサンプリング，つまり分析目的に沿ったサンプリングが挙げられる．たとえば，分析目的によっては「ボストンに住んでいる顧客」「1 年以上の顧客期間をもつ顧客」「カタログを通して注文した顧客」「20 歳から 40 歳までの顧客」「ここ 6 ヶ月間に購入した顧客」といったレコードを抽出したい場合もあるだろう．仮に企業内のデータベースから直接データを抽出するとした場合，サンプリングするデータはデータセット全体よりも確実に小規模なデータとなるため，その量は減少する．つまり最初の抽出を行った上で，そこからさらに一定の基準のもと，抽出するようにすればデータの量は削減できる．したがって，まずは分析目的に沿ってデータセットを抽出した上で，そこからランダムサンプリングを行ってさらにデータの量を削減するとよい．

一定の基準に従ってデータをパーティショニングする　　139

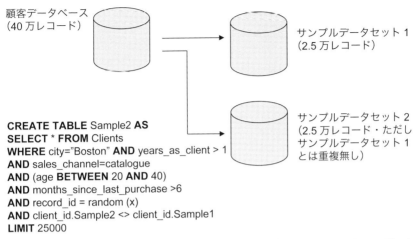

図7.4　データベースから一定の基準のもと，2つのサンプルデータセットをランダムサンプリングで取得する例

　図 7.4 におけるサンプルデータセット 1 は，「ボストン在住」「顧客期間が 1 年以上」「カタログで注文している」「20 歳から 40 歳」「最後の購入からの経過月が 6 未満」という基準のもとで抽出したデータである．上記基準に加えて，さらにランダムサンプリングを行い，2.5 万件までデータを削減している．サンプルデータセット 2 は最後の基準のみ「最後の購入からの経過月が 6 以上（ここ 6 ヶ月で 1 回も購入していない）」に変更して抽出したデータである．図 7.4 には SQL も併せて示している．

　ここで抽出基準の「最後に購入してからの経過月」について，ビジネス課題の観点から考えてみよう．サンプルデータセット 1 は経過月が 6 ヶ月以内と直近の購入履歴がある顧客であり，利益を生む顧客（利益群）である一方，サンプルデータセット 2 は直近の購入履歴がない顧客であり，利益を生んでいない顧客（非利益群）であるといえる．したがって，どちらのタイプの顧客であるか二値型の変数をつくっておくとこれに基づいてさらに戦略が立てやすくなる．たとえば，利益群については感謝の証として次回購入時にボーナスポイントを 100 ポイントつけるなどである．一方，不利益群については顧客リストから外したいが，実務上そうもいかない．したがって，利益群に変化させるような施

策を打つ必要がある．仮に利益群と同じ特徴をもつ顧客がいればそれは利益群に変わる可能性がある顧客といえ，なんらかのアクションやインセンティブを実行して誘導するとよいだろう．また不利益群において利益群とはまったく異なる特徴をもつ顧客がいる場合もあるだろう．これらは明らかに利益群にはなりえない顧客であり，メールや広告の対象から外しておくと無駄な広告費を節約できる．

図7.3と図7.4では，分析もしくはデータマイニングを用いたモデル構築を行う際のサンプリングを示した．モデル構築を行う際は，訓練データ，テストデータ，プロダクションデータの3つをサンプリングすることが多い．訓練データはモデルを学習させるためのデータ，テストデータはモデルを検証するためのデータ，そしてプロダクションデータは実際に現場で用いるためのデータである．プロダクションデータは，訓練データ，テストデータとは異なり，過去の履歴からサンプリングするデータではない．つまり，これは予測結果がわからないデータである．

### 訓練データとテストデータの抽出

**クロスバリデーション**

クロスバリデーションはサンプリングの1つであり，訓練データとテストデータの抽出を複数回行う．モデルが汎化性能をもつ，つまり学習に用いたデータセット以外のデータセットにおいても適合するようにすることを目的としている．クロスバリデーションについての詳細は第9章で論じる．

たとえば，顧客ロイヤリティを分析したいとき，プロダクションデータは顧客ロイヤリティを除いたデータを用いる．訓練データおよびテストデータには顧客ロイヤリティを含めて分析を行う．図7.5には訓練データ，テストデータ，プロダクションデータの3つをサンプリングした例を示した．

教師あり学習を用いた予測モデルを構築する際，訓練データはモデルに対してそのデータの特徴を教え込む．先の例で言えば，どのような顧客にロイヤリティがあり，どのような顧客にないのか，高校生が正しい例と間違った例をふ

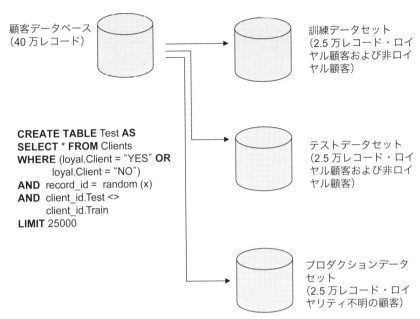

**図7.5** データベースから訓練・テスト・プロダクションデータセットを抽出する例

まえて学習を進めるようにモデルはその特徴を学習する．いったん学習が終わると，モデルはロイヤリティのデータを与えられずともその他の変数を与えるだけで，その顧客のロイヤリティの有無を高い正解率で判定できるようになる．

## サンプリングに伴う問題

本節では，アンケートを実施する際の古典的なサンプリング手法やサンプリング実行時に起きる問題など，サンプリングにまつわる種々の問題を扱う．分析にコンピュータが用いられる遥か前より，サンプリング，サーベイ，国勢調査は行われてきた．"The Census through History"（http://www.census.ie/-in-History/The-Census-through-History.150.1.aspx）によると，バビロン人は人口，財産などに関する国勢調査を紀元前3800年の段階で行っていたとのことである．国勢調査は全数調査である一方，サーベイやアンケートはサンプリングした集

団を対象とする．サーベイやアンケートは視聴者，消費者，有権者の傾向を掴むために行われる（"The History of Surveys"（http://www.squidoo.com/history-surveys）を参照のこと）．つまり，ある集団の傾向を掴みたいとき，集団全体に対して実行したいなら国勢調査が唯一の実行手段になる．

サンプリングを実行する際に起こりうる問題については，本章はデータセット全体の特徴を反映しているという意味で質の良いサンプリングを行う方法について述べてきた．しかし，ビジネス課題に沿って一定の基準でデータを抽出する際，得られるレコード数があまりに少ない場合もある．極端な例で言えば，データセット全体が100万件あったとしても目的とするデータが20件しか得られない場合すらあるのである．

場合によっては，サンプリングを行うべきときと行ってはいけないときもある．実際にはさまざまな要素が絡んでくるため，明確なラインは引けないものの，一般にはレコード数が1,000未満のときは，データ量を削減するという意味合いではサンプリングを行う必要はないと言われている．ただ，コンピュータ上で処理できるデータの上限はハードウェアやソフトウェアに依存する．仮に5万件のデータを用いて分析を実行してみて，フリーズし，許容できる実行時間内で処理が終わらないようであれば，データを減らして4万件に変更して実行するといった形で適切なサンプリングサイズを見つけるとよい．ここで言う許容できる実行時間とはあくまで主観的なものである．分析者によっては実行時間が一晩中かかっても気にしない者もいれば，1時間以内で終わることを要求する者もいるだろう．なぜなら，分析者の環境もさまざまであり，リモートで複数のクラスタで計算を実行するような者もいれば，デスクトップのみで仕事をする者もいるからである．

## ビッグデータとサンプリング

イントロダクションで述べたように，ビッグデータとサンプリングにまつわる論争は後を絶たない．論点は「データをどのような基準のもとで抽出するか」や「訓練データとテストデータをどのように抽出するか」ではなく，「コンピュータの処理能力がデータセット全体を扱える場合に，サンプリングしてデータを

削減する必要があるのか」である．しかしこの点については先に述べたように，すべての分析者が高いパフォーマンスのハードウェアやソフトウェアをもっているわけではないため，一部の分析者に限られた問題とも言える．

一方，たとえデータセット全体を扱える場合であっても，サンプリングを行った方がよい場合もある．これは第5章で扱ったデータの質の問題にも通じる．3TBという巨大なデータがあった場合を考えてみよう．その前処理のコストはデータ量に応じてかかり，ダブルチェックも難しくなる．したがって，小さいデータの方がエラーが少なくなりデータの質を高めやすいとも言える．

しかしビッグデータは，ビッグデータとして扱えることはTwitterやFacebookのログデータや，銀行のトランザクションデータを扱うものにとっては魅力的だろう．同じビッグデータにまつわる問題といっても，トランザクションデータやデータベースといったストレージに関する問題と，分析に関する問題は分けて考える必要がある．WikipediaのBig dataの項目(http://en.wikipedia.org/wiki/Big_data)によると，Amazon.comやWalmartは毎時間何百万ものトランザクションデータをさばいているとのことである．実際，Amazon.comは世界最大級のデータベースシステムを構築している．Oracle や IBM，SAP，HPといったソフトウェア企業もビッグデータを処理できるようなシステムを提供しており，これらはMapReduceアルゴリズムをベースに開発されている．MapReduceはもともとWebインデキシングを実現するために開発されたアルゴリズムである．

MapReduceはデータを1つのコンピュータに処理させるのではなく，複数のコンピュータ上にデータを分割して渡し，並列計算させるというアイデアのもとに開発された．これを実装したのがHadoopである．Hadoopについては以下を参照のこと．

- http://wikibon.org/wiki/v/Big_Data:_Hadoop_Business_Analytics_and_Beyond

  また，ビッグデータの諸問題については以下を参照のこと．

- Swoyer, S., n.d. Big Data Analytics and the End of Sampling as We

Know It. ComputerWeekly .com. http://www.computerweekly.com/feature/Big-data-analytics-and-the-end-of-sampling-as-we-know-it.

# 第8章

# データ分析

## イントロダクション

データ分析は，データモデリングの前段階もしくはそれがプロジェクトの最終目的とされる．本章では，データ分析のさまざまなアプローチについて論じる．それぞれのアプローチは扱うデータのタイプや分析の複雑さによって分類される．本章はまず，分析の最も簡単な形，つまりデータの可視化およびそこからの推論から始める．引き続いて，データセットの中にある違いを際立たせるクラスタリングおよびセグメンテーションについて紹介する．ここで連関分析（アソシエーション分析）やトランザクション，時系列データの分析方法，データの標準化についても触れる．最後に，データ分析を行う上で陥りがちな間違いおよび得られた結果の解釈方法について論じる．

---

**データ分析**

**変数選択および新しい変数の生成**

第6章でも，変数選択および新しい変数の生成という文脈でデータ分析のテクニック（相関や因子分析等）を扱った．もちろん，これらのテクニックは本章の分析においても利用できる．

---

データ分析の最もシンプルな方法は，データセットの各変数における特徴，分布，値を眺めることである．これはまず，スプレッドシート上で表の形に整形されたデータを眺めるところから始めるとよい．そして変数の分布についてはプロットを用いて可視化するとよい．ヒストグラムは数値型の変数における分

布の可視化に適している．最も典型的な分布の形状はベル状，つまり正規分布である．ヒストグラムにより最大値，最小値，平均値がどうなっているかも同時に把握するとよい．円グラフはカテゴリ型の変数の可視化に適している．円グラフを用いることで，最も多いカテゴリは何かが一目瞭然となる．以上の情報はデータの性質を理解する上で大きなヒントとなる．扱っているデータが顧客データなら，年齢，性別，顧客期間，購入物，購入頻度といった変数を上記の方法で確認することで顧客の性質を掴むことができる．

## 可視化

　データ分析において最も重要なテクニックの1つが可視化である．可視化はさまざまなタイプのプロットとそこから傾向や関係，例外そしてエラーを見つけ出す方法で構成されている．これらすべてのツールは，新しい変数を作成したり，モデルを改良したり，分布を調整したりといった際に活用できる．第4章では，データをどのように表現するか，つまり数値型変数はヒストグラムとしてプロットする，カテゴリ型変数は円グラフとしてプロットするといった方法について紹介した．可視化の手段は多岐にわたるため，本節のみで終わらせるのではなく，本書全体を通じて折りにふれ紹介していく．読者はスプレッドシートの使い方1つをとっても多くの発見があるだろう．そしてプロットの方法にも棒グラフや円グラフ，散布図をはじめとしてさまざまな方法があることを知るだろう．

　可視化を用いた分析はある意味で探偵の仕事に似ている．それは一定の基準のもと，分けられたグループの中で何が違って何が同じなのかを発見していくからである．たとえば2つの顧客レコードをここで考えてみる．1つ目のレコードは5年以上の顧客期間をもつ極めてロイヤリティの高い顧客で構成されており，もう1つのレコードは顧客になってから1年間で顧客であることをやめてしまった顧客，つまりロイヤリティの低い顧客のレコードで構成されている．

　分析の目的は，この2つのデータセットにおける違いを見つけることである．手始めに1つ目のデータセットにおいて，ロイヤリティに最も関係ありそうな変数を可視化してみよう．これらはPCスクリーン上に1つのウィンドウとし

てすぐに表示されるはずだ．同様に2つ目のデータセットについても可視化を行う．2つのウィンドウを変数同士が対応するように横に並べて付き合わせて比較してみよう．この一連の流れを通して，データに興味深い傾向が見つかるだろう．たとえば，ロイヤリティの高い顧客の年齢は35歳が最小値であり，正規分布を示している一方，ロイヤリティの低い顧客は尖った二峰性の分布を示しており，それぞれの山は18歳から35歳，そして60歳付近に分布している，などである．

図8.1では変数をオーバーレイさせた一例を示した．これはデータを探索する際によく使われる手法であり，変数間の関係をみつけるのに役立つ．この図では年齢カテゴリを用いたヒストグラムを作成し，その上に「顧客ステータス」をオーバーレイさせている．「顧客ステータス」は，ヒストグラムのそれぞれの柱において色分けされる形で表示されている．この図からわかることは左の柱，つまり18歳以上35歳未満においてキャンセル率は40パーセントである一方，35歳以上60歳未満においてキャンセル率は18パーセントまで下がるということである．なお，付録のケーススタディ1（顧客ロイヤリティ）およびケース

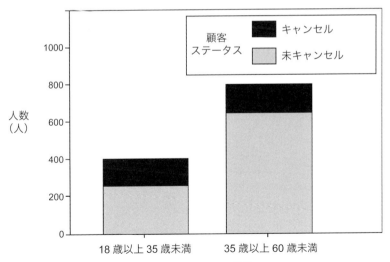

図 8.1　年齢カテゴリ別に見た顧客ステータスの状態

スタディ 2（クロスセリング）では実際のデータを用いて，オーバーレイの例を示しているので参考にしてほしい．

## 連関

「連関（アソシエーション）」という言葉は変数間のある関係性のことを意味する．たとえば，クリント・イーストウッド監督の映画に対してレビューを書いた人の 65 パーセントはスティーブン・スピルバーグ監督の映画に対してもレビューを書いている，といった関係である．「連関」は「ルール」ととも似ており，比較したいケースにおける頻度をカウントすることで特定できる．

連関は 1 つひとつ変数を吟味して見つけていくことも可能だが，自動的に把握するためのツールもある．これは「バスケット分析」と呼ばれるもので，スーパーマーケットや小売店においてどのような商品が併せて購入されているか，その組み合わせを分析をするためによく用いられる．得られた分析結果をもって，よく併せて買われることがわかった商品群については，その傾向を強めるように位置を隣同士にするといった対策をとることになる．

図 8.2 にはスパイダーウェブダイアグラムの例を示した．これは変数間の関係を線でつないで表示したもので，線が太いほど関係が強いことを示す．たとえば，ポイントカードをもつ顧客は購入額が高いといえ，購入額が高い顧客は

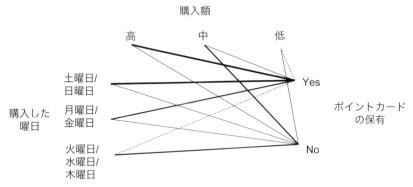

図 8.2　スパイダーウェブダイアグラムによる変数間の関係の可視化

週末や月曜日，金曜日に購入する．ポイントカードをもっていない顧客は中程度の購入額であり，週を通して購入している．弱い関係性に着目すると，ポイントカードをもっている顧客は低い購入額で購入することはなく，週の真ん中に購入することもない．スパイダーウェブダイアグラムにありがちなことだが，変数が極めて多いとき，変数間の線が大量になってしまい，解釈が難しくなってしまうという問題がある．この問題を避けるためにも，一度に可視化する変数の数はせいぜい3つ程度までに限定し，各変数におけるカテゴリの数もあまり多くならないようにすべきである．なお，付録のケーススタディ1（顧客ロイヤリティ）およびケーススタディ2（クロスセリング）では，実際のデータを用いてスパイダーウェブダイアグラムの例を示しているので参考にしてほしい．

## クラスタリングとセグメンテーション

　クラスタリングの考え方は非常にシンプルなものである．つまり，同じようなケースは同じグループにして，違うケースは分ける，ということである．類似性は2つのケース間の距離をもって測ることができる．またケースと，クラスターの距離を算出することもできる．この点はセグメンテーションと同様である．

　良いセグメンテーションとはできる限り小さいクラスターで，かつクラスター間ができる限り離れているようなものを指す．これはつまり，クラスター内のケース間の距離が小さく，クラスター間の距離が大きいセグメンテーションが望ましいということである．図8.3には，利益性と顧客期間という2つの変数についてクラスリングを適用した結果を示した．

　予測モデルとは異なり，セグメンテーション（クラスタリング）には目的変数がない．必要なのは説明変数のみであり，あとはどのようなケースを類似性が高いとみなすかというクラスタリングの基準さえ与えてやればよい．重要な原則として，目的変数となりうる変数（たとえば「新サービスの契約有無」）を説明変数として用いないというものがある．これは，そのような変数を説明変数に入れてしまうと，クラスタリングの結果に影響してしまうからである．このような変数は予測モデルの目的変数として用いるべきである．多くのクラスタ

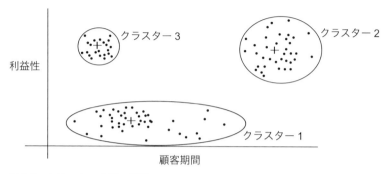

**図 8.3** クラスター分析の実例

リングの手法はこの種の変数を，クラスタリングの結果生成されたクラスター上に可視化するようになっている．こうすることで，各クラスターが特徴を捉えるようにうまく分割されているかを確認できる．ここで銀行顧客の例を考えてみよう．利益性に着目してその他の変数でクラスタリングを実行し3つのクラスターに分割された．各クラスターは利益性の観点から，利益性高，利益性中，利益性低となっている．各クラスターの特徴をさらに分析すると，利益性高のクラスターでは平均年齢が45歳であるのに対して，利益性低のクラスターでは平均年齢が30歳であることがわかった．しかし，ここで気をつけなければいけないことがある．利益性はあくまで現時点までに挙げられた収益から判断された指標であり，顧客の生涯価値はそこには反映されていない．現時点では利益性低と判断された平均年齢が若いクラスターも生涯価値という観点からは価値が高いといえる．したがって，用いた指標については十分に注意してクラスタリングの結果は判断しなければならない．

　セグメンテーションは商品購入状況の分析にも使える．セグメンテーションを用いて特定の商品を多く購入する顧客を特定することで，既存顧客に新しい商品を購入させるクロスセリングに活用できる．セグメンテーションは予測モデルの前段階の分析としても用いられる．予測モデルはデータセット全体に適用するものを作るよりも，データセットをいくつかの集団に分割した上で作成する方が楽である．たとえば，利益性の観点から高，中，低の3つにデータセットを分けて，それぞれに対して予測モデルを構築するといった形である．

## セグメンテーションと可視化

　セグメンテーションと可視化は変数間の違いを特定し，それを定量化した上で意思決定のためのルールを作成できるという意味で極めてパワフルな組合せである．さらに次のステップとして，作成した意思決定のためのルールを SQL の形に書き直し，顧客データベースからその情報を抽出するということもできる．
　クラスタリングを用いて顧客クラスターを生成した結果，顧客クラスターのうち1つはホームデリバリーサービスの契約率が非常に高かったという事例を考えてみよう．この場合，このクラスターと他のクラスターにおける顧客プロフィールをはじめとした違いを把握してみるとよい．クラスタリングのようなセグメンテーション手法を適用する目的は，各クラスター内において均一な性質をもつクラスターを生成できるという点にある．たとえば，クラスタリングの結果2つのクラスターが得られて，そのうち1つはロイヤリティが高く，もう1つはロイヤリティが低いという結果が得られるかもしれない．このような結果に限らずそのほかに見つけた傾向についても，新しい変数を定義する際などに適用できるだろう．
　図 8.4 では自己組織化マップ（SOM）を用いた例を示す．この例では，「新サービスの契約有無」という観点から妥当性の高いグループを生成できている．

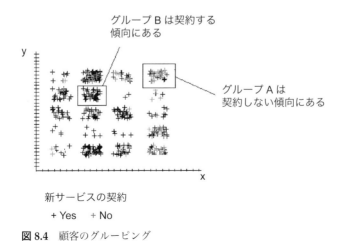

図 8.4　顧客のグルーピング

SOM とはニューラルネットワークの一種であり，これを用いることでクラスタリングを実行できる．SOM の詳細については第 9 章で触れる．また，付録のケーススタディ 2 では実際のデータに SOM を適用した結果を示す．黒い十字のマークが新サービスを契約した顧客であり，灰色の十字のマークが未契約の顧客である．いくつかのグループは，契約顧客が多くを占める一方，未契約顧客が多くを占めるグループもある．グループ内で契約顧客と未契約顧客が混在しているため，この 2 つの群を完全に分類できているとはいえない．しかし，各グループにおいてその特徴を説明変数から把握することができる．なお，先述したように今回のクラスタリングにおいて「新サービスの契約有無」をクラスタリングの説明変数として用いてはいけない．クラスタリングの結果に影響を与えてしまうからである．その代わり，ここで示したように他の変数でクラ

**表 8.1** 図 8.4 のグループ B に所属する顧客の情報

| 顧客期間 | 年齢 | 子供の有無 | 婚姻状態 | 居住地区 | 過去 3 ヶ月の訪問数 |
|---|---|---|---|---|---|
| 24 | 31 | Yes | Yes | East | > 20 |
| 19 | 37 | Yes | Yes | East | > 20 |
| 28 | 34 | No | No | East | > 20 |
| 36 | 41 | Yes | Yes | West | 11 から 20 |
| 41 | 51 | Yes | Yes | South | 5 から 10 |
| 33 | 45 | Yes | Yes | East | 11 から 20 |
| 21 | 40 | No | No | West | 5 から 10 |
| 25 | 38 | Yes | Yes | South | > 20 |
| 27 | 39 | Yes | Yes | South | > 20 |
| 31 | 48 | Yes | Yes | North | < 5 |
| 32 | 45 | Yes | Yes | West | > 20 |
| 28 | 37 | No | No | East | > 20 |
| 25 | 42 | No | Yes | South | 11 から 20 |

スタリングを実行して，各クラスターにおける「新サービスの契約有無」を可視化するとよい．

### 可視化とクラスタリング

**クラスター内のレコードの精査**

表 8.1 は，図 8.4 のグループ B に所属する 13 人分の顧客データを示している．データを精査すると，まず年齢は 31 歳から 51 歳まで分布している．また顧客期間は 19 ヶ月から 41 ヶ月まで分布している．さらに，13 人中 9 人が子供をもち，10 人が結婚しており，5 人が East 地区に住んでおり，7 人がここ 3 ヶ月で 20 回以上営業所を訪れていることがわかる．

以降の議論では，3 つのデータセットにおいて，共通の変数を可視化してどのように分析を進めるかについて論じる．図 8.5 ではデータセット全体，図 8.6 ではそのうち新サービスの契約者のみに絞ったデータ，図 8.7 では未契約者に絞ったデータを用いて可視化を行っている．

### 可視化

**変数分布の比較**

図 8.5 から図 8.7 においては，変数はビジネス課題（ここでは「新サービスの契約状況」）との関連度が高い順に並べられている．この例では，関連度はカテゴリ型の変数によく用いられる「カイ二乗値」を用いて算出されている．各変数において「新サービスの契約状況」に対するカイ二乗値を算出した上で，その値が高い順に左から右へと並べている．

図 8.5 では顧客データ全体における変数の分布を示している．先述したように各変数は「新サービスの契約状況」とのカイ二乗値の順に並べられている．左から順に「顧客期間」「年齢」「子供の有無」「過去 3 ヶ月間の訪問回数」「婚姻状態」となっており，最も関連度が低い変数は「居住地区」であった．

カイ二乗値はビジネス課題となる変数と説明変数の関連度を測定する際に用

154　第 8 章　データ分析

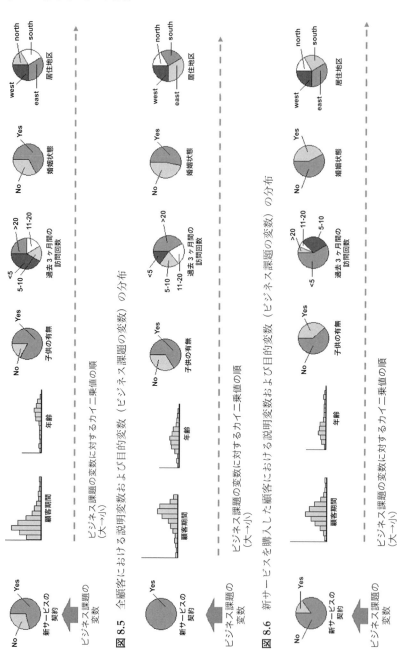

図 8.5　全顧客における説明変数および目的変数（ビジネス課題の変数）の分布

図 8.6　新サービスを購入した顧客における説明変数および目的変数（ビジネス課題の変数）の分布

図 8.7　新サービス未購入の顧客における説明変数および目的変数（ビジネス課題の変数）の分布

いられる．この際，両者の型はカテゴリ型である必要がある．しかしこの図におけるいくつかの変数（顧客期間など）はカテゴリ型ではなく数値型である．この際，数値型変数は分位点や任意の階級を設定することでカテゴリ型変数に変換している．たとえば「顧客期間」の場合であれば，1 を 1 ヶ月以上 6 ヶ月未満，2 を 6 ヶ月以上 12 ヶ月未満，3 を 12 ヶ月以上 18 ヶ月未満といった形でカテゴリ化している．図 8.5 では数値型変数はヒストグラム，カテゴリ型変数は円グラフという形で図示した．

さて，図 8.5 から図 8.7 を比較してみよう．最も簡単な方法は，同じ変数が縦に並ぶように，各図を並べることである．データセット全体，そして新サービスの契約者と未契約者で比較してみるとさまざまなヒントが見つかるだろう．このようにして目的変数である「新サービスの契約状況」の観点から，どのような顧客の価値が高く，どのような顧客の価値が低いのか把握できるだろう．ここで，図 8.4 では商品の購入のみで構成されたグループが複数あったことを思い出してみよう．すなわち，購入者の典型例は 1 つに限らないということである．

次に「顧客期間」について検討してみよう．図 8.5 の顧客全体のデータを見ると，顧客期間の分布はその分布の中心が左に寄っていることから全体として短いように見える．さて，図 8.6 の契約者に目を向けた場合，違いがわかるだろうか．顧客期間は右に寄っており，これはすなわち顧客期間が比較的長いことを示す．一方，図 8.7 の未契約者では分布は異なる傾向を示しており，分布は左に寄った線対称な形を示している．これは顧客期間において契約者と未契約者で明らかに分布に違いがあることを示している．

以上のような比較を他の変数に対しても繰り返し行っていく．明らかに違いが認められる変数もある一方，「居住地区」のように違いが認められない変数もあることに気づくだろう．これは「新サービスの契約状況」との関連度が最も低かった変数である．この変数の分布は，顧客全体，契約者，未契約者を通じて差が認められない．したがって，この変数は分析から除いた方がよいものと考えられる．

今まで説明してきたような可視化を用いた分析はデータ分析において重要なステップである．人間は可視化するとより多くの情報を把握できる傾向にある．データが複雑なものである場合にこそ可視化を駆使することで分析を進めやす

くなるだろう．

　本節では分析のスタート地点として先のセグメンテーションを利用したが，分析を進めるにあたって，そのセグメンテーションを捨てて「新サービスの契約状況」でのみ分析を進めた．もちろん，セグメンテーションが無駄だったわけではなく，顧客の特性を掴み，データモデリングにつなげるという意味で有用である．しかしいったんデータの傾向を掴むことができれば，セグメンテーションにこだわらない方がよい．

　本節で紹介してきたような，目的変数に応じてデータセットを分割し，その特徴を比較するという手法は保険における詐欺の検出やクレジットカード会社の破産確率の推定といった他の事例においても有用である．詐欺の検出に関して言えば，顧客のプロフィールや保険商品データに加えて時系列の要素，たとえば事故発生から請求の提示，そして請求の支払に至るまでに要した時間なども変数として用いることができる．破産確率の評価は，未払いの負債に関して顧客が支払能力があるかどうかを判定し，支払能力のない顧客に無駄な労力を割かず，返済不可能な金をそれ以上貸さないようにするという目的で用いられる．この評価には顧客プロフィールから推定した富裕状態が主に使われる．いずれの目的においても，目的変数は2つのグループに分けられる，つまり詐欺かそうでないか，返済可能かそうでないかという2つのグループである．このようにして2つのグループに分けることで，先の「新サービスの契約状況」で適用したような一連の分析を実行することができる．

　ここであらためて可視化の重要性について強調しておきたい．数値の羅列よりも極力可視化を行うべきである．なお，クラスタリングを実行する際は，先に紹介したようなSOMの代わりに$k$平均法を用いるという手もある．また，ここまで進めてきた分析を実行するにあたって，IBM SPSS ModelerやIntelligent Minerのような商用ツールは非常に便利である．一連の分析をストレスなく，スムーズに進めることができる．また商用ツールに限らずWekaのようなオープンソースのツールを使うという手もある（ツールについては第19章で触れる）．

## トランザクションデータの分析

　トランザクションデータの分析は，先に紹介したようなバスケット分析の一環として行われる．トランザクションデータは商品識別子の羅列として表現される．各商品の位置はそれが購入された順番を示し，顧客ごとに商品はグルーピングされている．つまり，「おむつ，おむつ，ビール，おむつ，おむつ，おむつ，ビール，ビール，おむつ，おむつ，おむつ，おむつ，ビール，ビール，ビール」といった形で示され，最初の3つは顧客A，次の4つは顧客B，といった具合に顧客単位でグルーピングされている．そして，このトランザクションデータに一定の傾向があると仮定することで，予測を行うことができる．

　2つ以上のシークエンスがあり，相互に関係している際は若干複雑になる．たとえば，ここで2つのシークエンス「おむつ，おむつ，ビール，おむつ，おむつ，おむつ，ビール，ビール，おむつ，おむつ，おむつ，おむつ，ビール，ビール，ビール」と「タオル，石けん，タオル，タオル，石けん，石けん，タオル，タオル，タオル，石けん，石けん，石けん」を例に考えてみよう．一見してこの2つのシークエンスには関係がありそうである．2つ目のシークエンスにおける「タオル」の「石けん」に対する相対的位置は，「おむつ」の「ビール」に対する位置と同じであり，「タオル」は常に「おむつ」よりも1つ少ない．また，「ビール」と「石けん」の出現回数は一致している．

　以上の情報はどのように活用したらよいだろうか．実務上では，スーパーマーケットのトランザクションデータが顧客の購買状況を把握する際に利用されている．このデータを用いて，顧客がどのような商品をどのような順でどのような組合せで購入するかの予測が行われている．トランザクションデータを組み合わせると，ポイントカードの登録時に得られるようなわずかな顧客プロフィールデータであっても顧客のタイプに応じた傾向を掴むことができる．トランザクションデータの分析はスーパーマーケットに限らず，銀行のトランザクションデータにも適用できる．ここまでのトランザクションデータには時系列情報が含まれていなかった．次の節では時系列情報を含んだデータの分析を紹介する．

## 時系列データの分析

ここまでのデータより若干複雑にはなるが，ここからは時系列情報を含んだデータの分析に取り組む．よく知られた時系列データの例として，株価を折れ線グラフで表したものを思い浮かべるとよいだろう．株価は時系列に沿って上下する．このように時系列データを扱う際は，過去のデータから次のタイミングの結果が上がるのか下がるのかそれとも変化なしなのかを予測する．また 2 つ以上の時系列データが相互に影響しているかどうかについてデータを比較することで把握する．たとえば「gross profit」と「product diversification index」という 2 つの指標があり，過去 3 ヶ月のデータを観る限り両者の増加が同期しているように見えるとき，そこに関係があるかどうかを検討する．

図 8.8 では過去 50 年間にわたる時系列データの例を示した．これはアメリカの GDP 年成長率を示している．灰色で示された部分は不況の時期である．2000 年から 2010 年にかけて 2 回の不況がある．不況は一定の頻度で生じているようにも見える．よく言われるように経済は周期性を示す．好況期があればその後に不況期が現れる．たとえ現在手がけているビジネスが小規模であっても，チャンスを逃さないために現状が経済サイクルの中でどのようなポイントにあるのかは把握しておいた方がよい．

図 8.9 では，株価の変動について 3 つのプロットを示した．3 つは同一週に

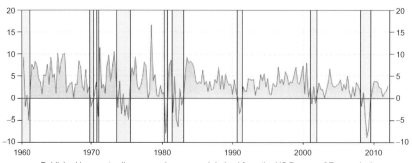

Published in www.tradingeconomics.com and derived from the US Bureau of Economical Analysis, February 2012.

**図 8.8** 周期性をもつデータの例：アメリカの GDP 成長率（1960–2012 単位%）

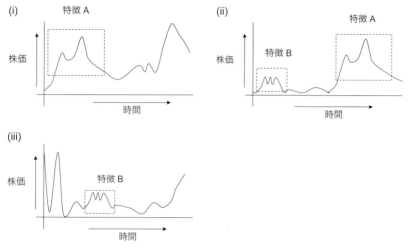

**図 8.9** データ間に共通する経時的な特徴の同定

おける3つの異なる日のそれぞれの株価の変動を表している．AとBという2つの共通する特徴が見つけられる．特徴Aは小さな1つの山と大きな1つの山で構成され，(i)の開始地点と(ii)の終盤に認められる．特徴Bは(ii)の開始地点と(iii)の中盤に認められる．

このように，たとえば特徴Aが常に特徴Bに先行して出現する，といった特徴を見つけられたなら，その特徴に伴う株価の変動を把握し，株価が上がるようなら買い，下がるようなら売るといった変動に応じたアクションをとれるようにしておくとよい．株価に限らず他の変数でもこのような特徴を把握しておくことは有用である．第17章では時系列分析についてより詳細に検討する．

### 銀行の当座預金：時系列データのプロフィール

　銀行の口座は典型的な変化を示す．毎月末に給料が振り込まれる口座を例にとってみよう．収支情報は月の初めに最大値を取りだんだん減少し，月の終わりには最小値を取り，そこでまた給料が振り込まれる．さらに支出としてモーゲージローンや家賃の支払が定期的に生じる．また自動車ローンやその他のローンに加えて，ガスや電気料金，水道，電話代，保険も定期的な支出として生じる．

食費や交通費，ガソリン代などデビットカードを通した一日単位の支払いも生じるだろう．デビットカードではなくクレジットカードを利用していた場合は，これらの情報は口座情報にはすぐには現れず，一定期間後にまとまった支払として口座から引き落とされる．

ここで自営業の場合を考えてみよう．自営業はさらに (i) サラリーマンと同様に固定額を毎月収入として得られるタイプ，(ii) 不定期ではあるものの，サラリーマンの給与と同程度の収入を得られるタイプ，(iii) 少額の収入を定期的に得られるタイプの 3 つに分類される．(ii) は建築家や法曹，医療専門職，フリーランスのエンジニアなどの専門職や中小規模のビジネスを営む自営業に多いタイプだろう．(iii) は地方商店など，低価格の商品を売る小売業に多い者と考えられる．

### 時系列データ

#### 口座情報の変化

表 8.2 にはこれまで論じてきたようないくつかの典型的なデータを示した．2 つ以上の特徴を示すような場合もありうるが，多くはこの 4 つのタイプのどれかに該当するだろう．

**表 8.2** 雇用状況別口座情報

| 雇用状況 | 収入 | 支出 |
|---|---|---|
| サラリーマン | 比較的高い，ユニーク，安定 | 914-349-1033 (OFFICE). |
| 自営業 1（サラリーマンと同様の職種） | 比較的高い，ユニーク，安定 | 上に同じ |
| 自営業 2（専門職または中小企業） | 比較的高い，1 回の金額が低い，時期により収入に幅がある | 上に同じ |
| 自営業 3（リテール） | 比較的低い，1 回の金額が高い，時期により収入に幅がある | 上に同じ |

図 8.10 は同じ口座の 8 ヶ月間の状況を，収支バランス（上段），収入（下段右），支出（下段左）の 3 つの図で可視化したものである．各データは最大値，最小値を用いて標準化しているため，0 から 1 の範囲に収まっている．なお，表 8.2 の 4 つのタイプで考えると，収入はタイプによって異なるといえるが，支出はすべてのタイプで同様であり，ここに示した図と大きく変わらないだろう．上段の図では収支バランスが特定の点で上下しており周期性を示している．下段右の図では周期性を示す収入もあればそうでないものもある様子が確認できる．一方，下段左の図では一定の周期性をもった大きな支出と必要に応じて生じる小さな支出で構成されている様子がわかる．

この図で示した口座情報は，表 8.2 で示したタイプが混在している．収入という面では，定期的な給与が得られるタイプと同様の特徴を示す一方，散発的な収入も認められる．また，8 ヶ月間の冒頭の期間において比較的大きな収支バランスと支出の変化が認められる．おそらくこの個人または企業はこの口座以外にも口座をもっている可能性があり，その場合この口座のみから得られる

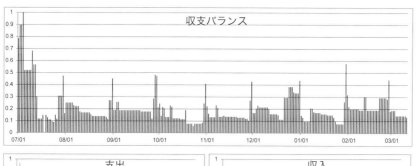
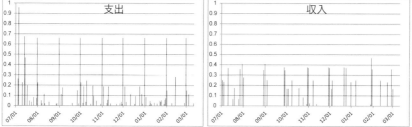

**図 8.10** 経時的に見た，ある口座の収支情報

情報は限定的なものとなる．したがって，このデータをさらに分析しようとするなら，副次的なデータがさらに必要である．

## データ分析を行う上での典型的なミス

「世の中には3つの嘘がある，嘘と大嘘と統計だ」は19世紀の総理大臣Benjamin Disraeliの言葉だと言われている．また誰の言葉かは不明だが「統計家とは頭をオーブンに足を冷蔵庫に突っ込んで，平均的にみると自分は快適などという人種である」という言葉もある．

意図的に間違った解釈をする分析者はいないだろう．次の節ではデータ分析にまつわる典型的なミスについて解説する．このようなミスを知っておくことで分析をより進めやすくなることだろう．

分析の間違いの原因としては(i)データのバイアス，(ii)前処理におけるエラー，(iii)間違った解釈，の3つに大きく分けられる．(i)は間違ったサンプリングが原因であることが多い．前章までの内容にあったように，データセット全体とサンプルが同様の分布を示しているか確認が必要である．ただし，意図的に分布を変化させる場合もある．詐欺検出の事例を考えてみよう．最初に得られたデータで，99パーセントが正常で，1パーセントが詐欺のデータだったとする．このような際には，このクラス間不均衡を是正するような策をとる必要がある．つまり正常と詐欺が50パーセントずつになるようにサンプリングを行う．この場合，詐欺のデータを重複を許して正常のデータと同等の数までサンプリングするか，正常のデータを詐欺のデータと同程度になるよう減らす方向でサンプリングする方法がある．ただし，これを行った場合は，他の変数に偏りが生じていないかデータセット全体と比較した再チェックが必要である．詐欺検出のようなカテゴリが2つの場合に限らず，カテゴリが複数になって，そのうち1つのカテゴリにほとんどすべてのデータが集中しているような場合であってもこれまでの議論は同様に適用できる．

また間違った分析結果の解釈につながるものとして，極めて少ないデータをもとにして可視化を行った際の内挿と外挿の問題もある．50の営業所を対象とした1年間のデータをもとにした分析を行おうとした際，わずか3ヶ月間かつ

4つの営業所からしかデータが得られなかったとする．仕方なく4つの営業所のデータをもとに分析を始めるとして，残り9ヶ月間のデータが欲しいところへ，46の営業所からそこに当てはめられそうなデータが得られたとする．しかしこれは決して分析に用いてはならない．

分析に関する典型的なミスについては以下を参照のこと．

- Cohen, Jason. Mar. 2010. "Avoiding Common Data-Interpretation Errors." A Smart Bear. http://blog.asmartbear.com/data-interpretation-mistakes.html.
- King, Gary. 1986. "How Not to Lie with Statistics: Avoiding Common Mistakes in Quantitative Political Science." Workshop presentation. New York University, New York.
- Moore, Robert J. Feb. 2013. "The 5 Most Common Data Analysis Mistakes." Inside Ecommerce. http://blog.rjmetrics.com/the-5-most-common-data-analysis-mistakes/.

「データマイニングを行う上で陥りやすい10の間違い」や「データ分析にありがちな5の間違い」といったリストを見たことがないだろうか．以下にそういったリストから本書の目的に合わせて抜粋したものを紹介しよう．

1. 目的に応じたデータがないことは問題を引き起こす．第2章から第7章で述べたように，目的に応じて適切なデータを選ぶこと．
2. 分析者は自分の好みや自分がよく知っている1つの手法のみに頼りがちである．手法の選択には時間をかける価値がある．
3. 目的変数を説明変数に加えてしまい，極めてすばらしい性能を示す（が，まったく役に立たない）予測モデルが得られてしまうことがある．たとえば，詐欺検出モデルを作る際に詐欺かどうかのフラグを説明変数に加えることはまずないと思われるが，目的変数がこのように明らかでない場合も多々あるため注意が必要である．

以上に関してもっと知りたい場合は以下を参照のこと．

- John F. Elder, IV. "Top 10 Data Mining Mistakes and How to Avoid Them." Salford Systems Data Mining Conference. New York, NY, March 29, 2005. Available at: http://docs.salford-systems.com/elder.pdf.
- Robert Nisbet, John Elder, and Gary Miner. 2009. *Handbook of Statistical Analysis & Data Mining Applications*, ch. 20. Burlington, MA: Academic Press. Available at: http://www.sas.com/news/sascom/2010q3/column_tech.html

ほかにデータ分析にまつわるミスとしては，ニュースヘッドラインや営業文句にありがちな近視眼的なデータの見方が挙げられる．

たとえば，「X銀行の株価は昨年に比べ65パーセント増加した」というあるニュースのヘッドラインについて考えてみよう．これが本当ならすごいことである．しかしあらためてデータを確認すると，この銀行の株価は1月に20ドルだったものが4月に12ドルまで下がり，12月に19.8ドルに回復していたというだけだった．つまり，このヘッドラインは4月に比べて12月の株価が65パーセント増しているという点だけを抜き出していたのだった．

また別の例も挙げてみよう．「2013年の純利益は1,200万ドルであり，2012年の1,000万ドルに比べて20パーセントの増加が認められた」というヘッドラインがあったとする．これは一見ありえそうな話に見える．しかし，過去4年分をさらにさかのぼってデータを見ることで状況は変わる．データを見ると，2009年には4,000万ドルだった純利益が2010年には3,000万ドル，2011年には2,000万ドル，2012年には1,000万ドルまで下がっていた．このデータからは極めて強い悪化傾向にあるといえ，2013年のわずか200万ドルの増加は2012年までの3,000万ドルの減少に比べれば微々たるものであることがわかる．もちろんこれまで紹介した事例とは逆に，ある分析結果ではネガティブな評価だったものがデータをよく見ると極めてポジティブな評価に変わるということもありうる．これは企業が税金逃れをするために意図的に利益を小さく見せようとする際などに使われる．

ときに「2012年の交通事故の死亡者のうち30パーセントがアルコール関連

のものだった」といった単純な事実の提示は大きな誤解を招く．これは「交通事故の 30 パーセントは酔ったドライバーによるもの」という推論につながり，「ならばそれほど大きな割合を占めていないじゃないか」などという間違った結論を導くことになる．

最後に，2013 年のニュースソースから得られた実際のヘッドラインを紹介しよう．

「電子タバコは喫煙者 10 人のうち 9 人がタバコをやめることに貢献した」

「アメリカ人 10 人のうち 1 人が過剰な塩分摂取で死んでいる」

最新の調査結果により世界的なイノベーションギャップがあることが明らかになった：「10 人中 5 人のみが現在のイノベーションに満足している」

いずれのケースにしても，誰がその調査をして，どのような手法が用いられ，その際に比較されている事実は何かという点をチェックしなければならない．先のヘッドラインはいずれも利益相反関係にある企業が行った調査に基づくものである．

# 第 9 章

# データモデリング

## イントロダクション

　データモデリングはデータ分析における最後のステップである．ただし，ビジネス課題が問題なく定義できていること，データの抽出および準備が滞りなく済んでいること，データの質が確保されていること，そしてモデリングに必要な変数が十分に作成されており，セグメンテーションできていることが条件である．本章では，データモデリングとは何かを説明した後，教師あり学習，教師なし学習，クロスバリデーションといったデータモデリングにおいて重要な概念を紹介し，データモデリングの性能を評価するための方法について論じる．データモデリングのアルゴリズムは，ニューラルネットワークやルールインダクションといった AI（人工知能）に類するアプローチから回帰分析のような古典的な手法など多岐にわたる．本章では，目的に応じてどのように手法を使い分けるか，現実のデータに対してどのようにモデルを適用するか，そしてその結果をどのように評価するかについて説明する．本章の最後では，最初に得られたモデルが満足のいくものではなかった場合に，それを最適なものへと改善していくためのガイドラインについて論じる．

## モデリングの概念および問題点

　データモデリングとは何だろうか，それはシンプルなものである．それは入力変数と出力変数をもち，入力から出力を生成する中間プロセスを含む．図 9.1 はデータモデリングの概念を示した．一般的にモデルは未来の何かを予測したり，いくつかの意味のあるグループに分けることが目的である．具体的には，

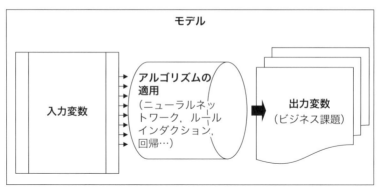

**図 9.1** データモデリングの基本的な考え方

新製品を最も購入する顧客の予測,患者の予後予測,最も利益を上げる顧客グループの予測などが挙げられる.

## 教師あり学習と教師なし学習

　モデリングの手法は,人工知能の文脈ではデータを「学習する」という.以下では,学習の代表的な2つの方法について説明する.1つ目の手法は教師あり学習である.教師あり学習の名前はモデルが正例や負例からデータの予測や分類を学習することに由来する.たとえば,モデリングの目的が果物の分類の場合,モデルには果物の例(りんご,なし,オレンジ)と果物ではない例(じゃがいも,カリフラワー,米)を提示する.各例には,果物と果物ではないものが分類できるようにデータの特徴を与える.そしてモデルは与えられたデータで学習する.その後,モデルは新しいデータセットでテストする.この際,果物かどうかのラベルは与えずに分類を行い,モデルによる分類結果と照合して,その性能を検証する.教師あり学習の代表的な手法はニューラルネットワークとルールインダクションである.

　2つ目の手法は教師なし学習である.教師なし学習の名前は,その学習過程において教師データを必要としないことに由来する.たとえば,$k$平均法や自己組織化マップ(SOM)などの教師なしクラスタリングは教師データなしに入力

データから学習を行い，クラスターに分ける．クラスターへの分割後は，あらためて分けられたクラスターの妥当性を確認する．たとえば，あるクラスターに利益性の高い顧客が集まっており，逆に別のクラスターには利益性の低い顧客が集まっているなど，各クラスターにおける目的変数の分布を確認する．

## クロスバリデーション

　第7章においては，通常，データセットは2つに分割する．たとえば，60パーセントを訓練データに，40パーセントをテストデータに分割するという話をした．しかし，1つの訓練データと1つのテストデータのみでは，新しいデータを判定したい際に同様の性能が保証されるかどうか心もとない．したがって，複数の訓練データ，テストデータのセットで検証を行うのが常である．このようにして，モデルが一部の特殊なデータにのみ特化して学習するのを防ぐと同時に，新しいデータセットに対する汎化性能をもっていることを保証することができる．

　また，別の問題として「過学習」がある．これはある訓練データに過剰に適合した形で学習してしまったために，テストデータにおいて低い性能しか示せないという現象を指す．これは訓練データに特化して学習した結果，汎化性能を獲得できなかったことを意味する．過学習を防ぐ方法としては，訓練データによる学習とテストデータによる検証をなるべく多く，たとえば10のセットで実施し，各セットにおいて得られた結果を平均するとよい．

　これを形式化したのが，$k$フォールドクロスバリデーションである．$k$フォールドクロスバリデーションでは，まずデータセットを$k$個の等しいサイズのデータセットにランダムに分割する．さらに，このうち1個のデータをテストデータとして，残りの$k-1$個を訓練データとして学習および検証を行う．学習および検証が終了したら，別のテストデータを1個選んで同様に学習および検証を行う．したがって，このプロセスは$k$回繰り返すことになり，各プロセスで得られた結果を最後には平均することで，全体の性能とする．$k$については通常10と設定することが多い．Wekaなどのソフトウェアでは，モデル構築の際に$k$フォールドクロスバリデーションを実行するようなオプションが実装され

ている．

　層化 $k$ フォールドクロスバリデーションは，データセットをランダムに分割する際に，分割したデータセットにおける目的変数の分布が分割前のデータセット全体における分布と同一になるようにするタイプのクロスバリデーションである．たとえば，目的変数が「購入の有無」という yes/no で表される変数だった場合を考えてみよう．この場合，「購入の有無」における yes と no の分布が，分割前のデータセット全体と分割後の $k$ 個のデータセットにおいて同一の分布になるように分割を行う．

## モデリングの結果を評価する

　第 2 章では，ビジネス課題という側面から見て，モデリングを行うことで現状の性能に対してどの程度性能が改善するかをあらかじめ見込んでおくという話をした．そして，選択するビジネス課題はモデリングによって大きな改善幅が見込めるものにすべきであると言った．比較対象となる，モデリングを行う前のベースラインについては，コインを投げてその結果を平均した場合に得られる結果，つまり 50 パーセントに設定するとよいだろう．ただし，法的制限などがあって，一定の性能を求められる場合はこの限りではない．

　時に，モデルの性能自体の改善はごくわずかであっても，その結果大幅な金銭的利益をもたらすことがある．したがって，ビジネス課題に対してどのように性能評価を行うかについては，その道の専門家とよくよく話し合って決めるべきである．たとえば，自社においてクロスセリングの対象となる潜在顧客をマニュアルで選別した際の精度が 60 パーセントで，業界においては 65 パーセントが平均だったとする．モデリングを行って，得られた結果が 75 パーセントだったとしてもそれは落胆に値しない．モデルそのものの評価だけでなく，ビジネスに対してどのような影響を及ぼすかという観点で評価すべきである．本節において引き続きこのトピックについて論じる．

## モデリング結果の評価

**数値で出力するかカテゴリで出力するか**

モデリング結果を数値で出力した場合，真の値との相関係数を算出できる．この場合，相関係数が1であれば完璧な予測精度と言える．モデリング結果をカテゴリで出力した場合は，第6章で論じた混同行列を用いて予測精度を評価するとよい．他のタイプの評価指標を用いることもあり，エントロピーがその例として挙げられる．エントロピーは熱力学由来の概念であり，平衡状態にあればエントロピーは最大となる．エントロピーについては以下の Wikipedia の記事を参照のこと．

- http://en.wikipedia.org/wiki/Entropy

表9.1において行は真のクラスを示しており，列はモデルによって予測されたクラスを示している．このような形式の表を混同行列（confusion matrix）と呼ぶ．データセット全体には80レコードが含まれており，真のクラスを見るとそのうち20が「高」，10が「中」，50が「低」となっている．「高」に該当する20のレコードのうち，7のレコードが「中」であると予測されている．同様に「中」に該当する10のレコードのうち，1が「低」，3が「高」と予測されている．表のうち，対角線上に並ぶ結果が，正しい予測結果となるが，これを見る限り，モデルは「低」については45/50と高い予測精度となっている一方，「高」と「中」についてはうまく分類できていないようである．予測精度を確かめる際は，すべてのクラスをひとまとめにした予測精度を見るよりも，こ

**表9.1** 混同行列の例

|  |  | 予測結果 | | |
|---|---|---|---|---|
|  |  | 高 | 中 | 低 |
| 真の結果 | 高 | 13 | 7 | 0 |
|  | 中 | 3 | 6 | 1 |
|  | 低 | 0 | 5 | 45 |

のように表形式で各クラスごとの予測精度を確認した法がよい．クラス間不均衡がある場合はなおさらである．たとえば，全部で 100 レコードあって，90 が「高」，5 が「中」，5 が「低」だったとしよう．ここでモデルがすべてのレコードが「高い」であるという予測結果を出した場合，全体の予測精度としては 90 パーセントの正解率という結果になる．しかしこの場合，「中」と「低」については正解率が 0 パーセントとなり，望ましい結果であるとは言えない．

　混同行列を用いてクラス全体の評価が終わったら，次は各クラスの評価に移る．表 9.2 は「高」に着目して，真陽性，偽陰性，偽陽性，真陰性の 4 つの数値を算出している．真陽性，つまり予測したクラスが「高」で真のクラスも「真」であるレコード数は 13 である．そして，偽陰性，つまり予測したクラスが「高」以外で，真のクラスは「高」だったレコード数は 7 である．さらに偽陽性，つまり予測したクラスが「高」で，真のクラスは「高」以外だったレコード数は 3 である．最後に真陰性，つまり予測したクラスが「高」以外で，真のクラスも「高」以外だったレコード数は 57 である．

　最後のステップとして，適合率（precision）と再現率（recall）を算出する．算出式は以下のとおりである．

　　　適合率 = 真陽性/（真陽性 + 偽陽性）
　　　再現率 = 真陽性/（真陽性 + 偽陰性）

したがって，表 9.2 の結果から，適合率と再現率は以下のように算出される．

　　　適合率 = 13/(13 + 3) = 81.25 %
　　　再現率 = 13/(13 + 7) = 65 %

そして，「高」以外のクラスについても同様の評価を行い，その平均を最終的な

**表 9.2** 表 9.1 の「高」における混同行列

| 真陽性：13 | 偽陰性：7 |
|---|---|
| 偽陽性：3 | 真陰性：57 |

評価とする.

## ニューラルネットワーク

本節では2つのタイプのニューラルネットワークを扱う．1つは教師あり学習のタイプのニューラルネットワークであり，予測結果を出力する．もう1つは教師なし学習のタイプのニューラルネットワークであり，一定の基準のもと，クラスタリングを行う．

## 教師あり学習のニューラルネットワーク

ニューラルネットワークはその仕組みがブラックボックスであると言われることが多い．なぜなら，どのようにそのモデルが動いて予測結果が得られたのか，その内部構造を確認することができないからである．われわれが確認できるのは入力変数と出力変数だけである．ニューラルネットワークは極めて正確な予測結果を算出する．複雑なデータを入力してもその予測精度はゆらぐことなく，特に入力変数および出力変数が数値型である場合に強い．またニューラルネットワークを用いることで，ノイズやエラー，無関係なデータをフィルタリングすることもできる．ニューラルネットワークは株価の予測を行う金融業界でよく用いられてきた．つまり，将来の株価やファンドの組入比率，ミクロ経済・マクロ経済の指標を予測する手段として用いられている．また，制御工学においてもニューラルネットワークは利用されてきた．ニューラルネットワークという名前は，その仕組みがニューロンが相互結合してコミュニケーションを行うという人間の脳の仕組みを模したことに由来する．

ニューラルネットワークの学習段階においては大量の計算資源を必要とする．特に入力変数の複雑さ，訓練データの量に応じて計算時間は増加する．NeuroShell や IBM SPSS Modeler といったツールは，ユーザが調節せずともベストなパラメータを探索して設定してくれる．本書ではパラメータ調整の詳細には踏み込まないが，学習の際は一般に学習率や隠れ層のニューロンの数などを調整する．詳細については以下の書籍を参考にするとよい．

- Ian Witten, Eibe Frank, and Mark Hall. 2011. *Data Mining: Practical Machine Learning Tools and Techniques.* Burlington, MA: Morgan Kaufmann. ISBN 13: 978-0123748560.

先述したように，商用のデータマイニングソフトウェアはパラメータ調整を自動で行ってくれるため，ユーザは入力データの準備と出力結果の分析に集中できる．だが，ニューラルネットワークが内部的にどのようにデータを処理しているかについて知りたい読者もいると思うので，以下に簡単な説明を加える．

図 9.2 は教師あり学習タイプのニューラルネットワークの一例である．この

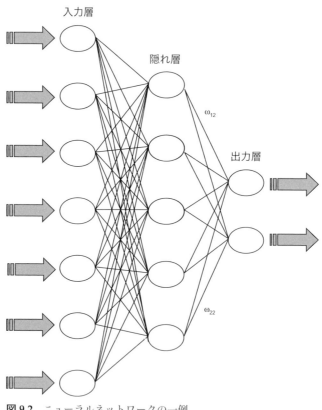

図 9.2　ニューラルネットワークの一例

ニューラルネットワークは3層構造となっており，左が入力層，中央が隠れ層，右が出力層となっている．一般に入力層は入力変数の数と同一であり，この例では7になっている．隠れ層は5つのニューロンで構成されている．隠れ層の数は入力層と出力層の数によって決まる．一般に入力層と出力層の数が増えれば増えるほど隠れ層には多くのニューロンを必要とする．場合によっては隠れ層は2層以上になることもあるが，隠れ層に用いるニューロンの数は最小限に抑えた方がよい．出力層は，出力変数に対応しており，本例の場合は2つのニューロンで構成されている．

各層の間の相互結合という観点から言えば，入力層と隠れ層の間の相互結合は，隠れ層と出力層の間の相互結合よりも密である．各結合には重みが与えられ，これはこの結合がそこを流れるデータに対して与える影響度を表す．重みは0から1の間の値をとり，値が大きいほど，そこを流れるデータに制限はなくなるようになっており，結合の活性度を表現しているとも言える．ニューラルネットワークの学習において，データを入力すると一部のニューロンは活性化し，また一部のニューロンは不活性化する．モデルの中でどの結合が活性化し，どの結合が不活性化するかは入力データ次第と言える．

### 教師あり学習タイプのニューラルネットワーク

**基本動作原理**

ニューラルネットワークは以下の3つの特徴によって定義される．

1. 層間の相互結合パターン，つまり構造
2. 相互結合の重みを更新する学習プロセス
3. 各ニューロンにおいて入力を出力に変換する活性化関数

他のパラメータとしてはモデルがデータを取り込む速度を決定する学習率や，学習率のモーメント，どこでモデルが望ましい結果に達したか判断するための誤差の許容度が挙げられる．これらのパラメータについては通常，自動的にソフトウェアの方で設定してくれる．

ニューラルネットワークの学習方法として最も一般的なものは誤差逆伝播法だ

ろう．この名前は，いったん入力層から隠れ層を通り出力層に至った予測結果を，真の出力結果と比較し，今度は逆向きにその誤差に応じて各結合の重みを更新していくという仕組みに由来する．この一連の流れを大量に繰り返すことで，この誤差を最小限にするようにニューロン間の相互結合の重みは調整されていき，事前に設定した誤差の許容度以下に収束するか，誤差がもはや変化しなくなった時点で学習は終了する．

　ニューラルネットワークには特定の目的に特化した形式のものもある．たとえば，リカーレントニューラルネットワークは時系列データを扱う際に用いられる．これは入力層と隠れ層の間に逆方向の結合を作り，このループはデータストリームにおいて「窓」，つまりトレンドを特定するための一定の時間枠の役割を果たす．なお，付録のケーススタディ 2 では教師あり学習タイプのニューラルネットワークを現実のデータに適用した事例を紹介しているので参考にしてほしい．

## クラスタリングを目的としたニューラルネットワーク

　教師なし学習タイプのニューラルネットワークとしては，フィンランドのコホーネン氏が発表した自己組織化マップ（SOM）が挙げられる．SOM は教師あり学習タイプのニューラルネットワークとは異なり，入力層とクラスタリングの結果を出力する層で構成される．このアルゴリズムにおいて，与えられた入力データに近いデータが勝者となり，その重みが強くなるようなノード行列が生成される．一連の流れを繰り返すことで，活性化したグループと不活性化したグループという形でクラスターが生成される．ノードは一般的なニューラルネットワークと同様に相互結合しており，入力データは入力層から出力層に向けて伝播する．SOM は多くの分野において応用されており，特にデータの規模が大きく，変数の数が多い場合にその効果を発揮する．SOM はノイズや欠損値がある場合にもうまく働くことがわかっている．なお，付録のケーススタディ 2 では SOM を現実のデータに適用した事例を紹介しているので参考にしてほしい．

　クラスタリングの結果の質を評価する際には一定の指標を用いる．そして，

出力層の行列サイズを変化させた上で，その指標の結果を比較するとよい．たとえば，出力層が3×3の行列サイズだった場合，出力されるクラスター数は最大で9となる．各クラスターにおいて，そこに含まれるデータがどのようなものか確認することで，クラスタリングの結果の質を比較する．質を比較する際は，数値型変数であれば分布を，カテゴリ型変数であれば頻度を確認する．ここでルールインダクションモデルを用いることもできる．クラスター ID を目的変数とした上で，ルールを生成させればクラスターがどのように生成されたのかその構造を把握することができる．

## 分類：ルールインダクション

ルールインダクションとは，if-then-else の形で表現されるルールで構成されるモデルのことである．数値型変数もカテゴリ型変数のいずれも入力変数としてとることができる．このモデルは教師あり学習のタイプのニューラルネットワークと似ているが，その内部構造が一目で分かり，なぜその結果になったかを把握できるという点が大きく異なる．たとえば，入力変数が5つのシンプルなものを考えてみよう．入力変数はそれぞれ，支払能力（SOLVENCY），雇用形態（TYPE OF EMPLOYMENT），婚姻状況（MARITAL STATUS），モーゲージローンの加入有無（HAS MORTGAGE），預金口座の有無（HAS SAVINGS ACCOUNT）であり，出力変数は年金プランの契約状況（CONTRACT PENSION PLAN）とする．ここから生成される2つのルールは以下のようなものになる．

"IF SOLVENCY IS HIGH
AND MARITAL STATUS IS MARRIED
AND HAS MORTGAGE = YES
THEN CONTRACT PENSION PLAN
= YES (2500,68 %)"
OR
"IF SOLVENCY IS MEDIUM

AND TYPE OF EMPLOYMENT IS SELF-EMPLOYED AND HAS
SAVINGS ACCOUNT = YES
THEN CONTRACT PENSION PLAN
= YES (3400,76 %)"

　ルールインダクションモデルにおいては，モデルおよびルールは決定木の形で生成される．決定木とはその名が示すように，意思決定を伴う枝（「支払能力が『高』の場合」や「婚姻状況が『結婚』の場合」など）によって分かれる，木構造でできている．木は上から下へと枝分かれしていき，終端では目的変数の分布（ここでは CONTRACT PENSION PLAN が YES となる頻度および割合に該当）を示す．この終端のことを，植物とのアナロジーから決定木の「葉」と呼ぶ．

　図 9.3 では先のルールを木の形で示した．多くのデータマイニングツールでは，先の if-then-else の形のルール表示も，この形の図示も両方可能になっている．ルール表示は SQL の形に直してデータベースからの抽出に使いやすいという利点がある．なお，図 9.3 ではわかりやすくするために各枝の分岐において

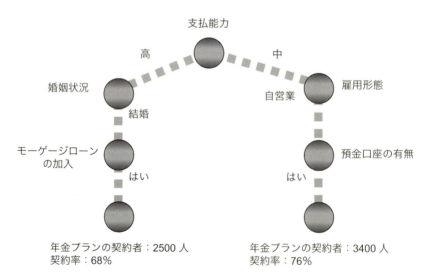

**図 9.3**　決定木の模式図

一方のみを示している．たとえば，「婚姻状況」においては「結婚」の枝のみを示しているが，「結婚以外」の枝も実際には存在する．同様に「預金口座の有無」においても yes と no の分岐があるが，ここでは一方のみを示している．なお，このようなタイプの木のことを二分木と言う．これは各分岐点において 2 方向のみの分岐となっているからである．なお，本例における主眼は CONTRACT PENSION PLAN = YES を終端とする枝である．

　図 9.3 は終端において 2 つの数値が示されている．1 つ目の数値はその枝に属する顧客数であり，2 つ目の数値はすべての顧客数に対する割合である．左の終端に達した顧客数は 2,500 人であり，全顧客数に対する割合は 68 パーセントであることをこの図では示している．一般に，割合が 65 パーセントを超える場合，その終端は有用であるといえる．顧客数については，その終端への所属数が多ければ多いほどよい．なお，データが多い場合に興味深いルールが生成される傾向にあるようである．

　図 9.3 について別の角度から検討してみよう．各分岐点の一般性/特殊性という観点から見ると最上位の分岐点が最も一般性の高い変数であり，最下位の分岐点が最も特殊な変数であるといえる．したがって，この図で言えば最も一般性の高い変数は「支払能力」であり，最も特殊な変数は「モーゲージローンの加入有無」ということになる．

　本節の残りでは，ルールインダクションについてアルゴリズムの詳細を解説する．（アルゴリズムの詳細について興味のない読者は次の節に移るとよい．）ここでは ID3, C4.5, C5.0 の 3 つのアルゴリズムについて紹介する．これらのアルゴリズムは Ross Quinlan によって提唱され，その後も改良が続けられているアルゴリズムであり，世界中で最もよく利用されているデータマイニングアルゴリズムの 1 つといっても過言ではない．

## ID3 アルゴリズム

　ID3 アルゴリズムは Ross Quinlan によって 1986 年に提唱された決定木生成アルゴリズムである．トップダウン型の推論を行う手法であり，この後に登場する C4.5 アルゴリズムの前身となったアルゴリズムである．

ID3 の目的は，最小限の計算でできるだけ良い決定木を得ることにある．多くの変数をもつ入力データであってもうまく動作するといわれている．ただし最良の決定木が得られるという保証はない．ID3 は以下の手順で繰り返すアルゴリズムとなっている．まず，訓練データからランダムにデータを選択し，決定木を構築する．このランダムに選択されたデータをウィンドウデータと呼ぶ．この時点での決定木は，ウィンドウデータにおいては最良の結果を返す結果となっている．そして，あらためてこの木を全体のデータに対して適用する．この際に望ましい結果が得られれば，ここで終了となるが，そうでない場合は分類に失敗したデータを最初のウィンドウデータに追加する．そして，再度決定木の構築および全体の結果への適用を行って，望ましい結果が得られるまでこの手順を繰り返す．このようにして，巨大なデータセットに対しても最小限の繰り返し回数で良い結果が得られる決定木が生成されることになる．なお，ID3 は，Quinlan が少ないメモリで決定木を構築させる必要があった際に，すべてのデータを用いるのではなく，サンプリングしたデータを用いるという工夫をしたことが契機となって開発されたという逸話がある．

## C4.5 アルゴリズム

C4.5 アルゴリズムは Quinlan によって 1993 年に提唱されたアルゴリズムで，1996 年にその改良版が提案された．これは ID3 と同様にウィンドウデータを用いて，決定木を構築し，データセット全体に対しての分類性能を評価するという手順で動く．なお，付録のケーススタディ 1 と 2 では C4.5 を現実のデータに適用した事例を紹介しているので参考にしてほしい．

> **C4.5 アルゴリズム**
>
> C4.5 を利用する際に設定すべきパラメータは，ルールによって生成される情報の値（「info」という関数によって計算される）とルールの更新値（「gain」という関数によって計算される）である．また，このアルゴリズムは欠損値による情報損失も考慮できる．

## C4.5 アルゴリズム

　このアルゴリズムは一定の手順の繰り返しによって構成されている．一回の手順において，ウィンドウデータのサイズは一定の割合（データセット全体に対する割合）で増加する．このアルゴリズムの目的は，できるだけ少ないデータで構築した決定木を用いて，データセット全体において多くのケースを正確に分類することである．各手順はその前の繰り返しの手順をベースに進んでいく．

　前の節で述べたように，多くの商用データマイニングツールではルールインダクションのパラメータ調整を自動的に行ってくれる．しかし，実用上，以下の2つのパラメータを知っておくと便利である．1つ目は確信度（confidence factor）で，これは不要な枝を刈り取っていく際に用いる．この値が小さければ，刈り取られる枝の数は多くなる．2つ目は葉（木の終端）に含まれるデータの数である．この値を大きくすると，葉の数は少なくなる．

　C4.5 は ID3 に比べて以下の点が改良されている．

- C4.5 は ID3 のように完全にランダムにウインドウデータをサンプリングするのではなく，クラス間の分布がなるべく一様になるようにデータをサンプリングする．
- 決定木をデータセット全体に当てはめた際のエラーの許容度は ID3 では固定されていたが，C4.5 では前回のプロセスの 50 パーセントを最小限の制限とすることで速い収束を実現している．
- C4.5 は前回のプロセスと比べて予測精度が改善されなければその時点で木の構築を終了する．

C4.5 の考え方は「分割して統治せよ」という格言に則っている．その評価には分割されたデータセットが用いられる．また，C4.5 はデータセット全体に当てはめた際の情報量の増加が最大になるように学習を進める．その際，分割された各データセットにおいてどのくらいのベネフィットがあったか計算され，最もベネフィットが高かったデータセットが採用され，次のステップへと進む．

## C5.0 アルゴリズム

　Quinlan は 2000 年に，さらに新しいルールインダクションモデルとして C5.0

を発表した．これは C4.5 に比べて以下の点が改良されている．

- メモリの使用量が小さく，学習時間も速い．
- C4.5 と同等の予測精度を保ちながら学習時間は削減されている．
- 予測精度を向上させるためにブースティングを用いている．
- C4.5 ではすべての誤分類を同等に扱っていたが，C5.0 ではクラスごとにコストを設定できるようになっており，これを最小化するような学習が可能になっている．これは極めて妥当な改良点といえる．なぜなら，実務上のデータではあるクラスの誤分類よりも別のクラスの誤分類の方が影響が大きいということは多々あるからである．
- ケースラベルや順序カテゴリ型のデータが扱えるようになった．

欠損値については，「利用できない」というラベルがつくようになった．また，アルゴリズムの中で他の変数から新しい変数を生成できるようになった．

ルールインダクションモデルについてより詳細を知りたい場合は以下を参照のこと．

- Quinlan, J. R. 1986. "Induction of Decision Trees." *Machine Learning Journal* 1, pp. 81–106.
- Quinlan, J. R. 1993. "*C4.5: Programs for Machine Learning.*" San Mateo, CA: Morgan Kaufmann. "Data Mining Tools See5 and C5.0." March 2013. RuleQuest Research. http://www.rulequest.com/see5-info.html.

### 古典的統計モデル

本節では，古典的統計モデルを予測タイプとクラスタリングタイプに分けて論じる．予測タイプとしては，広く用いられていることから回帰モデルを取りあげる．クラスタリングタイプとしては，すでに紹介した手法ではあるが，$k$ 平均法を取りあげる．予測タイプとクラスタリングタイプは先の節の教師あり学習と教師なし学習に対応してるといえるが，これらの用語はあくまで機械学習分野において用いられるものであり，古典的統計学について解説する本節で

は用いていない．

## 回帰モデル

　回帰モデルは，古典的統計学においてデータモデリングを行う際に非常によく用いられる手法である．これは説明変数と目的変数の関係をモデリングする手法であり，変数間の関係を直線で表す線形回帰モデル，曲線で表す非線形回帰モデル，そして目的変数が二値型変数の際に用いられるロジスティック回帰モデルが代表例として挙げられる．

　線形回帰モデルは，目的変数と説明変数の間の関係を直線で表現する手法である．たとえば，年齢，性別，収入，顧客期間，居住地区などを説明変数とした上で，ある四半期における顧客の購買量を目的変数として予測を行いたいとする．ここではどの変数も数値型として扱い，性別や居住地区といったカテゴリ型変数は二値型に変換することで数値型として扱う．

　回帰モデルのデータへの当てはまり具合を確認するためには，残差を用いる．これにより，直線から外れた値を特定することができる．図 9.4 には線形回帰モデルの具体例を示した．ここで線形回帰モデルは，X と Y という 2 つの変数の関係を，データに最も当てはまる直線を探すことで表現している．変数の観

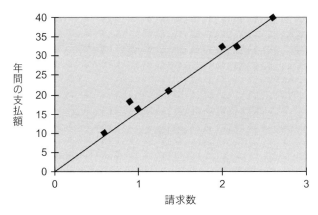

図 9.4　線形回帰の例

点から直線の傾きおよび X 軸, Y 軸との交点は解釈できる. 線形回帰モデルの目的は, 直線の傾きおよび各軸との交点を調整することで X が与えられた際に最もよく Y を予測できる直線を探すことである.

非線形回帰モデルは, 線形回帰モデルにおける直線を曲線に置き換えたモデルである. Y を X およびその他 1 つ以上のパラメータをとる関数として定義し, それがデータによく当てはまるように調整を行う. 具体的には, 各データ点と曲線における垂線の長さの 2 乗の和を最小にするように調整を行う. 事前にどのような非線形モデルを当てはめるべきかわかっている際にはパラメータを調整するのは簡単だが, もしわかっていない場合は逐次パラメータを変えて当てはまりを確認する必要がある. 図 9.5 には非線形回帰の例を示した.

ロジスティック回帰は回帰モデルの一種ではあるが, 目的変数が二値変数の際に用いられるモデルである. たとえばロジスティック回帰モデルは, 向こう 3 ヶ月間においてある企業の株価が「増えるか減るか」を予測したいときに用いられる. この場合は, 説明変数として以前の業績, 業種, その企業の所在地といった地理的情報が与えられる.

また, 患者の予後予測（治るか治らないか）にもロジスティック回帰は用いられる. この場合, 説明変数としては患者の特徴や, 病気の種類, 進行度が用いられる. 一般に, 目的変数に関連の深い説明変数を特定するために変数選択が用いられることが多い. 変数選択はモデルの予測精度の評価および外れ値の

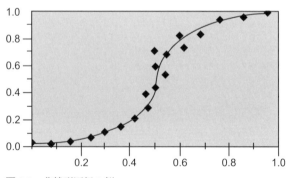

図 9.5 　非線形回帰の例

特定と併せて用いられる．また，ロジスティック回帰は目的変数における事象が発生する確率も算出できる．

## 回帰モデルのまとめ

目的変数が二値変数ではない，つまり2つ以上のカテゴリのときは判別分析が用いられる．もし目的変数が数値型であれば線形回帰モデルを用いるとよい．データを生成する関数が事前にわかっており，それが非線形の場合であれば非線形回帰モデルを用いるとよい．目的変数が二値型の場合はロジスティック回帰モデルを用いるとよい．また目的変数に生存バイアスがかかっている場合，たとえば「前回の購買からの経過時間」を目的変数とする場合は，生命表[9]やカプランマイヤー[10]，Cox回帰[11]を用いるとよい．

## $k$ 平均法

$k$ 平均法はシンプルだが非常に強力なアルゴリズムである．そのアルゴリズムは，まず分割したいグループの数を設定すると，その数だけランダムにデータが選ばれ，そのデータを中心にデータ間の距離を算出してクラスターを形成させるというプロセスを繰り返すものである．各プロセスにおいて，データは最も近いクラスターに所属させられ，さらに各クラスターにおける中心が再計算される．一連のプロセスは事前に設定したグループの数に分割されて，クラスターの中心の変動が収束した場合に終了する．

$k$ 平均法は，Wekaなど多くのデータマイニングツールに実装されている．$k$

---

[9] 訳注　ある期間における死亡状況が今後変化しないと仮定したときに，各年齢の者が1年以内に死亡する確率や平均してあと何年生きられるかという期待値などを死亡率や平均余命などの指標（生命関数）によって表したもの．

[10] 訳注　イベントが発生するまでの時間を解析する手法．医学においては生存率を評価するときによく用いられる．

[11] 訳注　Coxの比例ハザードモデル[12]を用いた回帰分析．

[12] 訳注　ハザードをデータとしたモデル」であり，ハザード（正確にはハザードの推定値）をプロットしてグラフ当てはめをするときの，そのグラフのこと．

平均法の弱点は，事前にグループ数を設定しなければならないという点である．ユーザは事前知識からグループ数を $k$ という形で設定する．これが $k$ 平均法の名前の由来である．ユーザは最適な結果が得られるまで $k$ の値を変えてクラスタリングを繰り返す．クラスタリングにはエントロピーやクラスター間距離，クラスター内距離といったクラスタリングの質を評価する指標がある．クラスター内距離が小さく，クラスター間距離が大きいほど，良い結果といえる．Wekaを用いた場合，クラスター内距離としてクラスターの中心（セントロイド）からの各データの二乗誤差の和が求められるため，クラスタリングを行う際はこれを指標にするとよい．

クラスタリングの結果を評価するためには，プロットを用いて各クラスターにおける目的変数の分布を確認するとよい．

## 予測モデル構築におけるその他の手法

本章では，これまでニューラルネットワーク，ルールインダクション，そして回帰モデルを予測モデルを構築するための手法として紹介してきた．これらの手法は多少の違いはあれど，どのデータマイニングツールにも実装されているものである．しかし，これらの手法以外にも予測モデルのための手法はあり，それを知っておくことで分析者は自身のデータおよびビジネス課題を解決するための最適な手法を見つけることができる．その他の手法としてはサポートベクターマシン（SVM），ナイーブベイズ，IB$k$ が挙げられる．以降はこれらの手法について概説する．

SVM は非確率的分類器の一種である．つまり，これは SVM で構築した予測モデルにデータを入れると，各レコードに対して最も可能性の高いラベルが出力されることを意味する．SVM は，線形分類器として用いる場合は入力されたデータをクラス間の距離が大きく分かれるようにマッピングする．また，非線形分類器として「カーネル関数」を用いてデータを高次元の特徴空間に射影することもできる．

利益性のある顧客とない顧客を分類する例を考えてみよう．ここで各顧客データは 10 ずつあるとする．SVM はこれらのデータを訓練データとして用いて，

2つのクラスを分離する超平面を見つけようとする．この際，利益性のある顧客とない顧客のデータがそれぞれ占める領域間の距離が最大になるような超平面を探す．なお，超平面のマージンにあるデータのことをサポートベクターと呼ぶ．（SVMについてより詳細を知りたい場合はWikipediaを参照すること．Wikipedia: http://en.wikipedia.org/ wiki/Support_vector_machine）

ナイーブベイズはベイズ理論を用いたシンプルな確率的分類器である．この手法は，入力変数が互いに独立であるという前提を置いている．たとえば，ある乗り物がバイクかどうかを分類したいとする．この乗り物は2つの車輪と，1つのエンジン，そして重量は400ポンドである．ナイーブベイズは，これらの要素が相互作用することなく，目的変数とのみ関係をもつと考え，その条件付き確率を用いて分類を行う．

最後にIB$k$を紹介する．これはWekaに実装された$k$近傍法の一種であり，インスタンスベースの学習アルゴリズムをもつ．インスタンスベース学習とはその名が指すように，新しいデータと既存のデータをインスタンス単位で比較する．インスタンスとは各レコードに相当する．これは汎化性能を求める他の手法とは明らかに異なるアプローチである．ここでまた，利益性のある顧客と利益性のない顧客を分類する例を考えてみよう．まず，最初に$k$の値を設定する．これは比較対象とするレコードの数であり，1，3，5が選ばれることが多い．ここでは3を設定したとしよう．次に予測対象となる新しいデータは既存のデータにおける各レコードとの距離を算出される．ここで用いられる距離はユークリッド距離であることが多い．そして，距離が小さい順に$k$個データを抽出し，その目的変数を確認の上，多数決で新しいデータの結果を予測する．ここでは先の$k$の値に従い，3個データを抽出してそのうち2つが「利益性あり」だったとしよう．この場合，新しいデータは「利益性あり」と予測される．通常，一連のプロセスを$k$を変えながら結果を比較し，ベストな結果となる$k$を探すことになる．

IB$k$および$k$近傍法について詳細を知りたい場合は以下を参照のこと．

- Abernethy, Michael. June 2010. "Data Mining with WEKA, Part 3: Nearest Neighbor and Server-Side Library." Available at: http://www.

ibm.com/developerworks/library/os-weka3/. Wikipedia: http://en.
wikipedia.org/wiki/K-nearest_neighbors_algorithm.

　また本節において紹介した手法は，データマイニングにおける 10 のアルゴリズムとして以下の文献に紹介されている．

- Wu et al."Top 10 Algorithms in Data Mining."*Knowledge Information Syst.*, 14, pp.137.

## モデルをデータに適用する

　訓練データからモデルを作成し，テストデータでその性能を評価し問題ないとなれば，今度はデータセット全体に適用することになる．ここで，ある商品をまだもっていない顧客に対して商品を営業し購入させる，つまりクロスセリングの購入確率を求めるモデルを作成する事例を考えてみよう．この企業は 200 万人の顧客を有しており，およそ 100 万人がその商品を保有していない．この企業はそのうち 7 パーセントつまり 7 万人がその商品を購入すると考えた．ここで，この 7 万人を獲得するために 100 万人に対して営業パンフレットを送るべきだろうか？　答えはノーである．ここでマーケティング担当者は婚姻状況，支払能力，性別，郵便番号，この顧客が利用している他の商品，顧客期間といった顧客プロフィールを用いて，購入確率の高い層を抽出した．結果として 20 万人の顧客がパンフレット送付対象となり，そのうち 7 パーセント，14,000 人が商品を購入した．しかし，顧客全体で考えると当初は 70,000 人の購入が見込めていたわけであり，ここでは残り 56,000 人にリーチできていないことになる．
　そこでマーケティング担当者は，100 万人のデータを用いて予測モデルを構築することにした．このモデルによって顧客ごとの購入確率が求められ，その順に顧客の優先度ランクを設定し，その上位 20 万人にパンフレットを送付した．そして，このうち 95,000 人がなんらかの反応を示して 40,000 人が商品を購入するという喜ばしい結果となった．同じパンフレット送付数でありながら購入者数は当初の 14,000 人から 40,000 人，つまりおよそ 200 パーセント増になったといえる．以上の話は，モデルをビジネスにうまく適用できた場合の成

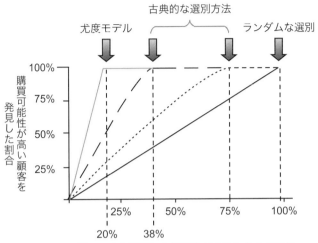

**図 9.6** 3つの購買予測モデルの比較

功事例である．

　先の事例の要約を図9.6に示した．購買確率を算出するモデルを作成する際，そこで求められるのは，なるべく少ないデータで性能の良いモデルを作ることである．この図では，このモデルがわずか20パーセントのデータのみを用いて購買確率の高い顧客をほぼ100パーセント当てていることを示している．一方，マーケティング担当者が従来用いていた顧客データに基づいたセグメンテーションは38から75パーセントのデータを必要としている（中央の曲線）．最後に，ランダムに顧客を選んだ場合は，100パーセント当てるためには100パーセントのデータが必要になっている．

## 「What-IF」を用いたシミュレーションモデル

　本章で紹介してきたようなモデルはシミュレーションに用いることもできる．シミュレーションは，入力データをさまざまに変化させることでそれが結果に与える影響を測るものである．たとえば，第2章におけるストロング氏の事例を

思い出してほしい．ここでの目的は顧客の問い合わせ対応を効率的に行うために，コールセンターで得られるデータを用いてモデリングを行うというものであった．営業データという面から言えば，シミュレーションによって入力データを変化させた場合に投資やコストを考慮した上で，営業所における純利益がどの程度増加するか予測するというモデルも考えられるだろう．ここで用いる入力データは，従業員数のほかにもアメリカ財務省が定める金利やインフレ率などを用いることができる．また，全従業員の80パーセントが18歳から30歳までの年齢だったら，製造ラインの稼働率が40パーセントだったら，それぞれ純利益はどのように変化するだろうといった実験をシミュレーション上で行うこともできる．

シミュレーションモデルを作る際は，過去のデータにおけるテストが不可欠である．したがって，過去のデータを用いてその誤差が小さくなるまで各種パラメータを調整することになり，良いシミュレーションモデルを作るには非常に時間がかかる．したがって，最も簡単な if-then-else を用いたシミュレーションモデルから着手するのがよいだろう．

> **確率モデル**
>
> **転換点**
>
> 確率モデルを用いると，曲線においてそこから急激な変化を示す転換点を見つけることができる．確率モデルはランダムな要素をそのシステムの中に組み込んでおり，それは予測対象としている変数にランダムな要素が含まれていることを意味する．詳細については以下の Wikipedia の記事を参照すること．
>
> - http://en.wikipedia.org/wiki/Stochastic

## モデリングについてのまとめ

モデリングがうまくいかなかった場合，その前の段階，つまり新しいサンプルや変数の取得，ビジネス課題の再定義に立ち戻ることになる，という意味で

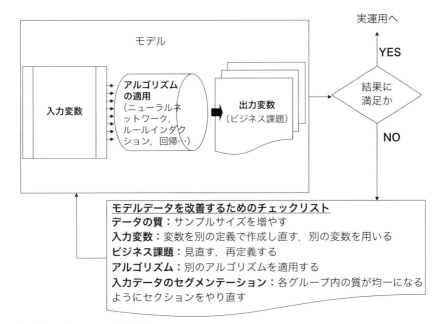

**図 9.7** モデリングプロセス

モデリングは循環するプロセスであるといえる．図 9.7 に一連のプロセスを示した．しかし，モデリングに至るまで一連の処理を注意深く進めていれば，モデリングにおける確固たるベースができているといえる．もちろん現実には，通常カテゴリ型変数である郵便番号が数値型で格納されていたり，顧客の住所がモデリングの入力データとして含まれていたりといったミスは往々にして起きる．また 1 つの手法がうまくいかずとも，ニューラルネットワークやルールインダクション，回帰モデルなど他の手法を用いて良い結果が出るまでモデリングを続けることが肝要である．予測を行う際は，ニューラルネットワークが，どの変数が重要か優先順位を設定する際はルールインダクションモデルが有益だろう．また入力データの型もモデリングの上で考慮すべきポイントである．ある手法はカテゴリ型の変数に強く，一方別の手法は数値型の変数に強い．

モデルを構築する上でのアドバイスをするなら，「分割して統治せよ」という格言に則るとよい．つまり，まず顧客タイプや商品タイプを用いてデータを分

割し，各データに対してモデルを作ることをお勧めする．

また，「オッカムの剃刀」という言葉も覚えておくとよい．これは，ある結果についていくつかの説明が考えられる際には，最もシンプルな説明を用いるのがベストという経験則である．最後に，データモデリングに関する参考文献を紹介する．

- Morelli, T., Shearer, C., Buecker, A., 2010. *IBM SPSS Predictive Analytics: Optimizing Decisions at the Point of Impact.* IBM Redguide.
- Witten, I., Frank, E., Hall, M., 2011. *Data Mining: Practical Machine Learning Tools and Techniques.* Burlington, MA: Morgan Kaufmann. ISBN: 978-0123748560.
- 福島真太朗, 2015. データ分析プロセス．共立出版．
- 松浦健太郎, 2016. RとStanで学ぶベイジアン統計モデリング．共立出版．

# 第10章

# システムの開発——クエリレポーティングから EIS およびエキスパートシステムまで

## イントロダクション

　本章では，予測モデルやルール，分析結果といったデータマイニングの成果物をビジネス上の意思決定や実務に活用するための方法を紹介する．まず初めにシンプルな図示やレポーティングについて解説した後，エグゼグティブインフォメーションシステム（Exective Information System: EIS）について説明する．その後，CRM やコールセンターにおける実務にどのように分析結果を組み込むかについて論じて，最後はエキスパートシステムや事例ベースド推論といったより複雑なアプリケーションに対する適用について説明する．

## クエリとレポート生成

　データマイニングを用いて得られた成果物のビジネス戦略への活用が本書の主眼である．しかしながら，多くのビジネスの現場では簡単な SQL クエリをデータベースに投げてレポートを生成し，必要な情報を確認しているのみにとどまっているというのが現状である．ここで得られる情報には，生産指標や経済指標といった日々のビジネス活動のサマリーが含まれている．
　この状況をより具体的に想像するために，Office Stationary 社の管理職月次報告会議を例にとってみよう．この会議には財務部長，営業部長，開発部長，経理部長，IT 部長，管理部長が出席する．そして会議は通常 2 時間開催され，各部長が自身の部署の現状について，今月の状況および来月の見込みなどについて報告を行う．

ここで営業部長の報告を例にとってみる．彼は売上について，リージョン別，販路別，商品別の観点から報告を行う．また特定の期間における売上総額，増分，平均についても報告する．同時に報告の中で，売上が最高値/最低値を示したリージョン，本年の営業目標の達成状況，解決すべき課題などについて強調した上で，必要に応じて他部署への協力を要請する．つまり，営業部長は営業関連の指標の管理者というだけでなく，このような会議において一連の説明を行う責任も負っている．そして，会議の報告内容に応じて，今後の営業活動における意思決定がなされることになる．

さて，この会議において部長が報告するデータについて考えてみよう．営業部長はIT部長との連携のもと，社内データベースからデータを引き出しレポートを作成するシステムを開発してきた．IT部署は一連の営業関連指標をレポートにまとめ，月次報告会議の1日前にはそのレポートを届けるようになっている．図10.1にはそのレポートの一例を示した．

さて，営業レポートの内容について踏み込んでいこう．この会社の標準的な営業レポートは，まずリージョン別の売上から始まり，各リージョン内の営業所別の売上，そして営業所内の商品別売上について掲載している．もしこの順

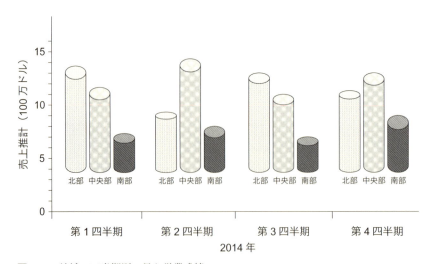

**図10.1** 地域・四半期別に見た営業成績

**表 10.1** 毎月のレポーティングの例 (1)

OFFICE STATIONARY, INC.
2014 年 5 月

リージョン（レベル 1 に該当）：北部
営業所（レベル 2 に該当）：1

新規（レベル 3 に該当）

| 顧客名（レベル 4 に該当） | 売上推計 (1000 ドル) | 商品カテゴリ | 営業ステージ | 成約確率 |
|---|---|---|---|---|
| General Offices, Inc. | 30.25 | 名刺 | 見積もり前 | 0.85 |
| Ecological Products | 0.8 | 封筒 | 見積もり前 | 0.68 |
| North-South Poultry | 47.1 | 筆記用具 | 見積もり中 | 0.75 |
| Carbide Metallurgy | 364.5 | 修正液 | 契約検討中 | 0.85 |
| 小計（4 社）（レベル 3 に該当） | | | | |
| 平均（レベル 3 に該当） | 110.66 | | | 0.78 |

クロスセリング

| 顧客名 | 売上推計 (1000 ドル) | 商品カテゴリ | 営業ステージ | 成約確率 |
|---|---|---|---|---|
| United Radiators | 12.52 | のり | 契約交渉中 | 0.75 |
| Fruit Conserve | 7.5 | 封筒 | 契約交渉中 | 0.8 |
| Kitchen Refurb, Inc. | 15.4 | 筆記用具 | 契約完了 | - |
| MyCar, Inc. | 0.5 | 名刺 | 契約完了 | - |
| 小計（4 社） | | | | |
| 平均 | 8.98 | | | 0.77 |

他社からの移行

| 顧客名 | 売上推計 (1000 ドル) | 商品カテゴリ | 営業ステージ | 成約確率 |
|---|---|---|---|---|
| Quality Packaging, Inc. | 115.92 | 修正液 | 契約検討中 | 0.72 |
| Flywheel Associates | 71.33 | 名刺 | 契約完了 | - |

**表 10.1** 毎月のレポーティングの例 (2)

OFFICE STATIONARY, INC.
2014 年 5 月

リージョン：北部
営業所：1

| | | | | |
|---|---|---|---|---|
| Makeshift Products | 74.51 | 筆記用具 | 契約検討中 | 0.75 |
| Wind-Solar Solutions | 5.51 | のり | 契約完了 | - |

小計（4 社）

| | | | |
|---|---|---|---|
| 平均 | 66.82 | | 0.73 |

営業所 1（12 社）の小計

| | | | |
|---|---|---|---|
| 平均 | 62.15 | | 0.76 |

以下，営業所 3 まで同様の表が続く

総計（134 社）

| | | | |
|---|---|---|---|
| 平均 | 80.25 | | 0.75 |

番を変えたい場合は，EIS ツールを使って 5 分もかからずに変更できる．またさらに，リージョン内の詳細な数値について詳細をドリルダウンで確認することもできる．

表 10.1 にはこの会社の 5 月の営業レポートを示した．各指標は，リージョン（レベル 1），営業所（レベル 2），レベル 3 として CRM 顧客タイプ（新規，クロスセリング対象，他社からの移行），レベル 4 として顧客という 4 つのレベルでその集計が確認できる．レベル 1 から 3 はターンオーバーおよび成約確率における平均値を示している．レベル 2 はレベル 3 の数値を集約したものであり，同様にレベル 1 はレベル 2 の数値を集約したものである．レポートは月次報告会議用に営業部長によって設計されており，5 つの重要な指標，CRM 顧客タイプ別の顧客数，および CRM 顧客タイプ別の売上推計（ドル），提示してい

る商品，営業ステージ，成約確率が示されている．以上の数値は先月の結果と比較できるようになっており，リージョン別，営業所別，CRM 顧客タイプ別，顧客別で数値を提示できるようにもなっている．

このレポートを使うことで，たとえば北部リージョンにおいて売上が先月比で $x$ パーセント伸びており，予測モデルによって算出される成約確率も平均で 75 パーセントであるといった状況が把握できる．ここで社長は営業部長に対して，北部リージョンを担当している営業所 1 の代表者と連絡をとり，1,000 ドル未満の売上となっている．

## クエリとレポーティングシステム

本節では 2 つの代表的なクエリ・レポーティングシステムについて述べる．標準的なクエリ・レポーティングはいまだ多くのビジネスの現場において必要とされており，最先端のソリューションにおいてはビッグデータや分散システム，データの質の保証が求められていることを思い出してほしい．

まず初めに，Stonefield Query 社の製品（stonefieldquery.com）を挙げる．この製品，Stonefield Query SDK はクエリ生成からデータマイニング，レポーティングまでを一貫して行えるデータベースシステムである．このシステムを使うことで，社内外のエンドユーザに向けたレポーティングが実現できる．また，このシステムは Microsoft SQL Server，Oracle，Microsoft Access，Visual FoxPro，Pervasive，IBM DB2，MySQL といった代表的なデータベースと接続できるようにもなっている．さらに Microsoft Excel やテキストファイルといったデータベース以外のファイルからもレポーティングが可能になっている．なお，同社の Stonefield Query for GoldMine は CRM ソフトウェアの GoldMine（www.goldmine.com）と接続してレポーティングできるようになっている．

この製品は GoldMine に特化した設計となっており，レポート生成のスケジューリング，ロールを割り振ったセキュリティ，レポートテンプレートの提供，ドリルダウン，フィルター機能，E メールによるレポートの配信機能，SQL のカスタマイズ，レポートの詳細な設計などが可能になっている．また新規レ

ポート作成時に便利な，あらかじめ設計された60を超えるサンプルレポートが同梱されている．

次に SAP Crystal Reports（www.crystalreports.com）を紹介する．これは SAP に限らないマルチベンダーに対応したレポーティングシステムであり，インタラクティブなレポートの作成，さまざまなカスタマイズが可能になっている．レポートはウェブやEメール，Microsoft Office との連携，アプリケーションへの組み込みが可能になっており，さらにレポート上で並べ替えやフィルタリングといった操作もできる．また，データベースのみならずOLAPデータや，XML，スプレッドシート，ログファイルとの接続が提供されている．レポートの設計についても，グループを設定した小計およびそのグラフ化を容易に実行できるようになっており，図もBMP, TIFF, JPEG, PNG, PCX, TGA, PICT などさまざまなフォーマットで出力できる．さらに地図の描画，.NETを用いたビューワも提供されている．

また，その他の特徴として Microsoft Excel/Word へのエクスポート，複数のデータソースの前処理，SQL のカスタマイズなども機能として実装されている．

## エグゼクティブインフォメーションシステム

先の月次報告会議から数ヶ月の後，営業部長は自身のデスクトップ PC 上に，定期的に社内データベース（Oracle）からデータを取得する Microsoft Access を用いたデータベースを作成し，Microsoft Excel による集計やグラフ作成，Microsoft Word を用いたレポーティング，Microsoft Powerpoint を用いたプレゼンテーションの作成を一貫して行えるようにしようと決意した．

また，データをさまざまな角度から検証するために，営業部長はEISツールをインストールし，自身の Access のデータベースをそのデータソースに設定した．

## クエリ，レポーティング，EIS

**データマイニングの結果の活用**

標準的なクエリ，レポーティング，EIS ツールでは，すでにある情報についてはさまざまな洗練された方法でアプローチできるようになっているが，新しい情報を生成することはできない．したがって，ビジネスにおいてデータマイニングを活用していく際は，予測モデルやデータ分析によって新しい情報を生成し，データベースに蓄積できるように準備しておかなければならない．蓄積した情報はクエリ，レポーティング，EIS ツールでもって引き出すことができるが，これは単にテーブルを指定するだけでよい場合もあれば若干の設定が必要な場合もあるだろう．また，EIS システムは CRM システムと連携することもできる（CRM システムの詳細は第 13 章を参照のこと）．

## What-if 分析における EIS インタフェース

図 10.2 は，典型的な EIS システムにおいて GIS 情報を表示させた一例である．複数の基準のもと，リージョンごとのランキングを表示させている．州をクリックすると，ドリルダウンによって州ごとのランキングが表示される．ユーザはどのような基準で表示させるかを選択できるようになっており，下段右に表示されているようなメニューのカスタマイズもできる．

この図における EIS には凡例が表示されており，程度の大小を 4 つのレベルに分けて灰色の濃さで表現している．そして国内市場におけるランキングが，コスト/利益，顧客満足度，売上の増加率，マーケットシェア，配送日程の遵守状況，在庫状況，売上見込み，返品率，請求状況，顧客数といった基準のもとに図示されている．

図中，上段右には「What-if」シミュレータのパネルがあり，ユーザはパラメータを変更して，本年および来年における純利益がどの程度になるかシミュレーションできるようになっている．

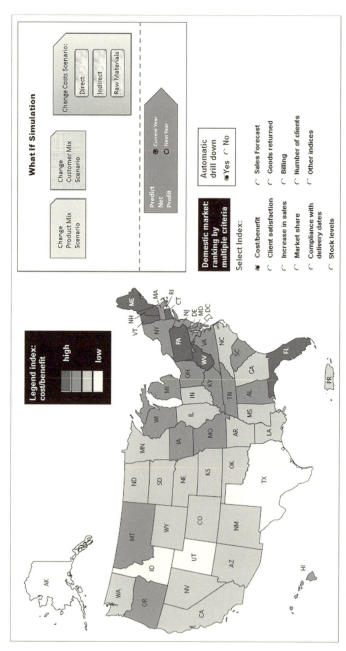

**図 10.2** 実際の EIS ツールの画面

## EIS のインタフェース

### 純利益を予測するための変数

図 10.2 の上段右には「What-if」シミュレータが表示されており，ここでは目的変数として純利益が設定されている．現在の設定では，絶対額がドル表示されているが，ベースラインを設定することでそこからの増減を示す相対額に変更することもできる．

このシミュレータにおいては，変更可能なパラメータとして，商品，顧客，コストの3つが設定できる．商品のパラメータでは，たとえばあるタイプの商品の売上がどのように目的変数（ここでは純利益）に影響するかを設定できる．顧客のパラメータでは，たとえばあるタイプの顧客における売上がどのように目的変数に影響するかを設定できる．そして，コストのパラメータでは，金利，燃料コスト，原材料費，運送費などのコストがどのように目的変数に影響するかを設定できる．シミュレータの実装はかなり複雑な構造になっている．これまで挙げたようなパラメータに応じて予測モデルを内部的に構築する必要があり，しかもパラメータは相互作用するからである．

## EIS

本節では，IBM Cognos Express (http://www-01.ibm.com/software/analytics/cognos/express/) を例にとりながら EIS について論じる．この製品は中規模の企業において，レポーティング，分析，インタラクティブなダッシュボードの設計，スコアカードの作成，分析結果に基づく事業計画の作成，予算の提案，部署単位の現状評価などを実行できるように設計されており，簡単にインストールできてすぐ使えるソリューションとなっている．この企業が提供している EIS には，IBM Cognos Express Advisor, IBM Cognos Express Xcelerator の2種類がある．IBM Cognos Express Advisor は，データソースと接続しメモリ上で分析を実行できるサーバ型のアプリケーションである．多次元のビューが作成できるようになっており，たとえば製品や営業チャネルといった切り口をリージョン，顧客，時間といった要素と組み合わせて比較が可能になっている．

また「最も利益をあげている製品は何か？ そしてその要因は？」や「優良顧客はどこか？」といったクエリも設定できるようになっている．なお，必要があればこのクエリの裏で動いている SQL やデータマイニングモデルも確認できる．もう1つの製品である IBM Cognos Express Xcelerator は，スプレッドシート上で一連の分析を可能にした製品である．Excel を用いた作業が中心となるユーザを想定しており，「What-if」シミュレーションなどをはじめとするさまざまな分析をデータソースとのスムーズな連携のもと，高パフォーマンスで実行できる．なお，Excel にはそれ自身で「What-if」分析ができるようになっている．これはアドインの形で提供されており，第 19 章ではこのツールの基本的な使い方について解説する．

## エキスパートシステム

　ジョンは製薬企業における IT 部長であり，情報システムのセミナーに出席していた．このセミナーでは「エキスパートシステム」を扱っており，ジョンはそのことに驚いた．なぜなら，エキスパートシステムの全盛期は 1980 年代であり，その頃は情報システムにおける最先端を走っており，企業がこぞってエキスパートシステム導入に取り組んだが，その後はデータマイニングやビジネスインテリジェンスにその地位を追われ，今ではその名をほとんど聞くこともなかったからだ．いったい何が起きたのだろうか．

　ここでエキスパートシステムについて説明しよう．これはルールベースドシステムともいわれ，データ分析とは対極に位置するものである．なぜなら，データ分析が求めるような「データに潜む真実」ではなく，「人々の経験に潜む真実」をこのシステムは求めるからである．エキスパートシステムは，特定の分野のエキスパートの知識を「if-then-else」の形でルールに落とし込むことで実現される．それは，コンサルタントがクレジットカード会社のベテランに何度も面接を行うことで，クレジットカードの審査におけるスコアの設定方法についてルールを引き出すことに似ている．このルールは「一回の請求額が 5,000 ドルを超えた場合，本社に照会する」「顧客期間が 6 ヶ月未満で月収が X 未満の場合，申請を却下する」などである．

# エキスパートシステム

## エキスパートシステムの構築における難点

かつてエキスパートシステムが盛んだった頃に言われていた代表的な難点の1つに，エキスパートは必ずしもその知識やルールを他者に伝えることに長けているとは限らない，ということがある．エキスパートは直観的にその判断を下してきているため，どのようにしてその判断を下したかについてはうまく説明できないことが多い．また別の難点として，エキスパートはその情報を他者と共有することについて消極的で，エネルギーを割きたがらないということが挙げられる．これは，多くのソフトウェアシステムにおける解説ドキュメントが不足していることからもよくわかるだろう．したがって，エキスパートシステム構築の際は，一人のエキスパートからではなく複数のエキスパートから情報を引き出し，その結果を比較してどの点が一致してどの点が一致していないのか確認していくという手順が求められる．

「ルールの説明困難性」「ルール説明における消極性」という2つの難点に加えて，「人間は必ずしもif-then-elseで思考しているわけではない」という難点も挙げられる．人間の思考様式はこのような線形思考よりも複雑であり，連想を中心とした非線形思考といえる．この問題を解決するためにエキスパートシステムは，複数のルールを合成した階層型のルールモデルおよびそれらを確率的に実行する推論エンジンを用いる形に発展してきた．

時代の経過に伴い，エキスパートシステムはナレッジマネジメントやビジネスインテリジェンス，データマイニング，CRM/ERPシステムに組み込まれるようになってきた．データマイニングの分野に限って言えば，1990年代初頭にニューラルネットワークとルールインダクションという2つの強力な技術が登場し，コンセプトが成熟することで商用ツールとして実装されるようになり，研究から実務の世界へと広まるようになってきた．

エキスパートシステムは多くのデータベースやCRM/ERPシステムなどにおいて，クレジットスコアリングやアラートシステムなどのルール表現の一形式として名残をとどめている．

ここ10年に目を向けると，エキスパートにインタビューする代わりに，トランザクションデータやデータベースなどの膨大に蓄積されたデータ資産から

知識を抽出するというアプローチに注目が集まっている．企業は，こういったデータ資産への投資を，分析によって知識を抽出することで回収しようとしている．データ量が膨大になるとともに，データの種類も，ポイントカードの使用履歴やウェブ上のアンケート結果など多岐に渡るようになってきている．このようなマーケティングデータの多様化に伴って，データから得られる知識も多様化しているといえる．

したがって，1980年代当初の目論みとは異なり，エキスパートシステムは，エキスパートによって定義されるルールから，ルールインダクションなどのデータマイニング技術を用いて抽出されるルールを利用する方向に発展してきている．同時に，その意思決定サポートにおいてニューラルネットワークなどを用いた予測モデルも活用されるようになっている．もちろん，従来のエキスパートの知識や，これまでのビジネスを通して構築されてきた知識体系の価値が否定されているわけではないことをここに強調しておく．

---

### エキスパートシステム

#### エキスパートシステムの活用

エキスパートシステムの活用という意味では，コールセンターは適しているといえる．コールセンターのオペレータが一定のルールに従って適切な回答をデータベースから引き出すと同時に，クレジットカードの審査や詐欺の判定などのリアルタイムの意思決定が必要な局面では予測モデルを活用することができる．また，この際用いられるようなアラートの発信やフラグの設定といった操作は，SQLのトリガーファンクションという形で実装できる．

---

## 事例ベース推論

本節では，エキスパートシステムにおけるルールベースのアプローチやルールインダクション，教師あり学習といったデータモデリングにおいて情報をどのように表現するかについて紹介する．事例ベース推論（case based reasoning）はその名が指すように，過去の事例をもとに新しい事例を判定するシステムの

ことである．このシステムにおいては各事例の特徴の明確な定義と，新しい事例と過去の事例との距離算出が求められる．

事例ベース推論は以下の4つの手順に従って進められる．

1. 新しい事例に対して同様の事例をデータベースから抽出する．
2. 抽出してきた事例から情報を取り出し，新しい事例に対して当てはめてみる．ただしこの段階では，まだ大まかに当てはめるのみである．
3. 2の当てはまり具合に応じて修正を行う．
4. 最後に，得られた解を新しい事例が得られた際の解として利用できるようにデータベースに蓄積する．

事例ベース推論は，法学や医学などにおける問題解決の技法をまねている．法曹や医師は新しいクライアントや患者に対して，過去の判例や症例を当てはめて意思決定を行う．ビジネスの場合で言えば，新しい製品を設計する際に，周囲を取りまく環境や顧客のプロフィールをもとに，現状と近い過去の成功事例を引き出して活用するといったやり方になるだろう．

## まとめ

本章では，データマイニングの成果物をシステムに組み込んでいく方法について簡単に紹介してきた．クエリ，レポーティング，EISはシンプルだが極めて効果的なシステムであり，その発展形としてエキスパートシステムや事例ベース推論がある．ビジネスのタイプや，その運用，意思決定に必要なデータの種類などによって，システムにはいくつかの選択肢がある．顧客タイプに応じて成約確率を示すようなシンプルなレポートでも十分実用に耐えうるものであり，必ずしも複雑なエキスパートシステムの導入が必要なわけではない．またすべてのクエリ，レポーティング，EISシステムはインストールするだけですぐに有用な結果を出してくれるわけではなく，必要な情報を得ようとするなら相応のカスタマイズが必要である．

最後に，警告の意味もこめて逸話を紹介してこの章の締めくくりとしたい．2013年の4月，世界中のエコノミストはあるニュースに驚かされることになっ

た．それはハーバード大学の 2 人の学者がかつて発表した経済モデルに誤りがあることがわかり，しかもそれは Excel の操作ミスが原因だったのだ．このモデルは世界中で利用されており，各国において経済成長を促すには消費を抑えるべきという主張を支持するものであった．

ミスの内容は，平均を算出する際のセル範囲の指定ミスだった．当初発表されたモデルにおいて，スプレッドシートにおける各行は国家債務が 90 パーセント以上となった場合の各国の GDP 成長率を示しており，ここから得られた結論は国家債務が 90 パーセント以上になると経済成長は急激に低下するというものであった．しかし，その際用いられた平均の算出には最後の 5 つのセル（デンマーク，カナダ，ベルギー，オーストリア，オーストラリアのデータが含まれる）が含まれていなかった．これらのデータを含めた上で再計算を行うと，GDP 成長率の平均は当初主張されていた $-0.1$ パーセントから 2.2 パーセントになった．このミスについては 2014 年現在いまだ議論が続いている．

なお，エラーそのものへの批判とは別に，この種のミスがチェックされないまま，世界共通の知見として広まってしまうことへの批判もある．この話から得られる教訓としては，この種のミスは一定の割合で混入してくるものであり，データマイニングから得られるような知見をビジネス上の意思決定に活用する際は，計算ミスや前提条件におかしいところはないか，分析者とは別の人間によるチェックが不可欠であるということである．

# 第11章

# テキストマイニング

## テキストマイニングの基礎

　本章では，シンプルかつ高度なテキストデータの処理と分析にフォーカスを当てる．基本的な処理としてフォーマットチェックベースのパターン認識について説明し，応用として固有表現抽出，シノニム（類義語）やハイポニム（下位語[13]）に基づいた概念同定，情報検索の概念について論ずる．

> **テキストマイニングを利用したデータ品質の確保**
>
> 　ここで，第5章で論じたテキストデータの質について思い出してほしい．第5章では名前，住所，電話番号のデータフォーマットについて説明した．また，第3章では自由記述欄を含んだ調査やアンケート，登録フォームについて説明した．テキストマイニングをエラーの校正や欠損データの処理に使用することができるとしたら，後続の処理におけるデータ品質の確保につながるだろう．

　テキストマイニングと数値データの分析には共通点も多いが，文字情報に特有の注意点もある．文字と数字に対する人間の認識能力の違いを例にとって考えてみよう．人間は本を読む，本の要約を書くといった，大量の文字情報を解析し合成する能力をもっている．対照的に，ページいっぱいに書かれた数値データは人間の目には一般的に理解しづらいものである．

　テキストマイニングは，書籍の原稿の校正や編集作業のように人手で行われることがある．一方で半自動化することもできる．自動化した場合，検索クエ

---

[13] 訳注　ある言葉，単語の下位概念の語．哺乳類に対する馬，文字に対するアルファベットなど．

リやフリーテキストとの類似性に基づいた語彙ランクが生成される．類似性に基づく語彙ランクを用いることにより，独自のブランド名や新規の技術用語などの既存のデータセットにはない新たに生み出された単語の綴り間違いを検出することが可能となる．また，この方法を活用することにより，文書内の一部分で Mississippi が Misissipi と綴りが誤っているのを検出することもできる．最新の研究を先ほどの例に適用すれば，「Misissipi」は「Mississippi」と認識され自動的に辞書登録されるだろう．次節では異なるフォーマットの人名の識別について述べる．

表 11.1 は姓，名，接頭辞などについてフォーマットの多様性を示している．このフォーマットを用いてテキスト中の構造を識別する．最も一般的な名前のフォーマットは「LLF」（たとえば J. M. Jackson）で，23,700 ケース存在する．逆にあまり見られないのは「TCC」（たとえば Att.: Marketing Dtor.）で，714 ケースしかない．パターン認識技術と語彙分析を使用することによって，データに対する事前知識がなくても構造の識別が可能となる．この方法を用いて，意見欄やコメント欄内の相互関係にある情報を発見することができる．このタ

**表 11.1** フォーマット別出現頻度の例

| フォーマット | 出現頻度 | 名前 |
|---|---|---|
| LLF | 23,700 | J. M. Jackson |
| FLF | 18,630 | Kenneth L. Wheelock |
| RFF | 14,450 | Mr. Mark Shapiro |
| RFFF | 11,951 | Mrs. Sarah Jane Roberts |
| FFO | 8,297 | Earl Franklin, Jr. |
| FLP | 4,782 | Edward D. Elkins-Carter |
| RFLF | 1,085 | Dr. James T. Levy |
| TCC | 714 | Att.: Marketing Dtor. |

判例：F＝アルファベットの組合せ，R＝接頭辞，O＝接尾辞，P＝苗字の結合，L＝イニシャル，T＝Att.（届け先），C＝商用語

イプの入力欄は，（使用方法としては正しくないが）クライアントに関する重要な追加情報やその他のビジネスに関する情報を取得するためにしばしば使用される．

自由記述欄に含まれる有益な情報の例として以下があげられる．

- 人物名，組織，場所
- 日付，金額
- ハイフンで結ばれた複合語
- 短縮語

たとえば，金融に関するニュース記事の分析を行うことを考えてみよう．保険証券，保険による保障，元受保険，ニューヨークの保険会社，は4つの独立したエンティティ[14]として認識されるだろう．一方で，エンティティの正規化をした場合[15]，Senator Johnson，Mr.Johnson，Michael Johnsonは同一人物として認識できる．

## 高度なテキストマイニング

本章では，フリーテキスト処理の半自動化について述べる．処理は主に以下の4つのステップに分けることができる．

1. テキスト中の関心のあるキーワードを定義する．
2. ドキュメントセットを減らすために，ドキュメントコーパスに対してクエリを実効する（情報検索ステップ）．
3. 検索されたドキュメントから特定の名前/データを識別する．
4. 関心のあるキーワードに関連するテキスト群を抽出するために，WordNetというオンラインアプリケーション（wordnet.princeton.edu）[16]で生成

---

[14] 訳注　実世界上のモノ（人，組織，設備など）やコト（企業活動，イベントなど）の実態．テキストマイニングの文脈においてはほぼ名詞と考えて支障ないだろう．
[15] 訳注　ここではラストネームのみを抽出することを考えていると思われる．
[16] 訳注　日本語には対応していない．日本語ではNICTなどが公開しているWordNetを使用し，独自に構築する必要がある．

**図 11.1** テキスト処理計画

されたカテゴリに基づいて概念（単語）の一般化を行う．
最後に，関連性が高く，かつ関心のある文/段落/章であるかどうかという観点から抽出されたテキストの見直しを手動で行う．図 11.1 にテキスト処理のステップを簡略化した図を示す．

> **テキスト処理**
>
> **WordNet オンライン類義語リポジトリ**
>
> WordNet は英語用の巨大なオンラインの語彙リポジトリである．名詞，動詞，形容詞，副詞は類義語集合にグルーピングされており，それぞれのグループは異なる概念をもっている．したがって，類義語を探し出すために利用できる．
>
> さらに詳しく知りたい場合は以下を参照するとよい．
>
> - G. A. Miller, R. Beckwith, C. D. Fellbaum, D. Gross, and K. Miller. 1990. "WordNet: An Online Lexical Database." *Int. J. Lexicograph.* 3 (4): pp. 235–244.

### キーワードの定義と情報検索

表 11.2 に 4 つのキーワードの組を定義した．検索の際には，複数形などの文法上の変形もマッチさせる必要がある．したがって，単語の原形を得るためにステミング（語幹処理）と呼ばれる前処理をテキストに施す必要がある．一度

表 11.2　文章抽出例

| クエリ ID | 検索ワード<br>(検索クエリ) | 抽出された文 |
| --- | --- | --- |
| $q_1$ | wait, time, long | "After initially connecting by telephone with the call center, I had to **wait** for a **long time** long time attended." |
| $q_2$ | quality, problem | "There is a **problem** with the **quality** of the service." |
| $q_3$ | complicated, option selection | "When I initially connected to the call center, I was asked to respond to a lot of **options** that I found **complicated** and I didn't make the right **selection**." |
| $q_4$ | quality, good | "Having navigated through the options, I found the **quality** of service was **great** and the person who helped me was polite and knowledgeable." |

検索用のクエリが定義されるとテキストコーパス（文書集合）が作成され，情報検索システム（サーチエンジン）でクエリごとに上位の文章が抽出される．

## 個人情報の識別

　名前や個人情報の識別を行う方法の1つとして，Pingar (http://www.pingar.com) [17] というオンラインアプリケーションの API を使用することがあげられる．この API では，人物名，組織，住所，E メールアドレス，年齢，電話番号，URL，日付，時間，金額などの識別処理を行うことができる．これにより，データを抽出し使用することが可能となる．個人情報に関心がない場合，データ機密性の要求を遵守するために個人情報削除ステップを追加する必要がある．削除処理は個人情報に該当する部分を，単純に人物 1，人物 2,⋯，場所 1，場所 2,⋯，日付 1，日付 2,⋯ などに置き換えてしまえばよい．ただし州名や都市名は置換しなくてよい．

---

[17] 訳注　日本語には対応していない．

## 文章抽出

表 11.2 を見ると，1 つ以上のキーワードによって文章が抽出されていることがわかる．しかし，最初に設定したキーワードリストの中にはない単語がテキスト中にある場合もあるだろう．そういったケースに対応するために，オンラインの WordNet というオントロジーデータセット (http://wordnetweb.princeton.edu/perl/webwn) を使って，キーワードのシノニム（類義語）やハイポニム（下位語）を探すことができる（ただし，曖昧なキーワードについては人手で処理する必要がある）．ハイポニムは，与えられた単語を起点にオントロジーツリー[18]の下部を参照する．たとえば，「quality」というキーワードが与えられたとき，WordNet からは以下のような結果が返ってくる．

> S: (n) quality (an essential and distinguishing attribute of something or someone) direct hyponym/full hyponym
> S: (n) appearance, visual aspect (outward or visible aspect of a person or thing)
> S: (n) clearness, clarity, uncloudedness (the quality of clear water): "With the new spectacles she could see with more clarity."
> S: (n) opacity, opaqueness (the quality of being opaque to a degree; the degree to which something makes understanding difficult)
> S: (n) divisibility (the quality of being divisible; the capacity to be divided into parts or divided among a number of persons)
> S: (n) ease, easiness, simplicity, simpleness (freedom from difficulty or hardship or effort): "He found it fairly easy to obtain the information he wanted"; "They put the information online for ease of consultation."
> S: (n) difficulty, difficultness (the quality of being difficult): "They agreed about the difficulty of choosing the right option."

---

[18] 訳注　オントロジーツリーとは，各単語の特性に基づいた関係性が木構造で示されたもの．

上で示した処理を行ったのち，結果ファイルが出力される．すべてのキーワードと WordNet を使って取得したキーワードのハイポニムは "****Keyword****(20)" のように示される．同時に，それぞれのキーワードのファイルの先頭からの相対距離も示されている（このケースでは 20）．この距離はテキスト内でキーワードの密度が高い領域を示すのに使用され，キーワード密集率が高い領域が抽出対象の候補となる．ステミング処理（語幹処理）は，キーワードリストと文書中の単語に対して最初に適用される（Porter のステミングアルゴリズムがよく使用される）．最後に，ラベルづけされたファイルは人手で見直しを行う．ここで，距離情報に基づいて関心のある単語に対して最も関連性が高いと判断された文章が抽出される．ステミング処理のアルゴリズムについて詳しく知りたい方は以下を参照するとよい．

- M. F. Porter. 1980. "An Algorithm for Suffix Stripping." *Program: Electronic Library and Information Systems.* 4 (3): pp. 130–137.

## 情報検索の概念

ビジネスにおいて，情報検索はキーワードを基に自動で文章検索を行う際に用いる．テキスト情報の検索の中で最も使用される 2 つの概念は tf（単語の出現頻度）と idf（逆文書頻度）である．tf は文書 $d$ 中の単語 $t$ の出現回数である．idf はコーパス中の単語が一般的な単語なのか，それとも稀にしか見られない単語なのかを測る指標である．idf は全体の文書数をコーパス内の単語を含んでいる文書の数で割ることによって算出される．一度この 2 つの値を算出すれば，これらを組み合わせることによって tf-idf という指標を算出することができる．tf-idf は tf × idf によって算出される．tf-idf は与えられている文書群でテキストコーパス中の単語の重要性を反映した指標である．これらの手法はオンライン検索エンジンで使用され，ユーザが発行したクエリに最も関連のある文章の検索を行う．情報検索について詳しく知りたい方は以下を参照のこと[19]．

---

[19] 訳注　和書では，『情報検索の基礎』（共立出版，2012）が参考になる．

- Baeza-Yates, R. and Ribeiro-Neto, B. 2011. *Modern Information Retrieval: The Concepts and Technology behind search,* 2nd ed. New York: ACM Press Books. ISBM: 0321416910.

## ソーシャルメディアを対象にした感情分析

　今日，Facebook などのソーシャルメディア上にコーポレートページをもっている企業は多い．各企業は，ソーシャルメディア上で製品やサービスに関するコンテンツを提供している．これにより，顧客が企業をフォローしたり製品などについて企業にフィードバックすることができ，企業は顧客からの質問に答えることが可能となっている．大抵のソーシャルメディアでは「like」ボタンで好意的な反応を伝えることができる．また，コンテンツに対してコメントを書いたり，友達と記事をシェアする機能も提供されている．
　図 11.2 に化粧品会社の企業ページのコメントフォーラムを例示した．自由記述欄のコメントは，新製品に対する感情分析を行うための有益な情報である．しかし，テキストのデータ量が膨大で，かつ，構造化されていないとしたらデータ処理は非常に難しくなる．シンプルな対策としてすべてのコメントを txt 形式のファイルで保存した上で，前節で説明したテクニック（クエリを実行して出現頻度のカウントを行うなど）を用いるという方法がある．
　図 11.3 は，意味解析の結果得られるセマンティックネットワークである．このネットワークは，図 11.2 で示したテキストコメントから抽出した．第 4 章を思い出してほしい．セマンティックネットワークはエンティティ（図中の楕円）間の関係（図中の矢印線）を表現している．たとえば，ネットワークの左下の「3 人の顧客」は XYZ が使用しているアイシャドウへの好意を表している．一般的に，リレーション（図中の矢印線上の単語）は動詞か副詞の傾向があり，エンティティ（楕円の中）は名詞か形容詞となる傾向にある．セマンティックネットワークには出現頻度を追加することも可能である．
　図 11.3 のようなセマンティックネットワークを作るために人間の目でコメントが確認され，エンティティとリレーションを決定することもできる．しかし，テキストの量が多くなるとプロセスの自動化を考える必要が出てくる．テキス

> **化粧品フォーラム**
>
> **企業側の情報発信 1**：新しいシャンプー ABC（写真と説明文）
>
> > **顧客 1**：口紅と同じ色？
> > **顧客 2**：新色は好きです．でも，この会社の製品は動物を使用した安全テストをしていない．これは欧米以外の国では許されていますが欧米では禁止されている．
>
> **企業側の情報発信 2**：ミュージックスターの XYZ も弊社の商品を使用しています（写真と説明文）
>
> > **顧客 1**：このアイシャドウ好きです．
> > **顧客 2**：赤いアイシャドウは刺激的ですね．
> > **顧客 3**：かわいいアイシャドウ．
> > **顧客 4**：こんな素敵な商品発売してるんだ．ファンのためにシーズンの終わりにプレゼントしたらいいんじゃない？
>
> **企業側の反応 1**：ありがとうございます．
>
> > **顧客 2**：皮膚アレルギーの人のための製品はありますか？
>
> **企業側の反応 2**：敏感肌の方のための製品もございます．是非チェックしてみてください！

**図 11.2**　化粧品会社のファンページフォーラム

トからエンティティとリレーションを抽出し，出現頻度を計算するのは大して難しいことではない．しかし，セマンティックネットワークにこれらを統合しようとすると非常にチャレンジングなものとなる．名詞に関連している動詞や副詞が明確ではないことが多いからである．図 11.2 のコメントを例に見てみるとわかるだろう．

　抽出プロセスの自動化を行うシステムの 1 つに TextRunner[20] と呼ばれるものがある．このシステムはテキストコーパス全体から自動的に大規模なリレー

---

[20] 訳注　日本語には対応していない．

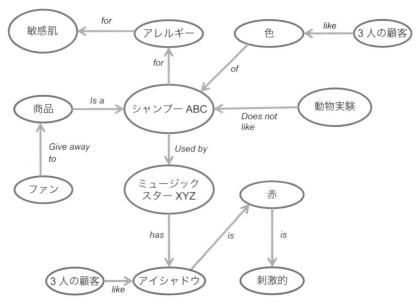

**図 11.3** フォーラムのコメントから生成されたセマンティックネットワーク

ションタプル（ノードとリレーションの組）を抽出する．抽出されたリレーションタプルには確率の付与とインデクシングが行われるため，クエリを介した効率的な情報抽出と情報検索が容易である．また，TextRunner は大規模テキストからのセマンティックネットワーク抽出に教師なしの手法を使っている．具体的には，タプルを抽出した後，対象をクラスタリングすることによって一般的なキーワード群とリレーションをタプルに追加するアプローチをとっている．この手法はセマンティックネットワーク作成の基本的なルールに則っている．最後に，テキストマイニングを行うにあたっての留意点として，自然言語のテキスト処理は実装が難しいため，現状では商用のシステムというよりあくまで研究対象として捉えられていることを挙げておく．

TextRunner とその内部で教師なし学習がどのように活用されているかについて詳しく知りたい方は以下を参照のこと．

- Banko, M., M. J. Cafarella, S. Soderland, M. Broadhead, and O. Etzioni.

2007. "Open Information Extraction from the Web." In: Proceedings of the International Joint Conference on Artificial Intelligence, 2007, Hyderabad, India. AAAI Press.

TextRunner で用いられている教師なし学習の具体的な手法について詳しく知りたい方は以下も参考にしてほしい．

- Kok, S. and P. Domingos. 2008. "Extracting Semantic Networks from Text Via Relational Clustering." ECML PKDD'08 Proceedings of the 2008 European Conference on Machine Learning and Knowledge Discovery in Databases Part I, pp. 624–639.

## 商用テキストマイニングツール

本節では，IBM SPSS Modeler Text Analytics 15 と SAS Text Miner の2つの商用テキストマイニングシステムについて簡単に紹介する．IBM SPSS Modeler Text Analytics 15 は，ビジネスドメインの専門家の知識を辞書やセマンティックルールに追加し再利用できるユーザフレンドリーなシステムである．論理的推論のための情報抽出のカスタマイズも可能で，未加工のテキスト情報から推論を行うことができる．また，単語やフレーズを分類し，意味を分析可能にするためのセマンティックネットワーク抽出機能も提供している．さらに，電子メールやインスタントメッセージングシステムなどの他のアプリケーションとも連携が可能である．

さらに詳しく知りたい方は以下を参照のこと [21]．

- "SPSS Text Analytics for Surveys." IBM. http://www-03.ibm.com/software/products/es/spss-text-analytics-surveys/

---
[21] 訳注　日本語のページは以下を参照．
SPSS Text Analytics for Surveys: http://www.ibm.com/software/products/ja/spss-text-analytics-surveys
IBM SPSS Modeler Text Analytics 15 User's Guide: ftp://public.dhe.ibm.com/software/analytics/spss/documentation/modeler/15.0/ja/Users_Guide_For_Text_Analytics.pdf

- "Discover the Hidden Value in Unstructured Information." IBM. http://www-01.ibm.com/software/ebusiness/jstart/textanalytics/
- IBM SPSS Modeler Text Analytics 15 User's Guide 2012 (ftp://public.dhe.ibm.com/software/analytics/spss/documentation/modeler/15.0/en/Users_Guide_For_Text_Analytics.pdf)

もう1つの商用システムとして SAS Text Miner を紹介しよう．SAS Text Miner は，コンテンツ分類，オントロジーマネジメント，感情分析の機能（モジュール）を提供している．コンテンツ分類モジュールは，ビジネス情報の検索や自動的なコンテンツの分類，分類基準の事前作成，文書要約，ファイルシステム，ウェブクローリング，ファセット検索[22]/インデキシング，重複ドキュメントの識別機能を提供している．オントロジーマネジメントモジュールは，管理下にあるテキストリポジトリーと矛盾なく体系的にリンクするために意味関係を定義する．感情分析モジュールは文書中の感情表現の位置特定および感情分析をリアルタイムに行う．このモジュールをウェブサイト，社内ファイル，レポート，調査報告書，E メール，コミュニケーションセンターなどに適用することで，トレンドを見抜き顧客の優先事項を判断することができる．

さらに詳しく知りたい方は以下を参照のこと[23]．

- SAS Text Analytics, http://www.sas.com/text-analytics/
- SAS Text Miner, http://support.sas.com/software/products/txtminer/
- Halper, F., Kaufman, M., Kirsh, D., 2013. Text Analytics: The Hurwitz Victory Index Report. Hurwitz and Associates. (http://www.sas.com/news/analysts/Hurwitz_Victory_Index-TextAnalytics_SAS.PDF)

---

[22] 訳注　ユーザに検索条件を入力させるのではなく，あらかじめユーザにとって使いやすい検索条件をサイト側が用意しておき，ユーザにそれを選択してもらう検索方法．

[23] 訳注　日本語のページでは，SAS Text Analytics, SAS Text Miner ともに以下を参照．http://www.sas.com/ja_jp/software/analytics/text-miner.html

# 第12章

# リレーショナルデータベースと連携したデータマイニング

## イントロダクション

　データの格納は情報技術の基本的な活用方法の1つである．最もシンプルなアプローチとして，CSVなどのフラットファイル，テキストファイル，スプレッドシート形式での保存が挙げられる．しかし，多くのビジネス上のデータはもっと複雑なリレーショナルデータベースシステム（RDBS）に格納されていることが多い．RDBSはエンティティ間の関係性を反映したデータ構造をもっており，主キー，セカンダリーキー，正規化されたデータ構造などによって複雑な関係性を表現する．本章では，データマート（DM），データウェアハウス（DW）の考え方と，業務処理システムなどのオペレーショナルデータから分析用に加工/集計されたインフォメーショナルデータをどのように生成するかについて言及する．その後，オペレーショナルデータからデータを抽出してデータマートへ格納し，そこからファイル形式のデータに落とし込んでデータマイニングを開始するところまでを，具体的な例を挙げながら説明する．

　今，重複のない顧客データが格納されたファイルがあるとする．このファイルには顧客ID，名，姓，先月の購入額のカラムが含まれ，姓についてアルファベットの昇順に並べられているとする．このようなファイルはデータ分析のプロセスでよく用いられるものであり，顧客テーブル，製品テーブル，販売履歴テーブルなどの複数のデータソースから抽出される．さて，データ分析用のファイル構造を定義するために，最初にビジネス課題を決めなくてはならない．ここでは顧客にもっと商品を買ってもらえるように，また，より良いサービスを

提供するために顧客の購買傾向や嗜好を理解したい，ということをビジネス課題として分析を行う．

データ分析事業は限られた情報に絞られた複数のファイルやテーブルから開始することになる．たとえば，ファイル（テーブル）A に基本的な顧客情報が含まれており，ファイル（テーブル）B には顧客の購入履歴情報が含まれているとする．この場合，ファイル間での関連付けを行うために，各ファイルは顧客 ID などの共通の index をもたせる必要がある．

データは 2 つのタイプに分けられる．1 つ目のタイプは名前，住所，電話番号，年齢，性別，婚姻の有無などの静的なデータである．2 つ目のタイプは最終購買日時，昨月の購買数，購入した商品やサービス，購入金額，購入場所/チャネルなどの動的なデータである．したがってデータを蓄積する場合，静的データ用のテーブルやファイルと，いくつかの動的なデータを格納するテーブルが必要になることを思い描くことができるだろう．上で例示した静的/動的テーブルの構成では，すべてのテーブルは顧客 ID によって相互に関連づけることができる．このようなテーブルやフィールドの組織化，重複や依存性の最小化，一貫性を担保するプロセスをデータベースの正規化という．なお，データベースの正規化については本書では扱わない．

---

リレーショナルデータベースについてさらに知りたい方は次の書籍を参照するとよい．

- Devlin, Barry. 1997. *Data Warehouse: From Architecture to Implementation.* Boston, MA: Addison-Wesley Professional. ISBN-10: 0201964252.
- Westerman, Paul. 2000. *Data Warehousing.* Burlington, MA: Morgan Kaufmann. ISBN-10: 155860684X.

## データウェアハウスとデータマート

データウェアハウスは，さまざまなソースからのデータを保存する，完全性[24]，一意性[25]，一貫性[26]のあるデータの倉庫である．ソースから取得されたデータはデータを扱うユーザにとってわかりやすく，ビジネス上使いやすい形にして保存される．そのため，データウェアハウス内のデータはオペレーショナルデータとは異なっている．違いの1つは要約されたデータ（レポート用に集計されたデータなど）が入っていることである．もう1つは顧客情報や口座の取引情報などが日次で更新されることである．データマートは特殊なデータウェアハウスと考えることができ，ある部署のデータや特定のビジネス領域に特化したデータを扱う．たとえば，データウェアハウスはすべての部署（購買，商業，会計，生産，物流，人事など）の集計済みデータを保存することができる．一方で，データマートは特定の部署の集計済みデータしか保存することができない．データマートに保存するデータの例としては，広報活動といった特定のビジネスに関連したコスト，販売データがあげられる．

> **データマートとデータウェアハウス**
>
> **データ分析ツール**
> データウェアハウスやデータマートを使ったデータ分析/活用では，内包されたツールを使用して，複雑なデータ処理，複雑な図の描画，データの複雑な関係性を発見することができる．また，データウェアハウス内の既知の情報の提示や操作に加えて，データマイニングの適用により新しい情報の発見が可能となる．データマイニングは本質的に新しい知識の発見と特徴づけられる．データに付加価値をつけないシンプルな手法（SQL，クエリ，レポーティング）や，データ操作（OLAP，EIS）とは区別しなければならない．

図12.1はさまざまなデータソースと，それらをデータマイニングに利用するた

---
[24] 訳注　欠損や不整合がないこと．
[25] 訳注　一意になる情報を保有していること．
[26] 訳注　データが正しい状態に保たれ矛盾がないこと．

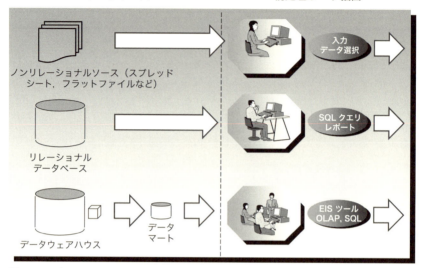

**図 12.1** データウェアハウスの活用

めのデータ抽出プロセスを示している．左上はスプレッドシート，テキストファイルなどの最もシンプルなデータソースである．左中は MS Access や MySQL を含むリレーショナルデータベースである．リレーショナルデータベースにはインフォメーショナルデータとオペレーショナルデータが含まれる．左下はデータウェアハウスのような最も洗練されたデータリポジトリである．その右側はデータマートのようなさらに洗練されたデータリポジトリを示している．図の右側はデータソースの洗練度合いに依存したデータ抽出の形式を表している．ノンリレーショナルソースでは，データ抽出は単純で人手での選択となる．リレーショナルデータベースでは，SQL クエリやレポート形式のインタフェースを使用して抽出される．データマートでは，EIS (executive information system), OLAP (online analytical processing) といった，さらに洗練されたフロントエンドツールが想定される．

### 商用 EIS (Executive Information System) ツールの機能

Business Objects や MicroStrategy などの商用 EIS ツールはリレーショナル構造よりも上位の水準を形成しており[27]，新しいリレーション，集合，オブジェクト，構造体といった基本的な変数やテーブルの作成をユーザが行うことができる．この機能はデータの多次元での可視化を可能とし，ビジネス課題にとって最も便利な形式での表示と，そのためのデータ抽出を実現する．

EIS の最もパワフルな面は SQL 解析エンジンであり，シンプルな画面操作で複雑なクエリを発行することを可能にする．解析エンジンはユーザが SQL を直接書くことなしに，複雑な処理に対して非常に効率的なクエリを実行する．クエリの実行に際しては，コンピュータリソースの使用を最小に抑えつつ高速な処理を実現している．最近，EIS は多くのビジネス領域でスタンダードな情報技術となってきている．しかし，多くの企業は未だにシンプルなクエリとレポーティングに頼っている．

以下の例を考えてみよう．マーケティング部門は IT 開発部門から新しいレポートを要求されたとする．このレポートは複雑で，異なる時間，商品グループ，部署，地域やその他の条件での副集計が含まれていた．IT 部門は，レポートの内容が複雑過ぎてレポートの作成に 2 週間はかかると言っている．2 週間後，メニュー画面からレポートを取得できるようになったと IT 部門からマーケティング部門に伝えられた．しかし，IT 部門は続けてこうも言っている，レポートに必要なデータの処理は午前 2 時に実行するように計画している．なぜなら，処理完了までに 2 時間を要し，さらに，会社のセントラルコンピュータのリソースの 90%を使用するからだ．

ここで，マーケティング部門が独自に EIS をもっているというシナリオを考えてみよう．ある日の午後，マーケティング部門が IT 部門のサポートのもと，複雑なクエリ/レポートの定義を行った．そして，そのクエリは午後 5:30 に実行され，5:45 に終了した．クエリ実行時にはサーバクラスタの CPU リソース

---

[27] 訳注　直接 SQL を書く必要がなく，直感的な操作で SQL を生成し実行できることを意味している．

の 5% しか使用しなかった．最後に IT 部門（システム部門）は当該クエリを登録し，すべての作業が終了した．

> **EIS の特徴**
>
> EIS とデータマートの重要な特徴の 1 つはアラート定義オプションである．これはユーザが設定した状態にデータが変化したときに注意を促すものである．たとえば，マーケティングキャンペーン実施中の販売数や，商品を購入しそうな顧客，口座解約リスクなどについて自動でアラートを受け取ることができる．第 10 章で述べたように，EIS はデプロイメントツールとしても活用可能である．

データウェアハウスやデータマートの重要な効用の 1 つは，オペレーショナルデータからインフォメーショナルデータを分離できることである．これは非常に重要なことである．なぜならオペレーショナルデータは，その名のとおり，オンラインのリアルタイムな商業活動と関わりが深いからである．分析用の複雑なクエリを発行することによって処理が遅くなり，コンテンツデータの更新を妨げることは避けなければならない．データウェアハウスがあればオペレーショナルデータは最終的にデータウェアハウスに格納され，すべての情報の加工プロセスはデータウェアハウス内で実行される．したがって，上のようなリスクは回避できる．しかし，データウェアハウスへのデータ転送プロセスでもオーバーヘッドは発生する．データ分析で利用するためのデータ変換やデータのクリーニングが複雑であるためだ．

本節では，オペレーショナルデータからデータウェアハウスやデータマートへのデータ転送について簡潔に述べた．なお，上で述べた転送プロセスはポピュレーティングと呼ばれる．

## データウェアハウス

### オペレーショナルプロセスからのデータポピュレーション

図 12.2 は，左下のオペレーショナルデータからデータウェアハウスへのデータポピュレーションプロセスの概要を示している．プロセスは大まかに以下の 3 つのフェーズを含んでいる．最初のフェーズはデータソースとなるシステムからのデータ抽出である．2 つ目の転送フェーズは，目的となるシステムへのデータロードの準備として，抽出されたデータに対してルールや関数の適用を行う．最後のロードフェーズでは，データウェアハウスやデータマートといった目的のシステムにデータをロードする．抽出，転送，ロードは ETL では同時に行われる．ETL の処理ではいくつかの注意すべきポイントがある．不正なデータが混じっていた場合，データの再割り当てとデータの完全性の維持を行わなければならない（主キー制約，列制約の強制適用，not null 制約，外部キー制約など）．

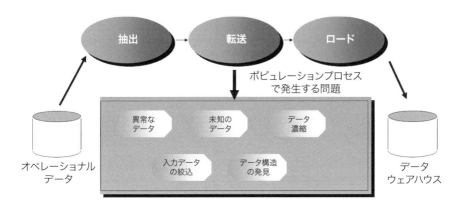

**図 12.2** データウェアハウスへのデータポピュレーションプロセスの模式図

静的なデータ分析は図 12.2 で示した転送フェーズで行われる．これはデータマイニングにおける分析と対応する部分がある．しかし，これはデータマイニングプロセスというよりは標準的な SQL でのデータ処理との関係性が強い．この処理の目的は，データ品質の担保とデータウェアハウスを利用するエンドユーザが使用するに足るデータをデータウェアハウスに送ることである．

## データマイニングのためのファイルとテーブルの作成

本節では，データ分析を行うに足るフォーマットと内容のファイルを作成するためのステップについて述べる．以下の図表はその作成プロセスを示している．表 12.1 から表 12.4 は図 12.3 と，表 12.5 から表 12.7 は図 12.4 と，表 12.8 は図 12.5 と対応している．

図 12.3 は顧客，商品，販売についてのデータ構造を示している．3 つの関連したテーブルは共通の ID（たとえば販売テーブルと商品テーブルにおける顧客 ID）によって紐付けられている．したがって，顧客テーブルと商品テーブルの間に非直接的な関連（共通 ID）があることにより，相互に関連づけを行うことができる．顧客テーブルの主キーは customer code，商品カテゴリテーブルの主キーは product category，販売テーブルの主キーは sales code，商品テー

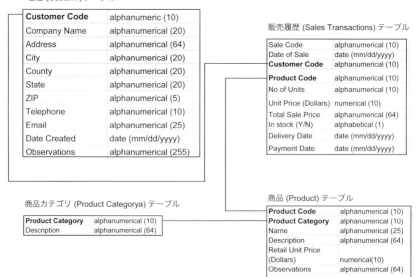

**図 12.3** 顧客，製品，販売に関するオペレーショナルテーブル

ブルでは product code が主キーである．販売テーブルは customer code と product code の2つの外部キー，商品テーブルは product category の1つの外部キーをもっている．外部キーは他のテーブルで主キーとなっているものを指していることを思い出してほしい．

　表 12.1A，1B は，請求先住所のような実務上必要なフィールドを示している．データマイニングで有効かどうかは別にして，state（州），zip（郵便番号），country（国）は教師あり/教師なし分類の目的で使用されることが多い．表 12.1B において，date created は企業との継続契約期間を示しており，observations（備考欄）からはキーワードや非構造化データが取得される．表 12.2 は顧客ごと，商品ごとに記録された販売履歴のレコードを示したもので，表 12.4 では observations（備考欄）に蓄積された非構造化データを含んでいる．

**表 12.1A**　顧客（clients）テーブル

| Customer Code | Company Name | Address | City | County | State | ZIP |
|---|---|---|---|---|---|---|
| C0299202L | Metri Tech Engineering Inc | 85 S Beachview Dr | Jekyll Island | Glynn | GA | 31527 |
| C0301834M | Guaranty Chevrolet Geo | 500 SW Loop #-820 | Fort Worth | Tarrant | TX | 76115 |
| C0187321B | Consolidated Mechanical Inc | 1515 Wyoming St | Missoula | Missoula | MT | 59801 |
| C0002908X | Crain Industries | 45 Church St | Stamford | Fairfield | CT | 6906 |
| C0091345L | Finkelstein, Bernard A CPA | 827 E 10th Ave | Anchorage | Anchorage | AK | 99501 |

**表 12.1B**　顧客（clients）テーブル

| Telephone | Email | Date Created | Observations |
|---|---|---|---|
| 912-635-3866 | emery@reek.com | 03/21/2008 | Payment at 30 days, deliveries to 131, Riverview Avenue |
| 817-921-5560 | bert@schadle.com | 01/01/1997 | VIP customer |
| 406-728-0501 | marietta@bjornberg.com | 04/12/2010 | New customer |
| 203-359-2824 | brent@vaidya.com | 05/12/2009 | Urgent delivery |
| 907-277-9294 | rich@gleave.com | 11/21/2009 | |

表 12.2 販売履歴 (sales transaction) テーブル

| Sale Code | Date of Sale | Customer Code | Product Code | Number of Units | Unit Price (Dollars) | Total Sale Price (Dollars) | In Stock (Y/N) | Delivery Date | Payment Date |
|---|---|---|---|---|---|---|---|---|---|
| V003125/12 | 04/18/2014 | C0299202L | P2510 | 5 | 35.5 | 177.5 | Y | 04/20/2014 | 05/18/2014 |
| V003125/13 | 04/18/2014 | C0299202L | P2520 | 10 | 22.70 | 227 | Y | 04/20/2014 | 05/18/2014 |
| V003125/14 | 04/18/2014 | C0299202L | P2530 | 10 | 33.85 | 338.5 | Y | 04/20/2014 | 05/18/2014 |
| V003125/15 | 04/18/2014 | C0299202L | P2550 | 2 | 122.35 | 244.7 | Y | 04/20/2014 | 05/18/2014 |
| V003091/62 | 04/18/2014 | C0301834M | P2510 | 10 | 35.5 | 355 | Y | 04/20/2014 | 05/18/2014 |

**表 12.3** 商品カテゴリ（product category）テーブル

| Product Category | Description |
|---|---|
| AUTOMOBILE | Automobile Accessories |
| MOTORCYCLE | Motorcycle Accessories |
| TRUCK | Truck Components |
| AGRICULTURE | Agricultural Vehicle Components |
| WIND | Wind Turbine Components |

**表 12.4** 商品（product）テーブル

| Product Code | Product Category | Name | Description | Retail Unit Price (Dollars) | Observations |
|---|---|---|---|---|---|
| P2510 | AUTOMOBILE | Goodyear Tires Eagle GT | Goodyear Tires Eagle GT | 35.50 | Offer of 10% discount for preferred clients until 10/31 |
| P2510 | TRUCK | Tail Lamp | Tail Lamp | 22.70 | Supplier also sells indicators, markers, license lamps, & warning triangles |
| P2510 | TRUCK | Head Lamp | Head Lamp | 33.85 | |
| P2510 | MOTORCYCLE | Leather Seat Covers | Leather Seat Covers | 150.20 | High grade leather upholstery |
| P2510 | AUTOMOBILE | Exhaust Silencer | Exhaust Silencer | 122.35 | |

図 12.4 は，図 12.3 で示したテーブルのインフォメーショナルバージョンである．2 つの違いは商品数，ユニット数，販売数について集計済みのデータが含まれており，また，異なる期間（年，四半期，月）で集計が行われている点である．このような集計は，常にレポートに入れるよう企業のマネジメント層に要求されることが多く，インフォメーショナルテーブルを作成することで，より早く，より簡単にレポートを作成できる．また，オペレーショナルデータを整理，フィルター処理したインフォメーショナルテーブル内のデータからレポートが作成されるため，集計ミスなどのリスクも低減する．集計済みの顧客テーブルの主キーは customer code，商品カテゴリテーブルでは product category，商品販売の集約済みテーブルでは product code，期間テーブルでは period code である．集計済み顧客テーブルは外部キー（period）を 1 つ，集計済み商品販売テーブルは 2 つの外部キー（product category と period）をもっている．

　表 12.5 は顧客ごとの期間集計データを示している．表 12.5 は購入した商品の種類数，最終購入日からの日数を用いた CRM 手法を取り入れている．これらは個々に多様性，購買間隔を示す指標である．同様に，表 12.6 では商品デー

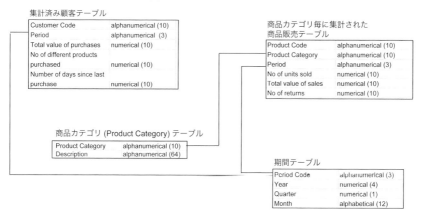

**図 12.4** 異なる期間，異なる商品カテゴリで集計された顧客の購買テーブルと商品販売テーブル

タは商品別に期間ごとに集計されている．表 12.6 に含まれている CRM 指標は返品数（Number of Returns）である．これは販売単位に関連した品質情報を与える．

最後に，図 12.5 は分析とモデリングで使用するデータフォーマットを示している．この図はビジネス課題やビジネスの確実性に関連する変数を事前に抜き出して構築されたデータファイル/テーブルである．図 12.5 には生成された変数（最終購入日からの経過日数など）とオペレーショナルテーブルとまったく同じ変数（customer code や product code）が含まれている．しかし，この

**表 12.5 集計済み顧客テーブル**

| Customer Code | Period | Total Value of Purchases | Number of Different Products Purchased | Number of Days Since Last Purchase |
|---|---|---|---|---|
| C0299202L | 2 | 3500.12 | 4 | 5 |
| C0301834M | 2 | 7214.90 | 35 | 10 |
| C0187321B | 2 | 650.45 | 1 | 25 |
| C0002908X | 2 | 22,456.22 | 125 | 0 |
| C0091345L | 2 | 31,791.78 | 7 | 1 |

**表 12.6 商品軸で集計された販売テーブル**

| Product Code | Product Category | Period | Number of Units Sold | Total Value of Sales | Number of Returns |
|---|---|---|---|---|---|
| P2510 | AUTOMOBILE | 002 | 450 | 15,975 | 18 |
| P2520 | TRUCK | 002 | 2250 | 51,075 | 5 |
| P2530 | TRUCK | 002 | 1500 | 50,775 | 150 |
| P2540 | MOTORCYCLE | 002 | 100 | 15,020 | 102 |
| P2550 | AUTOMOBILE | 002 | 500 | 61,175 | 30 |

**表 12.7** 期間テーブル

| Period Code | Year | Quarter | Month |
|---|---|---|---|
| 002 | 2014 | 1 | March |
| 002 | 2014 | 2 | April |
| 002 | 2014 | 2 | May |
| 002 | 2014 | 2 | June |
| 002 | 2014 | 3 | July |

分析用データファイル構築の基礎としてのリレーショナルデータモデルの例 (3) – 分析のためのファイル抽出（顧客と商品の履歴テーブル）

| | |
|---|---|
| **Customer Code** | alphanumerical (10) |
| **Period** | numerical (10) |
| Total value of purchases | numerical (10) |
| No of different products purchased | numerical (10) |
| Number of days since last purchase | numerical (10) |
| **Product Code** | alphanumerical (10) |
| **Product Category** | alphanumerical (10) |
| No of units sold | numerical (10) |
| Total value of sales | numerical (10) |
| No of returns | numerical (10) |

**図 12.5** データ分析とモデリングのために用意された履歴テーブル

ファイルはより良い発見を生む可能性を秘めた新しい要素を生成するためのスタート地点でしかない．よりビジネスとの関連性が強い変数が見つかれば現在選択している変数は削除される．ビジネス課題にもよるが，オペレーショナル変数や生成された変数は独立に選択されデータマートに格納される．

**表 12.8** 顧客と商品の履歴テーブル

| Customer Code | Period | Total Value of Purchases | Number of Different Products Purchased | Number of Days Since Last Purchase | Product Code | Product Category | Number of Units Sold | Total Value of Sales | Number of Returns |
|---|---|---|---|---|---|---|---|---|---|
| C0299202L | 2 | 3500.12 | 4 | 5 | P2510 | AUTOMOBILE | 450 | 15,975 | 18 |
| C0299202L | 2 | 3500.12 | 4 | 5 | P2520 | TRUCK | 2250 | 51,075 | 5 |
| C0299202L | 2 | 3500.12 | 4 | 5 | P2530 | TRUCK | 1500 | 50,775 | 150 |
| C0299202L | 2 | 3500.12 | 4 | 5 | P2550 | AUTOMOBILE | 500 | 61,175 | 30 |
| C0301834M | 2 | 7214.90 | 35 | 10 | P2510 | AUTOMOBILE | 450 | 15,975 | 18 |

## データマイニングのためのファイル抽出

### データ変換プロセスの最終成果物

表12.8はデータ変換プロセスの最終成果物である．最初の7つのカラムは顧客と関連しており，最後の3つのカラムは商品と関連している．この方法をとれば，顧客データと商品データを直接的に関連させることができ，相互的な分析が可能となる．表12.8で示した変数の組合せを活用すれば，CRM（customer retention model）としてビジネス課題に対応させた分析が可能となる．たとえば，最終購入日からの経過日数が長く，返品数が多い顧客はリスクとなる可能性が高い．しかし，ここで示したものだけが変数の組合せとして考えられるものではない．ビジネス課題に合わせて適切な組合せを見つける必要がある．

結論として，本章で見てきたステップでは巨大なコンピュータインフラは不要であり，データの処理はスプレッドシート，Access，MySQLを使ってノートPCで実行することができることを述べておく．

# 第13章

# CRM 分析

## イントロダクション

　CRM は多くの注目を集めている領域である．程度の差はあるにせよ，IT ソリューションのエンドユーザは多額の投資を行い CRM システムを構築し，運用プロセスとビジネスプロセスを統合している．しかし，心に留めておかなければならないことがある．それは CRM を行うためには高度な専門性が必要ということはなく，スプレッドシートと簡単なデータベースのみで実施することができるということである．

　本章では，まず 2 つの観点から CRM について説明する．一方は recency（最終購買日），frequency（購買頻度），latency（購買間隔）といった顧客行動であり，もう一方は新規顧客獲得，優良顧客の活動の維持促進，離反顧客のカムバックなどのカスタマーライフサイクルの観点である．その後，CRM の段階，顧客満足度，統合 CRM システムについて述べる．次に，商用 CRM ソフトウェアの特徴について簡単に触れ，最後にシンプルな CRM アプリケーションの機能について実行例の画面を示しつつ説明する．

## CRM の手法とデータ収集

　スマートなビジネスパーソンであれば顧客に関する 2,3 個の統計情報はいつも頭に入っている．たとえば，「最も頻繁にお店に来てくれている顧客は誰か？」，「最も最近来てくれた人は誰か？」といった情報だ．つまり，CRM や KYC（know your customers）の考え方のエッセンスは購買頻度と最終購買日である．

3つめの鍵となる概念はlatency（購買間隔）である．もちろん事業領域によるのだが，購買間隔は購買サイクルを説明する指標となる．たとえば，靴屋では12ヶ月おきに，キャンディ屋では毎日同じ顧客が商品を買いに来るかもしれない．

しかし購買間隔を指標とする場合，継続だけでなく離反も考慮する必要がある．ある顧客が5年間同じ靴屋で1年おきに靴を購入していたとする．そして最終購入日から2年経っても，その顧客が新しい靴を買いにこないという状況が生じた．ここからどのような結論が導かれるか？ おそらくこの顧客は別の靴屋で靴を購入したと考えられる．キャンディ屋のケースでは，2週間ほど来店がなければ店舗のオーナーは顧客が離反したとみなせるだろう．

情報技術の観点から，ユーザに関するさまざまな情報を蓄積することは技術的に可能である．商品やサービスを購入した顧客の数，購入量，購入日，望めば購入した時間まで取得することもできる．顧客テーブル（顧客ID，顧客名など），商品/サービステーブル（商品ID，商品名，価格など）がすでに存在していれば，履歴データは独立したファイルまたは1つのテーブルに格納される．

ここで，(i) 履歴データ，(ii) 顧客データ，(iii) 商品やサービスに関するデータの3つが別々のテーブル/ファイルに蓄積されていることを考える．この3つのテーブル/ファイルを作成しているとすれば，顧客分析のために最小限必要な情報について小さなデータマートをもっているといえる．そして，3月の全購入データなどの関心事に対して，フラットファイルやテーブル，スプレッドシートを抽出し，分析を実施することが可能となる．

## カスタマーライフサイクル

recency, frequency, latencyに続くCRMの重要なキーコンセプトはカスタマーライフサイクルである．ライフサイクルはシンプルに新規顧客，既存顧客，離反顧客の3つに分類される．このアイデアは新規顧客獲得の最大化，既存クライアントへの販売強化，離反顧客の最小化，離反顧客のカムバック促進で活用される．これらのすべては，個々の顧客から獲得される利益の最大化を目指していることを心に留めておかなければならない．したがって，個々の顧客へ

の投資効率最大化を主眼においた新規顧客選択を行うためには顧客利益の測定手段が必要となってくる．

カスタマーライフサイクルに似た考え方に顧客ロイヤリティというものがある．ある顧客がいつも同じ企業や同じブランドの商品を購入し，他の企業やブランドの商品を購入しなければ，その顧客はロイヤリティが高いといえる．ロイヤリティには等級があることは明確だ．たとえば，顧客 1 はすべての商品を企業 A から購入し，顧客 2 はいくつかの商品やサービスを企業 A から購入し，その他の商品は企業 A の競合である企業 B と企業 C から購入していたとする．この場合，顧客 1 の方が企業 A に対するロイヤリティが高い．また，ロイヤリティの等級は商品やサービスの種類や事業領域によって異なる傾向にある．たとえば，テレビの視聴行動で言えば，一般的な視聴者は現在視聴しているチャンネルにさほど愛着があるわけではない．なぜなら，視聴者はチャンネルというよりも番組に興味があるからだ．したがって，視聴者がチャンネルを変えることは日常茶飯事だ（ただし，有料チャンネルでは視聴者は異なる振る舞いをする）．一方で，抵当をもっている銀行の顧客は，銀行を変更することは難しく，同じ銀行の異なる商品を検討するだろう．この文脈でのデータ分析の目的は傾向発見となる．具体的には，顧客ロイヤリティの変化を察知し，他社との競争に負けて顧客を失うことを避けるための先見的予防措置を実施することだ．予防措置としては，個別に電話，E メール，郵便やその他の手段で顧客とコンタクトをとり，割引などの特別な条件を提示することがあげられる．ここで議論したロイヤリティの等級は顧客ごとに計算され定量的に評価することが可能である．

CRM 分析の一側面としてあげられるのが顧客セグメンテーションである．セグメンテーションのアイデアはとてもシンプルで，かつ，CRM の分野が注目を浴びる以前から存在しており，1 つまたは複数の条件に基づいて類似ユーザをグループに分類する手法である．たとえば，1 つの条件として収益性を考える．収益性は高（75–100），中（25–75），低（0–25）で定義する．収益性は顧客ごとに 0 から 100 の間に収まるように計算される．そして算出された値に基づいて，顧客を高中低 3 つのグループのうちの 1 つに割り当てる．

## キャンペーンのための CRM

### キャンペーンターゲットの選択条件

モダンなマーケティング手法では顧客のグルーピングに複数の条件を使用している．たとえば，年齢がしばしば条件として利用される．年齢は重要な条件で，対象が未成年か子持ちの中年の母親か定年退職者なのかによって広告メッセージは大きく異なる．他の鍵となる条件は性別と居住地域（大都市，中規模都市など）である．さらに，都市の中を詳細に見る際には zip code（郵便番号）が重要となってくる．zip code で裕福な地域，貧しい地域などを特定することができる．顧客が簡単な登録フォームを完成させ，その後商品やサービスを得る場合，顧客属性は比較的簡単に取得できる．販売顧客が限定されている商品も存在する．こちらの方が有効な印象を受けるが，職業，収入，子供の数などは取得しづらい．ただし，保険会社や銀行であればこのようなセンシティブなデータも取得しやすい．

図 13.1 は，カスタマーライフサイクルの段階の一般的なビジョンを示している．カスタマーライフサイクルには大まかに新規顧客と既存/離反顧客の 2 つの段階が存在する．まず，企業はビジネスにとって最も望ましい新規顧客はどのような顧客か，という点にフォーカスした方がよい．具体的には，顧客プロファイルの観点から理想的な顧客を定義し，その理想的な新規顧客の獲得を行うためのキャンペーンを実施する．図の中央に視点を移すと顧客開発についての記述が見られる．これは顧客プロファイルから考えられる最も推奨される商品がすでに購入されているとして，それを補完する商品やサービスを顧客に提供すべきであることを意味している．最後に，図の右側は離反顧客カテゴリである．このカテゴリは動的な環境となっており，顧客がなぜ離反したのかを知ることによってロイヤリティを取り戻すことが可能となる．時間と労力の観点から，新規顧客を獲得するよりも離反顧客に戻ってきてもらうほうが効率が良いといわれている．しかし，ベストな戦略はまず顧客の離反を防ぐことである．これは，価格，質に関して顧客の満足するものを提供し続け，ロイヤリティプログラムによって顧客一人ひとりに合わせた関わり方をし続けることで実現される．

顧客が購入した商品やサービスの履歴データも顧客セグメントに用いられている．セグメンテーションに使用される典型的な変数として，商品/サービス

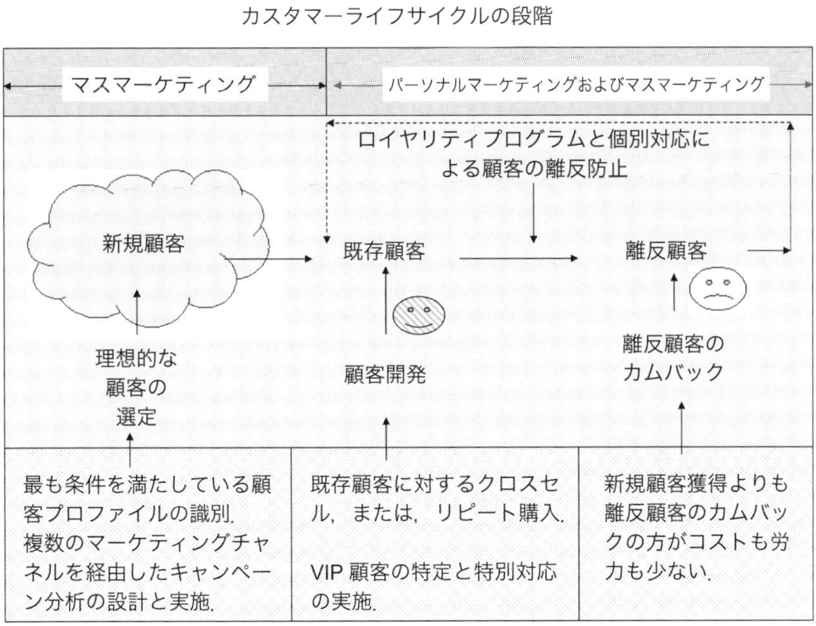

## カスタマーライフサイクルの段階

| マスマーケティング | パーソナルマーケティングおよびマスマーケティング | |
|---|---|---|
| 新規顧客 → | 既存顧客 → | 離反顧客 |
| | ← ロイヤリティプログラムと個別対応による顧客の離反防止 → | |
| 理想的な顧客の選定 | 顧客開発 | 離反顧客のカムバック |
| 最も条件を満たしている顧客プロファイルの識別. 複数のマーケティングチャネルを経由したキャンペーン分析の設計と実施. | 既存顧客に対するクロスセル,または,リピート購入. VIP顧客の特定と特別対応の実施. | 新規顧客獲得よりも離反顧客のカムバックの方がコストも労力も少ない. |

**図 13.1** カスタマーライフサイクルの段階と各段階での満たすべきアクション

の種類,価格,購入日時,購入頻度(frequency),最終購入日からの経過期間(recency),購入間隔(latency)などがあげられる.

しかし,これらの変数とセグメントをどのように活用するのか? カスタマーライフサイクルの観点から考えると,顧客のプロファイルから推奨される商品やサービスを理解し,また,それらを提供すべきタイミングを決定することに活用可能である.

## リテールバンキング[28] での CRM の例

ここでは銀行業界での例を考える.しかし,ここで取りあげるアイデアは銀行業界だけでなく,他の業界にも一般化して活用することができる.銀行は新

---
[28] 訳注 主に個人向け金融商品を扱う銀行.

規顧客を獲得した（3ヶ月以内に新たに顧客となった人を新規顧客と定義する）．その新規顧客は18歳から30歳の間の独身女性で，マンハッタンに住んでいる．そして，この銀行で給与振込用の口座を開設した．彼女がクレジットカードをもっていないとしたら，おそらく銀行が最初に彼女に進める商品はクレジットカードだ．なぜだろう？ それは，この年代の顧客は服，飲食，映画，演劇などに多額のお金を費やす傾向にあるからだ．また，この顧客はマンハッタンの富裕層が住む居住地に住んでいる．一度彼女が口座を開設したら，年齢や婚姻の有無によるが，一般的な普通預金，不動産購入用の普通預金，抵当，自動車購入のためのローンなどを銀行は彼女に提供することが可能となる．少なくとも最初にこの顧客に提供しないであろう商品は年金関係の商品，生命/医療保険，株式投資商品であろう．しかし，最後の商品に関しては，年齢というよりも顧客の財産や支払い能力によって提供の判断が行われる．

　図13.2は，図13.1で見たカスタマーライフサイクルと第12章のデータマートを活用した分析の一般的な戦略を示している．ターゲティングデータベースはデータマートの機能として考えることができ，図13.2の中央に示されたイン

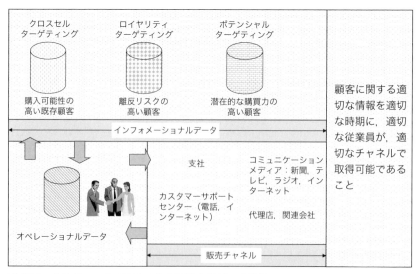

**図13.2** カスタマーライフサイクルに関するデータ分析

フォメーショナルデータ層にアクセスする．それぞれのキャンペーンで，ターゲットグループは投資対効果を最大化するように選択され，最上位のカテゴリ（最も顧客になりそうな人，離反するリスクの最も高そうな人，最もお金を使ってくれる可能性の高い人）に対してのみフォーカスが当てられる．インフォメーショナルデータ層の下側はオペレーショナルデータ層であり，右下の商業活動によって発生するデータが蓄積される．もちろん，CRM 分析の鍵となる要求はデータの正確性とビジネスプロセスからの情報がタイムリーに IT システムに送り込まれることである．

## CRM システムの統合

近年，組織内の多くのビジネスプロセスを統合するために CRM システムに投資を行っている企業が増えている．この手のシステムの開発，導入の事例として，コールセンターをデータ取得用のシステムと統合し，高価で複雑なデータベースの構築を行うことがあげられる．このようなシステムは，営業やサービススタッフがデータベースからデータを取得し利用可能とすることで，顧客関係改善に多大な成功をもたらしている．Siebel, PeopleSoft, Genesys といった商用システムは Oracle や DB2 のような統合データベースの標準システムとなっており，カスタマーサービスセンター，セールスフォース（現場の販売組織），テレマーケティング，テレセールスなどで使用されている．また，CRM システムは多くのモジュールを結合するモジュラーとして機能する．基本的なモジュールに加えてレポート設計/生成，ワイヤレスコミュニケーション，キャンペーン管理などの多くのモジュールを含んでいる．

> **コールセンターにおける CRM**
> 
> カスタマーサービスセンターは 1 日 24 時間，週 7 日間サービスを提供し続けている．そこでは軽快な声と顧客への共感のある対応が人間のオペレータによって行われている．しかし，すでにいくつかのシステムでは完全に，または部分的に機械化されている．キーワードベース（「あなたの ID 番号を教えてください」，「あなたの住んで

いる地域を教えてください」，など）の音声認識システムが活用されており，対話者は簡単に返答できる質問によりガイドされる．

## CRM アプリケーションソフトウェア

現在，低価格な個人向けのものから，Salesforce (http://www.salesforce.com/assets/pdf/misc/BP_SalesManagers.pdf) のような企業用の大規模なものまでさまざまな CRM アプリケーションソフトフェアを手に入れることができる．Microsoft CRM (http://www.microsoft.com/en-us/dynamics/default.aspx) などのクラウドサービスも提供されている．しかし，一般的にこれらのシステムにはデータマイニングの機能は含まれていない．より高度な機能を追加する場合，おそらく相当なカスタマイズが必要となるだろう．

本節では以降，Salesforce CRM の機能を簡単に紹介していく．ベンダーに依存するが，このアプリケーションは次のような主要機能を有している．

- 意思決定支援（問題の優先順位付け，新入販売員のトレーニング，予測，オンデマンドレポート）
- ダッシュボード（重要指標の優先度による色分け）
- 傾向分析とベンチマーク（レポートとダッシュボードを使用した長期的なビジネスゴールと KPI の表示）
- 見込み/機会管理分析（見込みの分類と定性評価）
- アクティビティ管理分析（お得意様からの興味獲得）

これもベンダーによるが，アルゴリズミックモデリングと確率を用いた予測機能を含んでいるものもある．しかし，予測は営業担当者が商談ステージのカテゴリを正しく割り当てられるかどうかに依存している．商談ステージは大きく以下の 9 つに分類できる．見込み顧客の発見，定性評価，ニーズ分析，価値提案，意思決定者の識別，認知分析，提案/価格見積り，交渉/レビュー，商談終了/受注．これらのカテゴリにはデフォルトの成功確率が割り振られる．たとえ

ば，見込み顧客の発見は 10%，意思決定者の識別は 60%，交渉は 90%，商談終了/受注は 100% のように，商談ステージが上がっていくにつれて成功確率は上昇していく．

　アプリケーションの使命は，営業担当者や役員が重要な情報を一目で理解できるシステムを提供することである．（詳細を知りたい場合，http://www.salesforce.com などを参照してほしい．）

## 顧客満足度

　本章の締めくくりとして，顧客満足度について触れておこう．顧客満足度は顧客ロイヤリティに大きな影響を与える要素であり，良い口コミによって新たな顧客を獲得する源でもある．顧客満足度に関するデータを取得するための簡単な方法は直接顧客に聞くことである．もし顧客が企業のお願いを受け入れてくれやすい人であれば，郵送またはウェブでアンケートに答えてもらうこともできるだろう．カスタマーサービス部門は自部門がもつ情報で分析することも可能だ．当該部門は顧客からの好不評の声を聞く窓口である．また，顧客とのコミュニケーションにおいて，IT システムは重要な役割を果たしている．たとえば，迅速な問題解決のための情報支援を IT システムが提供することによって，顧客が抱える問題にすばやく対応することを可能にしている．非効率な運用や人手不足による顧客への対応の遅れを避けるという点でも IT システムは重要である．

　企業が商品，サービス，販売チャネル，地域ごとに苦情や高評価などに関する統計を蓄積できることは明白である．商品やサービスの質に対するフィードバックデータを取得するためには，アンケートを設計し，顧客に送り，正しく回答してくれた顧客にはいくらかのインセンティブを付与すればよい．この方法により，どの地域のオフィスがすばらしく，逆に注視しなければならないオフィスはどこなのかを認識することができる．もちろん，受容できるサービス/商品の品質レベルを企業は前もって定義する必要がある．（ゼロであるにこしたことはないのだが）商品の返却数がどの程度がベストなのかが，品質レベルの例としてあげられる．顧客によって発見された欠陥についてのフィードバック

は生産部門や R&D 部門にとって価値のある情報源であり，この情報を元に商品やサービスをより良いものにしていくことができる．

## CRM アプリケーションの使用例

本節では，シンプルな CRM アプリケーションの基本的な機能を紹介する．具体的には，全体的な構造，顧客レコードの定義，キャンペーンの定義，アクションの定義，キャンペーン管理，顧客行動履歴，商業活動指標，描画に関する機能の紹介を行う．このシステムは顧客行動のデータを取得し，日々企業の商業活動を記録しているインフラに顧客行動データを統合することができる．次にデータマイニングに関連した応用的な特徴として，顧客のセグメンテーションや顧客の購入見込みランク予測モデルについて述べる．(これらの応用的な機能は標準的な CRM システムには含まれておらず，カスタマイズが必要になるだろう．)

図 13.3 はメイン画面を示している．この画面からシステムデータ定義，顧客

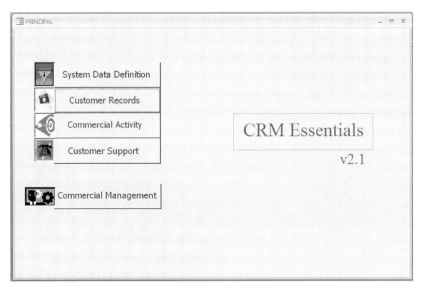

図 13.3　メインスクリーン

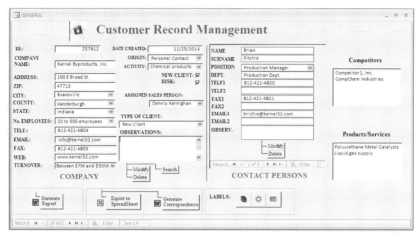

図 13.4　一般的な顧客レコード

管理，商業活動，カスタマーサポート，商業活動管理の5つの主要なモジュールにアクセス可能となっている．

図13.4は顧客管理画面を示している．画面左側は顧客の企業情報を入力する欄が，右側には担当者の連絡先を入力する欄がある．住所，電話番号，FAX，Eメールなどの基本的なデータに加えて，コンタクトを取ったきっかけ，顧客種別などのCRMに特化した情報の入力欄もある．コンタクト情報に関しては，接触チャネル/メディア/キャンペーンの情報を蓄積することがベストだろう．顧客種別の分類は，新規顧客，既存顧客へのクロスセル，離反顧客のカムバックなどのCRMライフサイクルに関連する．リスクチェックボックスは離反や契約キャンセルといったリスクの発見に活用できる．これらはデータマイニングプロセスで利用される．

企業に関する非構造化データは備考欄に追加できる．たとえば，接触してきた人の一人が，とあるクラブでゴルフをプレイしており，実力的にはスクラッチゴルファー（ハンディキャップが0のゴルファー）であり，ビジネススクールでMBAを取得していることを備考欄に入力する．図13.4の画面では入力できない有益な情報として，本章の前半で述べたrecency（最終購買日からの経過期間），frequency（ある期間内での総購入回数），latency（購買間隔）があ

る．この情報は顧客管理画面に含めることができ，顧客の行動履歴データから生成することが可能だ．最後に，図 13.4 の下側にはデータ処理を楽にしてくれる機能や顧客とのコミュニケーションを支援してくれる機能が付いている．たとえば，レポート生成，Excel/Outlook のインタフェース，FAX/手紙生成，郵便で行うキャンペーンのラベル生成機能である．

> **顧客個別対応における CRM**
>
> 　顧客が好きなことの 1 つは個別対応である．つまり，その人が唯一の顧客であるかのように扱われることだ．個別対応をするには，顧客の好き嫌いや可処分所得など，顧客を知ることが必要になる．すべての情報を CRM システムに保存していれば，営業が顧客を再訪問する際やコールセンタースタッフが電話対応中にアクセスすることが可能となる．

　図 13.5 は，マーケティングキャンペーンのために顧客のターゲットグループを設定する画面である．ターゲットグループは自動，手動，半自動で設定することができる．顧客は画面左上の条件を手動で設定することによりフィルタリングされ，左下の「clients selected」の欄に対象者が表示される．対象となった顧客はさらに選定され，画面右下の「clients assigned」欄に移される．画面には，第四四半期のキャンペーンで，営業担当者はベルフォンテーンとオハイオにある企業で，法曹業界，売上高 200 万ドルから 700 万ドルの間，接触のきっかけは Dun & Bradstreet 商用データベースという条件で絞り込みを行った結果が表示されている．この条件を適用して画面左下に表示されている 5 社が抽出された．そして，営業担当者はそのうちの 2 社（画面右下に表示されている）をキャンペーン対象とした．

　あるいは，営業担当者は右上の 3 つのボタンをクリックすることで，予測モデル（たとえばニューラルネットワーク）で算出された確率値上位 $N$ 社のリストを生成することができる．3 つのボタンの一番上の「new clients」のボタンをクリックすると，新規顧客となりやすい上位 $N$ 社がリストとして生成される．このリストは左下の「clients selected」エリアに表示される．最後に，ユーザ

CRM アプリケーションの使用例 249

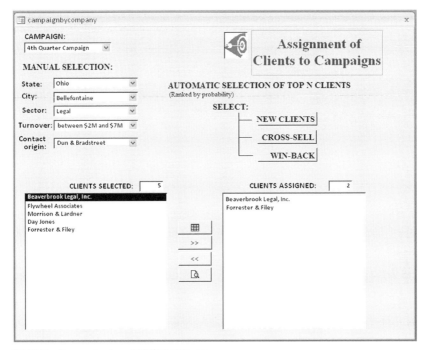

図 13.5　キャンペーンへの顧客のアサイン

は直接「clients assigned」エリアに抽出された顧客のすべてを移動させる．または地理的情報に基づいて顧客リストを手動で選定し直し「clients assigned」エリアに移す．

図 13.6 は，代理店やコールセンターのスタッフが個々の顧客に対応するときのアクションを定義するための操作画面である．これらは，ビジネス上のデータに割り当てられるアクションのラベルである．このリストは営業によって実行される最も習慣的な行動を正しく反映するよう慎重に定義することが推奨される．また，ラベルの名称に関しても，誰もが認識しており誰もが理解しているものであることが推奨される．

図 13.7 はキャンペーン管理画面を示している．一度ターゲットが定義（図13.5 の画面で定義する）されると，選択された顧客リストに対してリーフレットメールの送信，システマティックテレフォンキャンペーン，Ｅメールキャン

250  第 13 章  CRM 分析

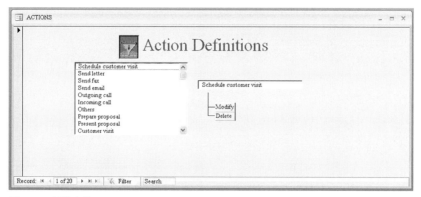

図 13.6  行動定義

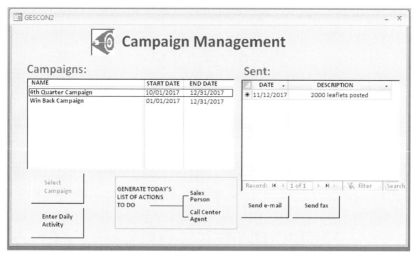

図 13.7  キャンペーン管理

ペーンなどのアクションが実行される．画面右側は，アクションが実行される日付と内容を入力できることを示している．この画面は個々の代理店にとって行動の記録と文書化のために重要な機能である．「Enter Daily Activity」ボタンをクリックすると，営業やコールセンタースタッフは日次の活動を入力することができる．また，画面下中央部分のアイコンをクリックすることによって

ToDo リストも作成できる．

　非常に多くのビジネスデータが蓄積されれば，図 13.8，図 13.9，図 13.10 のような活用も可能である．図 13.8 の「client historical actions」は個々の営業やセールスマネージャーが使用することができ，図 13.9 と図 13.10 の統計データやグラフの閲覧権限は，おそらくセールスマネージャーにしか付与されないだろう．図 13.10 は重要経営指標に関するダッシュボード画面を示している．

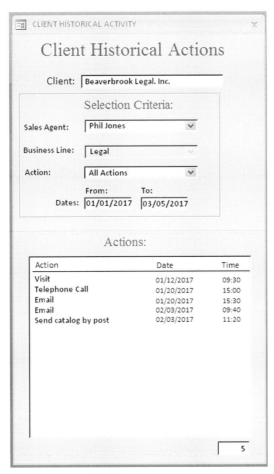

図 13.8　顧客の行動履歴

252　第 13 章　CRM 分析

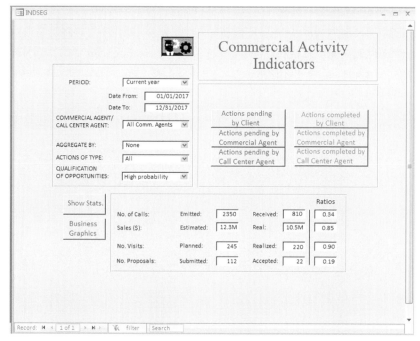

図 13.9　商業活動指標

画面には販売見込み（画面右上），目標達成指標（画面右下），部門ごとの販売見込みの「スライスアンドダイス」（画面左下），利益ベースの顧客セグメンテーション（画面左上）が表示されている．「スライスアンドダイス」は，特定の情報への絞り込み（フィルタリングなど）を行うことにより系統的にデータを減少させ，さまざまな切り口から情報を提示していく機能のことである．

さらに詳しく知りたい場合は以下を参照のこと [29]．

- Dyche, J., 2001. *The CRM Handbook: A Business Guide to Customer Relationship Management.* Addison-Wesley: Boston, MA, ISBN: 0201730626.
- Novo, J., 2004. *Drilling Down Turning Customer Data into Profits with a*

---

[29] 訳注　CRM の観点から書かれているデータマイニングの書籍としては，『データマイニング手法——営業，マーケティング，CRM のための顧客分析』(海文堂出版, 2014) が参考になる．

CRM アプリケーションの使用例 253

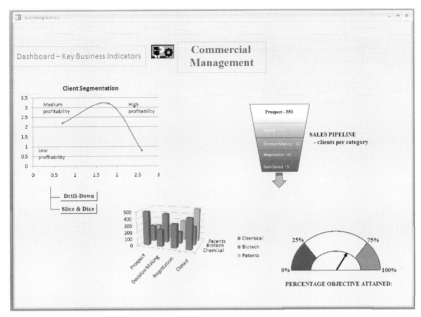

図 13.10　ダッシュボードのスクリーンショット（重要経営指標）

*Spreadsheet*, third ed. Jim Novo, St. Petersburg, FL, ISBN: 1591135192. www.jimnovo.com.

# 第14章

# インターネット上のデータを分析する１
## ——ウェブサイト分析とインターネット検索

## イントロダクション

　ここからはインターネット上のデータに関する分析について４つの章に分けて扱う．本章はその最初の章である．本章では対比的な２つのケースを例示し，ウェブ解析とインターネット検索の概要を論じる．まず，ウェブサイト上のトランザクションデータの分析について述べる．次に，マーケットリサーチツールを使ったインターネット検索について説明する．その後，個別マーケティング，マスマーケティング，市場心理調査におけるインターネットの使われ方の例を紹介する．この例には２つのビジネス課題が含まれている．１つ目はウェブサイト上での商用コンテンツに対するユーザの行動（反応）分析，２つ目は市場の分析および理解のためのデータ収集である．

　また，以降の各ケーススタディでは，使用されているソフトウェアアプリケーションの技術的な内容の詳細について述べる．

　ユーザはウェブサイトを訪問し，訪問ページを探索し，メニューの中からいくつかのオプションを選択する，といったさまざまな行動をとり，軌跡を残す．主要なウェブサイトでは軌跡となる１つひとつのアクションを収集し蓄積している．このアクションには，ホームへの流入，メンバー登録ページへの移動，アラバマ州の選択，セキュアエリアへの移動，口座振込などが含まれる．

> **ウェブサイト上のユーザ行動**
>
> **行動とセッション**
>   一般的に，考えられる最小の行動はマウスやキーの個別の操作である．セッションはユーザごとの関連した行動群と定義される．会員登録済みのユーザにおいては，ログインとログアウトの間をセッションとみなすこともできる．しかし，これだと会員登録していないユーザのトラッキングは難しくなる．どのようにセッションを定義するかは分析のコンテキストや使用するアプリケーションに依存する．たとえば，セッションタイムアウトの最大時間が設定された場合，その時間内での行動がセッションとみなされる．第15章では，ウェブ検索の文脈からさらに詳細にセッションを定義する．

　ウェブサイトの訪問者は匿名ユーザと識別されたユーザの2つに分類される．後者の場合，訪問者は会員またはそれに類するものとして記録され，企業は訪問者が誰なのかを知ることが可能となる．会員登録しているユーザは非常に有益である．なぜなら，ウェブサイト内での行動情報だけでなく基本的なユーザ属性を取得できるからだ．

　本章ではインターネット検索の他の側面として，ビジネスに関する情報の検索についても述べている．インターネットの最大の機能は，ウェブ上の非常に多くのコンテンツの中から関心のある情報を容易に検索できる点であることは疑う余地がない．しかしオンライン上には情報が氾濫しており，適切な情報の収集と選択が困難である．また，ウェブコンテンツは誰もが自由に作成できる．したがって，質の高くないものも含め，オンライン上の情報が増加しているという問題点も挙げられる．

　図14.1はマーケティングの視点から2つの側面を示している．1つはウェブサイト上での商用コンテンツに対するユーザの行動（反応）分析，もう1つは市場の分析および理解のためのデータ収集である．

**図14.1** 市場調査：インターネット上のマスマーケティングと個別マーケティング

## ウェブサイト訪問者の行動履歴分析

　高頻度でウェブサイトを訪れるユーザは，バナーやメニューオプションがパーソナライズされていることに気づくだろう．このようなパーソナライズは，ユーザの行動や興味を調査するツールを使用することで可能となる．1つの簡単なパーソナライズテクニックとして，ユーザがいつも選択している情報やオプションをユーザに労力がかからないように提供することである．これは個別化と呼ばれる．他の方法として，ウェブサイトにアクセスしたすべてのユーザの行動

を記録することで，一般的なユーザの嗜好を反映したページを再編成することもできる．

ここでウェブサイト上の個別マーケティングとマスマーケティングの例を考えてみよう．ここではいくつかの産業分野におけるオンライン上の三行広告[30]と広告スペースの体系化の説明に専念する．

ビジネス関連のウェブ上の三行広告は，1日で100,000回訪問され，広告カテゴリは100以上，約25,000の広告が常に表示されている．オンライン広告の中でも自動車，家電製品，不動産の賃貸/購入に関するものは特に重要である．アフィリエイトなどへのユーザ登録はフリーであり，ウェブサイト内の広告から生じた売上が当該ウェブサイトの収入となる．広告は与えられたカテゴリの文脈の中で正確に配置される．たとえば，フォードモーターの広告バナーはセダン車販売用の専用セクションに置かれることになる．

広告を配置するエンドユーザ（ウェブサイトのオーナー）は自動車，電気製品などのカテゴリごとの広告情報の閲覧権限をもっている．図14.2の最上段のboxは，ウェブサイト上のいくつかのセクションとサブセクションを示している．下段左のboxにはさまざまなセクションから収集された集計済みの履歴データを示している．たとえば，2003/12/01から2005/12/31の間に最も訪問された不動産購入（R-B）のサブセクションでは2,110,445の訪問があったことを示している．最も訪問者の少ないサブセクションは一軒家の賃貸（R-R-H）であり，80,410の訪問があった．ウェブサイトのオーナーはこういった情報を，各ページにおけるセクション毎の広告スペース割り当てに対する交渉道具として利用することができる．この情報は最もユーザの興味を集めているセクション，最もユーザの興味が薄いセクションを認識する際にも利用可能である．したがって，ユーザの興味を最も集めているウェブサイト内の領域を特定することに活用できる．さらに応用が進んだウェブマイニングでは，訪問者のURL遷移情報を広告やユーザプロファイルと関連させている．

図14.2下段右側のboxには個々のユーザの訪問履歴を示している．ユーザI8097は昼頃（13:10, 13:25, 14:05）にR-B-Aを訪問する傾向にある．先に述

---

[30] 訳注　3行程度の文章で構成された小さな広告．

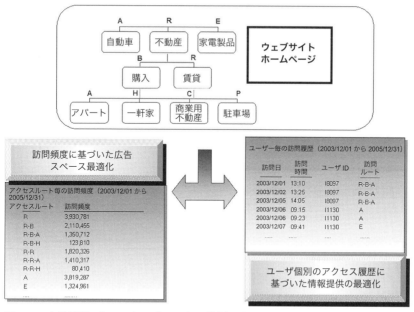

**図14.2** 全体最適のためのウェブページの再編成と個々のユーザを対象としたウェブページの再編成

べたユーザ全体の訪問に関する情報とは対照的に，ユーザ固有の情報は各ユーザに特化したサービスの提供につなげることができる．たとえば，最も頻繁に使用するものが最初に来るようにメインメニューのオプションの並べ替えを行うことがそれにあたる（図14.2ではR-B-Aのようになる）．またはセッション履歴データ解析の活用例として，個々のユーザに関連したサービスや商品についての広告表示があげられる．

## ウェブログマイニング

### ユーザプロファイリングと広告との相互作用

ユーザプロファイリングと広告をうまく関連づけるためには，特定のセクションとの相関関係を評価すればよい．たとえば，オートバイの広告を別のセクションに出す

かどうかを検討する場合は次の質問への回答を考えればよい．「オートバイの広告を閲覧したユーザを，オートバイと相関性の高い，革/キャンプ地/ロックコンサートの広告が表示されるページに誘導するか？」「この相関は季節性のものか？」「この相関はオートバイの広告スペースの価格にどの程度影響するか？」

## Cookie ——ユーザ行動のトラッキングと情報の蓄積

　HTTP cookie はウェブサイトから発生する小さなサイズのファイルであり，ユーザがウェブサイトを閲覧している間にウェブブラウザにデータを蓄積する．そしてブラウザは cookie に蓄積されたユーザの行動履歴データをウェブサイトに対して送信する．ユーザ行動分析に関連した cookie には 2 つの種類がある．セッション cookie とパーシステント cookie である．セッション cookie は，ユーザがウェブサイトにいる間のみテンポラリメモリに存在する．Firefox や Internet Explorer のようなウェブブラウザは，ブラウザが閉じられたときにセッション cookie を削除するように作られている．一方でパーシステント cookie は，個々のユーザセッションの生存時間を伸ばしたものであり，その寿命は cookie 作成者によって定義される．cookie は HTTP プロトコルを使った HTML でプログラミングされることが多い（詳細を知りたい場合は次の URL を参照のこと [31]．http://en.wikipedia.org/wiki/HTTP_cookie）．cookie は便利な技術だ．たとえば，ウェブサイトのショッピングカートが適切に機能しているのも cookie のおかげである．しかし，cookie の存在を知らないユーザの行動もトラッキングしているため，潜在的にプライバシー侵害の問題も存在している（データの機密性については第 18 章で述べる）．

## アクセス解析ソフトウェア

　本節では，ウェブ上のユーザ行動分析に使用できる 2 つのソフトウェアアプ

---

[31] 訳注　日本語版の URL：http://ja.wikipedia.org/wiki/HTTP_cookie

リケーションの概要について簡潔に述べる．立ち上げたばかりの事業や，小企業では Google Analytics で十分であり，大規模な事業では，高価でより洗練されたツールの使用を考える必要がある．

　Google Analytics (www.google.com/analytics) はフリーのソフトウェアであり，設定が簡単である．また，ページビュー，ユニークユーザ数，サイトの滞在時間，直帰率についての基本的な分析やレポーティング機能を提供している．Google Analytics は Google Cloud 上で動いている．Webtrends Analytics (http://webtrends.com/) は Google Analytics よりも高機能で高価なソリューションである．このツールでは主に 2 つの方法でデータ収集が可能である．1つはウェブサーバ上のログファイルを解析すること，もう 1 つはクエリパラメタによるページのタグ付けである．訪問者がページをロードしたときにブラウザがデータ収集サーバにリクエストを送り，クエリパラメタで渡されたデータが保存される．Webtrends Analytics は Interest Profile と呼ばれる機能も実装しており，ユーザのオンラインでの行動とオフラインのデータ（CRM データや属性データ）を統合可能である．Interest Profile のデータは EIS やデータマイニング手法を用いたレポーティングに使用される．統合されたレポートはウェブ上，PDF ファイル，CSV ファイルで閲覧可能である．レポートに含める情報はアプリケーションを利用するユーザによって設定される．ローデータはログファイルや ODBC クエリとして出力するか，または API (Application Program Interface) を使用して出力することができる．

## インターネット上におけるマーケットセンチメント情報の検索と統合

　検索，情報収集，情報の統合は，多くの人にとって日常行っている習慣的な行動である．毎日，インターネット上には多くの新しいページ，公式ウェブサイト，質の高い情報が提供され，そのほとんどが無料で閲覧可能である．もちろん有料の情報も存在する．たとえば，コンサルティングファームは情報の統合と選択を行い，さまざまなビジネスの必要性に応じて成形して販売を行っている．また，登録時にユーザがお金を払って情報にアクセスするようなウェブサイトも存在する．

ある企業が新製品に対するマーケットセンチメント分析を行う場合を考える．同社はオンライン市場調査を行うために，インターネット上の情報収集を実施することを決定した．情報収集はランダムに行うことも可能であるし，異なるカテゴリの情報源を活用して体系的に行うことも可能である．どんな調査プロセスを踏んだとしても，収集された情報は市場調査の結論となる成果物に統合される．

一般的に，情報探索は学生アシスタントや新入社員にまかされることが多く，彼らが一次情報の統合を行う．この際，探索プロセスは自動化することが理想的である．また，ウェブ上の情報は大量であるため，当初の目的を忘れて情報の海に溺れないようにする必要がある．

本節では以降，インターネット上の情報を市場調査のために活用したいと考えている自動車会社での実例に焦点を当てる．このタイプの市場調査はセンチメント分析と呼ばれる．与えられたトピック，アプローチ，製品，サービス，ブランド名などについて人々がどのように感じているかを評価するためのものであるからだ．

この企業は，メディア（特にオンラインプレス）の中での自動車販売の特性を評価し，かつ，販売特性と自動車購入者のプロファイルとの関係性の評価をしたいと考えている．この調査は新しい市場の傾向と個人用輸送車に対する感情を予測するための活動の一部である．考えられる調査の観点としては，安全性，環境に有害な汚染物質の排出削減，現行法の改正，技術，フォルムの美しさ，パワーとスピードなどがあげられる．

同社は2つの分析チームを作り，調査に関連する記事やドキュメントを探した．また，マーケティング部門の実行部隊はクローリング，フィルタリング，分類ツールを使用してプロセスの一部を自動化した．

図14.3 は，さまざまなソースから情報を検索しているアナリストたちを示している．アナリストの一人は環境配慮，走行安全性などのキーワードを含んだオンラインの新聞記事を検索した．その際，New York Times (www.nytimes.com)，Herald Tribune (www.heraldtribune.com) などの新聞社のウェブサイトが検索対象となった．また，同アナリストは www.autos.com, http://car2be.com, www.hydrogencarshow.com といった自動車業界に特化した市場調査記事の

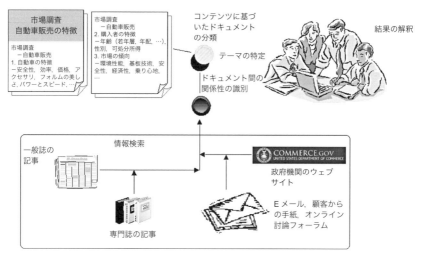

図14.3 市場調査——情報の収集と統合

図14.4 未来の自動車の1つの選択肢

検索も行った．図 14.4 は，水素自動車についてのオンライン上の情報を例示している．

他のアナリストは，Eメール，ウェブサイト上のコンタクトフォーム，ユーザフォーラムに投稿されたコメントについて，環境配慮，安全性などのキーワードで検索を行った．このアナリストはウェブ上の公開記事についても同様のキーワードで検索を行った．検索したサイトはアメリカ合衆国エネルギー省（http://science.energy.gov），アメリカ合衆国運輸省（www.dot.gov），アメリカ自動車協会（www.aaa.com）などの公官庁や政府のサイト，企業の公式サイトである．

> **情報ソース**
>
> **公開情報 vs 非公開情報**
> 特化型で排他的なレポートの購入や有料アクセスウェブサイトから得られる情報は，無料公開されている情報よりもビジネス上有利な情報を得られることが多いだろう．

インターネットで情報収集を行うことで，民間企業，新聞社，公共団体などを 1 社 1 社訪問して情報収集をすることなしに市場調査を実施することができる．これにより企業は調査に割く労力を削減できる．Google や Yahoo!などの検索エンジンは，ウェブクローリング，テキスト分析，分類を行うための安価なソフトウェアと連携することができる．これにより，企業は大規模な新聞社の記事を処理し，調査主題との関連性を効率よく分析することが可能となる．

これらのツールを使用して情報を収集し分類を行った後，サポートチームによって結果のチェックが行われ，マーケティング部門のマネージメント層が判断を行う．

この方法をとることで，マーケティング部門は大規模な顧客からの意見，新聞社の記事，業界誌の記事，統計，非営利団体のウェブレポートを 1 ヶ月以内で分析することが可能となった．この調査から，車の販売は顧客の性別と年齢に深く関連していると結論付けられた．また，どの程度のお金を車に費やせるか，ということも関連していることがわかった．一般的に男性の車への態度は

高度な技術，パワー，スピードを優先し，名声の観点が重視されていることが判明した．一方女性はと言うと，操縦が簡単だったり，子供を乗せることができるかなどの実用的な面や美的な側面に影響を受けやすいということがわかった．年齢に関して言えば，若い世代は価格とパワー，スピードへの関心が高く，年配の世代は安全性（エアバッグ，ABS，側面衝突保護，オールアラウンドビジョンなど），燃費，環境性能への関心が高いことが判明した．

加えて，この調査では，水素自動車などの環境配慮技術への関心度合いや，走行安全性，事故の減少の促進について，新規顧客が好意的な評価をしているという傾向が明らかになった．

## ウェブクローラとウェブスクレイパー

ウェブ検索はブラウザ上の検索エンジンを使用して，効率よく情報を見つけるために手動でクエリを改善することができる．たとえば，Google のアドバンスド検索オプションを使えばさまざまな分野（ウェブ，画像，グループ，ニュース，製品）の検索ができ，検索結果の中で一部の関心があるもの（著者，テキスト，タイトル，URL，ファイルタイプ）のみを抽出することが可能である．（詳細は次の URL を参照のこと．http://www.googleguide.com/advanced_operators_reference.html）

しかし，このアプローチには重大な欠点がある．それは，検索の実行と検索結果を統合するのに時間がかかってしまうことだ．検索条件を詳細に設定できる低価格のソフトウェアを導入することにより，この問題を解決することができる．設定を行えば，このソフトウェアは条件に従ってシステマティックに検索を実行する．しかし，クローリングの結果収集されたドキュメントの選択作業は未だに人間が行っている．

ウェブクローラはインターネットアプリケーションあり，通常のウェブインデックス作成プロセスの一部として，システマティックにワールドワイドウェブをブラウジングしている．クローリングプロセスは初期に訪問する URL のリストからスタートする．まずリスト内の URL を訪れ，そのページ内にあるリンク先を URL リストに追加し，その後リンク先を訪問する．このプロセスでは

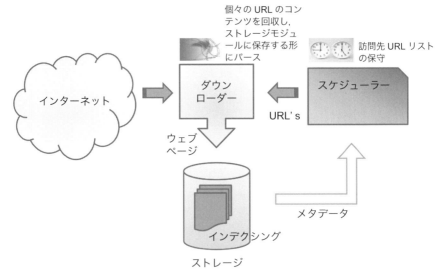

**図 14.5** ウェブクローラの概略図

大規模データを処理する必要がある．したがって，クローラではどの URL をどの順番でダウンロードするのか優先順位付けが行われている．また，クローリングプロセスでは並列化などの技術が採用されている．ウェブインデックスの問題点の 1 つとして，インデクシングされた情報を最新の状態に保つことがあげられる．ウェブ上では定期的にページの追加，削除，変更が行われている．図 14.5 はウェブクローラの略図である．ウェブクローラは情報を最新状態に保つため，また，効率のよい検索を行うためのインデックスリポジトリ作成を担っており，検索エンジンには不可欠なパーツである．

　ウェブスクレイピングはウェブページのコンテンツから特定の情報を探し，後の分析で使用するために HTML ファイルなどから取得された非構造化データを構造化する．ウェブスクレイピングアプリケーションはオンライン上の価格比較，ウェブマッシュアップ，ウェブデータの統合などで使用されている．ウェブマッシュアップとは，マップ，ビデオ，写真，店舗，ニュース，百科事典などのさまざまなウェブコンテンツからデータを収集，加工し，結合することによって新たなサービスやコンテンツを生み出すことである．

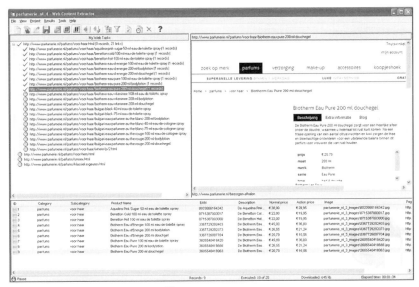

**図 14.6** Web Content Extractor[32] でのデータ抽出のスクリーンショット

以下，フォーカスドクローラとバーティカルクローラの2つのタイプのクローラについて述べる．フォーカスドクローラはユーザが定義したトピックに基づいて探索を行う．トピックは，クエリや特定のトピックに属している例文の集合で定義することができる．フォーカスドクローラのアウトプットは，トピックに関連する確率の高いドキュメントのリストである．トピッククローリングの問題点の1つは，情報の鮮度である．これはページへの訪問頻度によってパラメタ化できる．他の問題点は探索可能な情報の質と量である．バーティカルクローラは共通性を持った情報の探索を行う．たとえば，ショップボットは価格比較のためにオンラインショッピングカタログの検索を行う．ニュースクローラは前もって定義しておいたソースリストからニュース記事を集める．スパムボットは不正なアプリケーションであり，メールアドレスを取得し迷惑メールを送る．バーティカルクローラの問題点は DNS（Domain Name Service）の名前解決に依存していることだ．したがって一時的な DNS エラー，不正な形式や不正確な DNS レコードとの戦いとなる．

---

[32] 訳注　ウェブスクレイピングアプリケーション．

268　第14章　インターネット上のデータを分析する1——ウェブサイト分析とインターネット検索

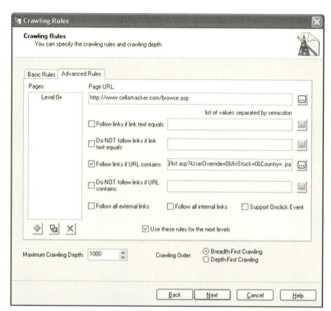

**図 14.7**　Web Content Extractor でのクローリングルール定義のスクリーンショット

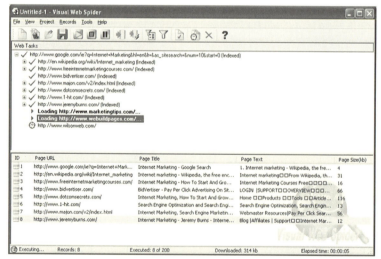

**図 14.8**　Visual Web Spider[33] のスクリーンショット

## ウェブクローリングとスクレイピング

**ソフトウェアアプリケーション**

　ウェブスクレイピングに用いる Web Content Extractor と Visual Web Spider という2つのソフトウェアアプリケーションの特徴を示す．両者とも Newprosoft（www.newprosoft.com）から発売されている．Web Content Extractor は，ユーザが指定した条件に従ってウェブサイトから自動でテキスト，データ，画像の抽出を行う．ベンダーによれば，ソフトウェアは，ユーザフレンドリで対話形式のインタフェースを備えており，プログラミングをすることなく，データ抽出パターンの構築，クローリングルールの作成が可能となっている．ウェブデータの抽出は自動的に行われる．図14.6，図14.7 はそれぞれ Web Content Extractor でウェブデータの抽出，クローリングルールの定義をしている画面を示している．

　ベンダーによれば，Visual Web Spider はマルチスレッドウェブクローラ，ウェブサイトダウンローダー，ウェブサイトインデクサーである．ウェブサイトをクロールしてウェブページ，画像，PDF ファイルなどをローカル環境に保存する．HTML のソースコードからタグを指定してテキストを抽出することができ，抽出したテキストはローカルのデータベースに保存される．このソフトウェアは特定のキーワードやフレーズを含むページをインデクシングすることが可能であり，対話型インタフェースによってクローラのカスタマイズが可能である．図14.8 は Visual Web Spider のスクリーンショットである．オープンソースのウェブクローリングソフトウェアもいくつかある．たとえば，Java で書かれたものであれば，Heritrix，JSpider，WebEater がある．（詳しくは java-source.net/open-source/crawlers, code.google.com/p/crawler4j を参照のこと．）

## まとめ

　本章では，インターネット上のデータの収集と活用という2つの側面について議論してきた．1つ目のケーススタディでは，ウェブサイトへの訪問履歴データの収集と全ユーザおよびユーザ個別の集計の例を示した．ここで得られた統計値は，ユーザ全体の嗜好と個人の嗜好に合わせたウェブサイトの最適化に使

---
[33] 訳注　ウェブクローリングソフトウェア．

用することができる．2つ目のケーススタディでは，オンライン上のマーケットセンチメント分析に使用するための，システマティックに実行可能なインターネット上の情報検索の方法を例示した．どちらのケーススタディでも，実践に役立つ技術的な内容および関連するソフトウェア・アプリケーションの詳細を述べた．

# 第15章

# インターネット上のデータを分析する2
## ——検索体験の最適化

## イントロダクション

本章は前章に引き続きインターネット上のデータに関する分析について扱っている．本章ではインターネットの構造とウェブ検索の方法について深い洞察を与える．まず最初の節では，インターネットとインターネット検索についての基本的なアイデアを述べる．次の節では，検索体験の質を評価するための検索ログの処理，分析，モデリングについて例示する．

## インターネットとインターネット検索

本節ではインターネット検索の仕組みにフォーカスする．この知識はウェブサイトのポジショニング，ウェブサイトの存在価値の増強，またはインターネットデータの分析全般に役立つ．以降，(1) 検索エンジンの基礎であるランキングの仕組み，(2) インターネット検索の種類について述べる．この2つはGoogleやYahoo!などのメジャーな検索エンジンを使用して行う検索，ウェブサイト内でのユーザの検索行動，ウェブサイトのメニュー内のオプション選択といった場面で適用可能である．

### 検索体験分析

#### 知的労働者と顧客

検索体験分析は以下の理由から極めて重要だ．

- 知的労働者は仕事の一部として検索を行っている（検索で得られた知識を使用している）．
- 知的労働者にとって，検索情報の質と検索効率の改善は情報検索に費やす時間の削減につながる．
- したがって，望んだ情報が検索できない時間の割合を減少させるべきだ（たとえば企業内 wiki での検索）．
- 情報検索の質と効率を改善することは，企業の商品やサービスを探したいと考えている顧客にとっても有益である．

## ウェブの構造と検索エンジンにおけるランキングの仕組み

ウェブ検索において最もよく知られているアルゴリズムは，おそらく「PageRank」だろう．PageRank は元々，検索結果のランク付けのために Google の検索エンジンで使用されていた．PageRank は，ワールドワイドウェブの構造およびドキュメントやウェブページ，ウェブサイトがどのようにリンクしているのかなどの知見を利用している．PageRank では，ハブとオーソリティと呼ばれる 2 つの特殊なタイプのページが考慮されている．ハブは電話帳のような多くの優良ページのリンクを貼っているウェブページ (たとえば http://www.directorylocal.com/) であると定義されており，直接優良なページにユーザを導くウェブページである．オーソリティ（たとえば北米を代表する屋根メーカー，http://www.gaf.com/) は，多くのハブが当該ページへのリンクを貼っているページだと定義されている．ウェブページまたはウェブサイトは，コンテンツの質や重要性によって良いオーソリティかどうかが決まると仮定されている．PageRank アルゴリズムから考えると，優良なハブページは多くの優良なオーソリティページのリンクを貼っており，優良なオーソリティページは多くの優良なハブページからリンクを貼られている．図 15.1 はハブページとオーソリティページの概略図を示している．ウェブサイト 1 と 2 は，多くのハブからリンクが貼られているので強力なオーソリティである．一方，ウェブサイト 3, 4 はたった 1 つのハブからしかリンクが貼られていない．また，図の右側にあるハブの方が左側のハブよ

ウェブの構造と検索エンジンにおけるランキングの仕組み　273

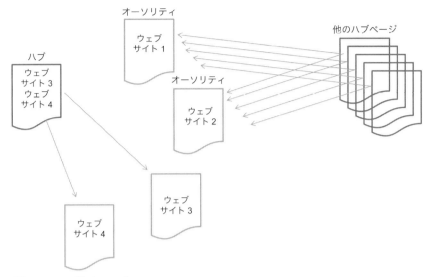

**図 15.1**　ハブとオーソリティ

りも優良である．図の右側にあるハブはより優良なオーソリティへのリンクを貼っているからだ．

　PageRank はウェブページの順位付けを行うための数値を算出する．数値はインターネット上におけるページの重要度を示す．アイデアとしては，ウェブページが他のウェブページにリンクを作成したときに，リンク元のウェブページがリンク先のウェブページに賛成票を投じるというものである．

　ページ P にリンクを貼っているページについて，各ページの PageRank をそれぞれのページの発リンク数で割った合計がページ P の PageRank に等しい．直感的に，PageRank は他のすべてのページからページ P へユーザを誘導できる確率のようなものである．

　図 15.2 は，それぞれにリンクが貼られている 3 都市のウェブページを例示している．ロンドンのページにはニューヨークとパリへの 2 つの発リンクがあり，パリからの 1 つの着リンクがある．パリのウェブページはロンドンとニューヨークへの 2 つの発リンクがあり，ロンドンからの 1 つの着リンクがある．最後に，ニューヨークのウェブページはロンドンとパリからの 2 つの着リンクが

**図 15.2** ページランク計算のために使用した 3 つの関連するウェブページ

あるが，発リンクはない．ウェブページ間の関係性は PageRank とどのような関係があるのだろうか？ 前節の定義では，それぞれの PageRank は着リンクに依存していた．したがって，パリの PageRank はロンドンの PageRank，ロンドンの PageRank はパリの PageRank，ニューヨークの PageRank はロンドンとパリの PageRank の合計値に依存する．互いに依存しているページ（次式の右辺）も，PageRank は発リンク数によって除算される．

Page rank(Paris) ≈ Page rank(London)/2

Page rank(London) ≈ Page rank(Paris)/2

Page rank(New York) ≈ Page rank(London)/2 + Page rank(Paris)/2

≈ は「おおよそ」という意味である．したがって，非常に多くの発リンクがあるページは，リンクを貼っている個々のページに対しての PageRank への貢献度は比較的小さくなる．

　PageRank アルゴリズムにおける最終的な PageRank 値の計算方法は少々複雑であり，値の変化がなくなる，もしくは変化が非常に小さくなるまで計算を繰り返すことになる．まず，図 15.2 の PageRank 値の計算では，ページ総数（ここではパリ，ロンドン，ニューヨークの 3 ページ）分の 1 の値で初期化され

る．デッドエンドページ（着リンクがないページ）を考慮して定数を付加する場合もある．

本節では，発/着リンクに関連した PageRank の直感的な導入を行った．アルゴリズムの詳細は以下の資料を参考にしてほしい[34]．

- Rogers, I. 2002. "The Google Pagerank Algorithm and How It Works." Ian Rogers Blog. Available at: http://www.sirgroane.net/google-page-rank/.

図 15.2 の場合を考えると，ニューヨークが 1 位，ロンドンとパリが 2 位となる．なぜそうなるのか？ パリとロンドンは両都市ともに 2 つの発リンクを有しており（上の式の右辺において 2 で除算していることに相当），相互リンクをしているためだ．そして，ニューヨークの PageRank はロンドンとパリの PageRank の和と大体等しくなるからである．

前述したように，検索クエリに含まれる単語のドキュメント内での頻度と PageRank の値を組み合わせることで，検索結果で返されたドキュメントとクエリを関連付けることができる．PageRank の値は検索クエリによる検索結果の事後的なランキングとして機能する．したがって，最良の結果はインターネット上のウェブページの重要度によってランク付けされた検索クエリによって返される．反対に，検索結果が正しい，または所望の検索クエリに関連するウェブページを含んでいることも重要だ．システムの悪用を防ぐために特別な制御も必要であることを述べておく．悪用の例として，ウェブページの定義内でのスパムキーワード，何百ものリンクを含む偽のウェブページ作成があげられる．

この議論のベースは，特定の商品やサービスを提供している企業のウェブサイトが検索されるために最低限行っておくことは何か，になる．そして本質は，ユーザが商品やサービスを探せるように多くの良質のウェブページにリンクを貼ってもらうことだ．この文脈では，対象となるウェブサイトはオーソリティである．たとえば，企業が住宅建材の販売を行っているとする．すると，電話帳のような働きをしているハブは住宅建材カテゴリにこの企業を追加する．そ

---

[34] 訳注 必要に応じて『Google PageRank の数理——最強検索エンジンのランキング手法を求めて』（共立出版，2009）も参照してほしい．

のほか，製造メーカーのような関連産業のウェブサイト（オーソリティ）では，この企業の製品を支持した場合，製品に対するリンクが貼られる．また，この企業は建設資材を使用していた施行業者などのサプライチェーンの関連製品やサービスを支持する（リンクを張る）こともできる．

> **PageRank**
>
> **検索結果で Top に表示されるには**
> 　PageRank で高得点を取って検索結果の Top に表示されるには，多くの着リンクをもっているウェブサイトから非常に多くの着リンクがあることと，発リンクが少ないことが必要だ．これによりユーザがサイトに誘導される機会が最大となる．前に述べたとおり，ウェブページが適切な検索クエリと関連していることも重要である．

## インターネット検索のタイプ

　図 15.3 は，ユーザによる検索と検索クエリの改質のサイクルを示している．まず，必要とする情報がある（メリーランドの格安ホテルを探している，など）．そしてユーザは，「ホテル メリーランド」というクエリを最初に入力した．検索エンジンはクエリを以下のように処理する．「ホテル」と「メリーランド」という単語を含み，単語の出現頻度が高い，もしくは文脈上類似性の高いドキュメントをドキュメントインデックス内で検索する．検索エンジンは PageRank 値も考慮している．したがって，PageRank の値が高く，「ホテル」と「メリーランド」が高い頻度でドキュメント内に現れるページが検索結果となるはずである．結果は「頻度+PageRank」の降順に並べられる．多くのホテルが表示されたが，その多くはリーズナブルな価格ではなかった．そこで，ユーザはさらに絞り込みを行うために「ホテル メリーランド 平均価格」という新しいクエリを発行し，再度検索結果が表示される．これで検索結果の Top10 内にはリーズナブルな価格のホテルがいくつか表示されるようになった．

　モダンな検索エンジンは応答時間を短くするための多くの技術を使用してい

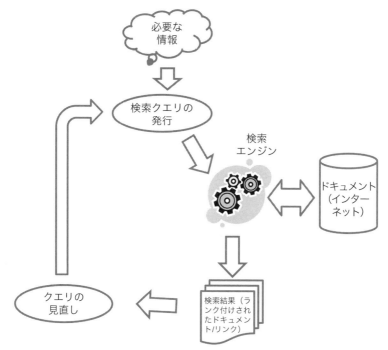

**図 15.3** ユーザによる検索と検索クエリ改善のサイクル

る．たとえば，入力頻度の高いクエリやフレーズでの検索結果をキャッシュしておくことだ．この方法では，ユーザがクエリを入力するたびに演算する必要がなくなる．もちろん，GoogleやYahoo!などの大手の検索エンジンは，同時に何百万人ものユーザが数百万のドキュメントを検索した場合にも対応できるハードウェアとソフトウェアの処理能力をもっている．

　インターネット検索ユーザのタイプは，トランザクショナルユーザ，ナビゲーショナルユーザ，インフォメーショナルユーザの3つに分けることができる（参照： Broder, A. 2002. "A Taxonomy of Web Search." Available at: http://www.sigir.org/forum/F2002/broder.pdf）．トランザクショナルユーザは，オンラインでの購入，ダウンロード，ビデオや音楽の視聴といったウェブサイトで提供されるアクションや機能を使いたいと考えている．ナビゲーショナ

ルユーザは,航空会社（たとえば,http://www.airline-direct.es/delta.html）や保安官のオフィス（たとえば,http://sheriff.lacounty.gov/wps/portal/lasd）などの特定のサイトを見つけたいと考えている．インフォメーショナルユーザは,オンライン百科事典（たとえば,http://en.wikipedia.org/wiki/Main_Page）や,地図,気候,休日の行き先の情報を提供しているウェブサイト（たとえば,http://www.stateofflorida.com/）などで情報を得たいと考えている．

しかし,実際には3つのグループを明確に区別するのは難しい．実際,ユーザは検索を行うにあたり複数の意図をもっている．たとえば,以下の一連の行動には3つのカテゴリが含まれている．最初ユーザは商品を購入するためにウェブサイトを検索して訪問し（ナビゲーショナル）,それから,提供されている商品についての情報を探す（インフォメーショナル）．最後にウェブサイト上の商品を購入する（トランザクショナル）．数多くの複数のカテゴリが混合した検索があるが,Broderのカテゴリは一般的なガイドとして役立つ．また,多くの検索はウェブ検索エンジンのログによって,純粋なトランザクショナル,ナビゲーショナル,インフォメーショナルクエリとして確認することができる．インフォメーショナルユーザのクエリは,非常に一般的なもの（自動車,フランス）から非常に特殊なもの（腹腔鏡下胆嚢摘出術,「Java double to string」）まで幅があり,検索エンジンにとってチャレンジングなものだ．Broderによればクエリログの解析により,全ユーザの30%がトランザクショナルであり,20%がナビゲーショナルであり,48%がインフォメーショナルであるということが示された．最近の研究では,ウェブ検索はインフォメーショナル,ノンインフォメーショナル,アンビギュアスの3つにカテゴリ分けされている．

インターネット上の企業のウェブサイトのボトムライン（要点）は何だろうか？ まず,ウェブサイトがトランザクショナルなのか,インフォメーショナルなのか,それとも両方なのかを知ることは重要だ．次に,ウェブサイトにユーザを誘導するために,サイト内には簡潔かつ十分に企業のビジネス,サービス,商品,機能などについて記述されたコンテンツ（テキストとキーワード）を含む必要がある．テキストはウェブサイト自身やウェブページ内に含まれている必要があり,キーワードはHTML/XMLの定義内に含まれている必要がある．テキストは検出されたキーワードとウェブサイトを関連付けるために,検索エ

ンジンの次回のインデックスクロールの際にピックアップされる．

## 検索ログのデータマイニング

本節では，ユーザの検索体験の質を評価するためのデータマイニングについて述べる．使用するデータはクエリセッションログである．ここでは，企業のページ内にある検索窓を使った検索（ウェブページ内のコンテンツやドキュメントを結果として返す）を考える．まず，クエリログデータをどのように数値化していくかを考える．次にユーザの検索体験の質を定義し，そして最後に，実データからプロファイルを抽出するためのクラスタリングとルールインダクション手法の導入について述べる．

> **ビジネス課題**
>
> **ユーザ検索ログの分析**
> 検索体験の質の評価は，企業のオンライン上の存在感，検索ランキングの改善，提供している商品の改善といった広範囲のビジネス課題に関連している．検索ログ分析を行うことによって，たとえば，企業の製品に関連付けられているが，同社の現行モデルやメタデータに含まれていないために，認識されていない検索単語をユーザが使用していることを発見することができるだろう．ユーザは競合他社の現在の製品の特徴に関連したクエリも使用していると思われるが，それも考慮する必要があるのではないだろうか？

## 検索行動の表現：クエリセッション

図15.4は，インフォメーショナルタイプのユーザのクエリセッション内での典型的な行動パターンを示す．ユーザが1単語以上からなる検索クエリを発行したとする．その後，結果が現れ，ユーザがリンクをクリックする．ウェブブラウザはドキュメント/ウェブページを開き，ユーザはコンテンツを読む．もし，コンテンツがユーザが必要としている情報を満たしていればクエリセッション

はそこで終了する．必要な情報を満たしておらず，かつ，そのページ内での探索をしないのであれば，再度検索結果のページに戻り，異なるドキュメント/ウェブページの閲覧などを行う．いくつかの結果を閲覧しても望んだ情報が見つからなければ，ユーザは検索クエリを変更して再度検索を行うだろう．情報が見つからない場合は，おそらく適切なキーワードが含まれていないか条件が広すぎたのだろう．新しいクエリは順位付けされた結果のリストを返し，ユーザは結果を閲覧しコンテンツを読むためにクリックする．おそらく，このプロセスはユーザが望んだ情報が得られるか，検索を止めるまで繰り返される．

　この振る舞いを説明するために，クエリセッション内でのユーザの行動に関してどのようなデータを取得するのがベストなのか？　そして，取得したデータは分析可能なのか？　図15.4は最初のクエリの結果ページ上で，ユーザがリストの1, 2, 5をクリックしたことを示している（アスタリスクでクリックを表現している）．結果は検索エンジンのアルゴリズム（たとえばPageRank）によってランキングされており，ベストな結果はリストの一番上に表示されるだろう（たとえば最初の3つ）．ユーザは返された結果のスニペット（リンク先のテキストの一部）を見ることができ，それらの情報を考慮して望んだ情報に

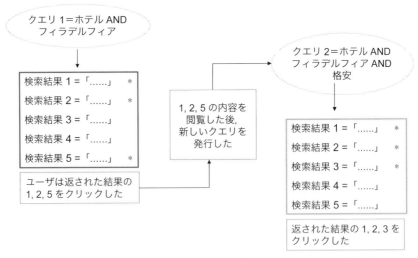

**図15.4**　インフォメーショナルタイプのユーザのクエリセッションでの行動パターン

近いものをクリックする．もし，クエリが合理的なもの（必要な情報を取得できる正しいクエリ）であれば，上の説明のようになるだろう．ユーザはフィラデルフィアのホテルを探していて，1つ目のクエリではフィラデルフィアとホテルの2つの情報だけを条件としていた．しかし，図中のクエリ1は十分なものとなっていなかった．次のクエリでは，さらに絞り込みを行い，「格安」という単語を追加した．クエリ2の結果に対して，ユーザはリストの1，2，3をクリックしクエリセッションを終えた．ここから，ユーザは嗜好にあったフィラデルフィアのリーズナブルな価格のホテルを見つけたと推測することができる．しかし，ユーザが嗜好にあったホテルを見つけたかどうかは検索ログからは確認することはできない．

　ユーザの行動に対するさらなる洞察を得るために，クエリセッション内で何が起きているか数値化する必要がある．それには，クエリに使用されている単語の数が活用できる．図15.4だと，クエリ1の単語数は2，クエリ2では3となる．検索エンジンは文法的な冠詞や副詞などを除外する傾向にあり，検索時にはそれらを使用しない．「I would like to find a hotel in Philadelphia,」をクエリとして検索した場合，検索エンジンは「hotel」と「Philadelphia」の2つのキーワードを抽出し，残りは除外されるだろう．クエリセッションの質を高めるために次にすることは，クリック数とクリックされたリンクの相対的な位置を改善することだ．クエリ1および2の検索結果について見ると，両者のページでクリックされた回数は3回．また，クリックされたのは1，2，5，と1，2，3であった．しかし，ユーザが望んだドキュメントを見つけたかどうかを識別するためにはさらなる情報が必要である．ここではホールドタイムという指標を使用する．

　ホールドタイムは，ユーザが検索結果のドキュメント/ページをどれくらいの時間閲覧したかによって測られる．これはドキュメントを読む時間が長くなればなるほど，より関心のあるドキュメントである，という考えに基づいている．したがって，ホールドタイムは，あるページにどの程度感心があるかという情報を提供している．しかし，ウェブ検索ログからは限られたデータしか取得できず，正しいデータを取得するにはいくつかの困難がある．1つ目は，望んだ情報が見つからなかった場合，ドキュメントを読むのにユーザは多くの時間を

費やす可能性が高いこと．2つ目は，ホールドタイムは正確に測ることができないことだ．最初のケースでは，連続しているクエリセッション全体を考慮すると，個々のクエリセッションがうまく終了したときか，またはそうでないときかを推論することができる．一般的に，ドキュメントを読むのにユーザがかなりの時間をかけ，その後新しいクエリを発行した場合は望んだ情報が見つからなかったと推定される．また，ユーザは関心のあるものが見つかるまでは高速で走査する傾向にある．2つめのケースでは，次のドキュメントがクリックされたときを終了イベントして時間が測られる．時間の算出には検索ログが使用される．

これはユーザが他のドキュメントに移る，または検索ボックスに新しいクエリを書くために次のクリックをする間は，現在のドキュメントを読んでいると仮定している．一般的にこの手法はうまく働く．しかし，この方法ではうまく計測できないパターンがある．たとえば，検索を行った後，電話をするためにコンピュータの操作を行わない場合だ．マルチスクリーンで同時にページを開いて操作をしている場合もウェブ検索ログには現れない．

ここでは，検索セッション内で取得できるサマリデータについて述べる．たとえば，クエリ中の単語の数，クリックされたドキュメントの数，クリックされたドキュメントのランキング，ドキュメントが開かれていた時間である．また，より時間に依存した情報も取得することができる．それはクリックする前に検索結果ページ（スニペット）を閲覧した時間，それぞれのクエリの結果ページの閲覧時間合計，クエリセッション全体の時間などだ．

**検索体験の質の定義**

検索ログから集計されたデータを使って，ユーザの検索体験の質の指標を作ることが可能だ．この指標は，ユーザが必要な情報を見つけたかどうかを判別するために使用することができる．表15.1にクエリセッションの分類例を示す．たとえば，質の高いクエリセッションは検索結果の高いランク（たとえばランキングTop3）のドキュメントがクリックされ，全体のクリック数が少ない，という条件で識別される．ここから推測されることの1つは，質の高いクエリ

**表 15.1** ユーザの検索体験の質の特徴

| | プロファイル<br>(クエリセッションの質) | | |
|---|---|---|---|
| | 高 | 中 | 低 |
| クリックされたドキュメントにおける平均ホールドタイム | | 高 | 低 |
| 選択されたドキュメントのランキング | 高 | 低/中 | |
| クリック数 | 低 | 高 | 高 |

セッションは，ユーザクエリと検索結果が高い関連性をもっており，最初に表示される検索結果のドキュメントの中から数回のクリックでユーザが望んだ情報を見つけることができる，ということだ．一方，質の低い検索セッションは，クリック数が多く，個々のクリックのホールドタイムが短いことが特徴である．

自身のウェブサイトのために，どのようにこの情報を活用することができるだろうか？　企業はウェブサイト内で発生する検索ログと同等の情報を使って，ユーザの閲覧行動を特徴づけることができる．ウェブサイト内という文脈では，製品やサービスのリスト，アクセスメニュー，検索オプションに対して検索ログと同様のことを考えればよい．また，企業は検索エンジンの検索結果の上位に自身のウェブサイトが表示されるかどうかを考慮するかもしれない．その場合，前節で述べた側面に帰着することができる．すなわち，コンテンツページに正しいキーワードを入れること，質の高いコンテンツをもっていること，企業のウェブサイトへリンクを貼っているハブとのコネクションをもっていること，が重要である．したがって，これらの条件を満たすことは，ユーザが企業の製品やサービスに関連するクエリを発行したときに企業のウェブサイトを検索結果上位に導く．

表 15.2 クエリクラスタリングの結果（測定基準ごとの平均値）

| クラスタ ID | 平均単語数 | 平均ホールドタイム（秒） | 平均ランキング | 平均クリック数 | クラスタ信頼性 | プロファイル（質） |
|---|---|---|---|---|---|---|
| A | 3.2 | 31.2 | 4.9 | 1.9 | 9.22 | 高 |
| B | 1.9 | 115.5 | 9.9 | 6.9 | 14.2 | 中 |
| C | 2.1 | 4.2 | 4.4 | 11.0 | 6.4 | 低 |
| D | 3.5 | 70.2 | 4.5 | 1.2 | 7.8 | 高 |
| E | 1.5 | 130.2 | 4.7 | 2.1 | 9.8 | 高 |

## 検索体験データに関するデータマイニング

　本節では，前2つの節で述べたデータに対して，データマイニング手法を適用する方法を述べる．ここではホールドタイム，クリック数などの基準を得るためのデータ抽出と前処理が終わっていることを仮定している．そして，前処理済みのデータに対して$k$平均法や自己組織化マップ（SOM）などのクラスタリング手法を適用し，事前に定義された品質カテゴリのクラスターを取得した．

　表15.2はクラスタごとの各指標の平均値を示している．高い質を示すクラスタが3つ，中，低のクラスタが1つずつある．高い質のクラスタAは中程度のホールドタイム（31.2秒），比較的低いクリックランクの平均値（4.9），低い平均クリック数（1.9）が特徴である．対照的に，低質のクラスタCはホールドタイムが非常に小さく（4.2秒），クリック数が大きい（11.0）．表にはクラスタ信頼性も載せている．これはクラスタリング手法でよく用いられる指標であり，クラスタ内の分散によって測られる．

　次に，教師ありモデリング（ルールインダクション手法を使用）によってクラスタごとのルールを引き出す．決定木によって生成された例を以下に示す．

　　　クリック数 $\leq 3$
　　　　ホールドタイム $> 100$（E, 850, 80%）

ホールドタイム ≤ 100
　　ホールドタイム ≤ 50（A, 500, 80%）
　　ホールドタイム > 50（D, 250, 78%）
クリック数 > 3
　　ホールドタイム > 55（B）
　　ホールドタイム ≤ 55（C）

　決定木における最初の分岐はクリック数に基づいており，3以下か3よりも大きいかによって分岐される．クリック数が3以下であればユーザの検索体験の質は高い．セカンドレベルの決定はホールドタイムに基づいており，高品質のクラスタが3つのグループと，中品質，低品質のクラスタが1つずつのグループに分割される．葉に記載されている数はレコード数と純度（適合率）である．たとえば，クラスタAは500レコードが属しており適合率は80%であるが，これはクラスタA内のレコードの80%は決定木の分岐によって正しく分類されたことを表している．木構造からクラスタAに関するルールだけを抜き出すと以下のようになる．

　　IF クリック数 ≤ 3 AND ホールドタイム ≤ 100 AND ホールドタイム ≤ 50 THEN A（500, 80%）

## まとめ

　本章では，インターネットとインターネット検索についての基本的なアイデアを述べた．そして，ユーザの検索体験の質を評価するための検索ログの処理と分析の例を示した．また，検索体験分析の重要性に関して2つの点について議論してきた．知識労働者は勤務時間の多くを情報の検索に費やしていることと，顧客が企業の製品やサービスに関するタイムリーで適切な情報を見つけたいと考えていることである．

　検索ログ分析のためのソフトウェアアプリケーションには Google Analytics（フリーソフトウェア，ダウンロードして www.google.com/analytics にあるサイトの検索トラッキングオプションをアクティベートする）と Google

Search Appliance（www.google.com/appliance）がある．Google Search Applianceはより高級市場向けのソリューションであり，分析に特化したハードウェアとソフトウェアから構成されている．

> **Google Search Appliance**
>
> 検索ログデータの例
> GSA ユーザ体験
>   Google Search Applicanceによって収集できるデータについて，簡単な概要を以下に記載する．
>
>   ユーザーの統計情報の例：
>   - ユーザは平均的に1.5回検索を実行し，上位3位の結果を探索し，検索に52秒を費やす
>   高度な検索レポート：
>   - クリック間隔（1/100秒），ユーザ名，IPアドレス，クリックタイプ，クリックスタート（ユーザがクリックした結果ページ），クリックランク（ユーザがクリックした結果のランク），クリックデータ，クエリ，結果が返された後のクエリ，クリックされたURL
>   検索ログ：
>   - ユーザクエリのタイプ，ユーザがクリックするユーザインタフェースの一部，提供される結果のスピード，望んだ情報が返されているか，クエリ作成時のキーマッチ，クエリ拡張を便利と感じるかどうか

本章で述べた内容についてさらに知りたい場合は以下を参照するとよい．

- Nettleton, D., Caldero n-Benavides, L., Baeza-Yates, R., 2007.*Analysis of web search engine query session and clicked documents.* "Advances in web mining and web usage analysis" Lect. Notes Comput. Sc. 4811, 207–226, ISBN 978-3-540-77484-6.001.
- Nettleton, D., Baeza-Yates, R., Dec. 2008. Web retrieval: techniques for the aggregation and selection of queries and answers. *Int. J. Intell. Syst.* 23 (12), 1223–1234, Hoboken, NJ: Wiley Interscience Publishers.

# 第16章

# インターネット上のデータを分析する3
## ——オンラインソーシャルネットワーク分析

## イントロダクション

　本章は，インターネット上のデータに関する分析について扱っている章の3章目である．本章では，オンライン上でのソーシャルネットワーク（OSN）について洞察を与える．本章を通して商用利用可能な情報を使った分析とオンラインソーシャルネットワーク分析ツールの紹介を行う．

## オンラインソーシャルネットワークの分析

　本節では，オンラインソーシャルネットワーク（OSN）分析手法について簡潔に説明する．情報の普及，ブランドの口コミ，商品やサービスに関するマーケティングの促進がOSN分析の一般的な目的となっており，インターネットとOSNは企業にとって新しい競争の場となっている．この領域では各企業が顧客の注意を引くため，もしくはブランドの影響力を示すために競争を行っている．たとえば，Twitterのフォロワー数やFacebookのファン数，Googleグループのフォロワー数などがそれにあたる．

　大抵のOSNにはユーザプロフィール設定機能，ユーザ検索オプション，新規連絡先追加機能が存在している．LinkedInやFacebookなどのいくつかのアプリケーションでは，新しい連絡先を追加するには当事者間での承諾が必要である．一方で，明示的な同意なしでフォロー可能なTwitterなどのアプリケーションもある．しかし，Twitterではフォロワーの振る舞いが良くなければ，そのフォロワーをブロックすることも可能となっている．チャット，フォトアル

バム，ウォールなどのオプションを含むアプリケーションではメッセージやコンテンツを友人などに公開することができる．ゲームなどのオンラインアプリケーションでは，他のユーザとの協力，競争（闘争）が可能だ．企業が運営するユーザグループは会員になるための，または，既存の会員と対話をしてもらうためのインセンティブを提供している．これによりカスタマーコミュニティが形成される．知人，趣味友達，仕事関係，家族関係などのリストにフレンドを振り分けるユーザも多くいる．

　Facebook, Twitter, LinkedIn, Google+, MySpace などの OSN アプリケーションは非常に多くのユーザが登録しており，登録ユーザ数は数億とレポートされている．このようなメジャーなアプリではなく，国産のアプリが流行っている国もある．たとえば，RenRen（中国版 Facebook），Weibo（中国版 Twitter），Tuenti（スペイン），Hi5（中央アメリカおよび南アメリカ），Orkut（インドおよびブラジル），StudiVZ（ドイツ），Skyrock（フランス）．いくつかのアプリケーションは写真の共有に特化している．たとえば Flickr や Picasa だ．ビデオや音楽配信に特化しているものでは YouTube や Spotify がある．

---

### オンライン上のソーシャルネットワーク

**分析の目的**

　ビジネス上の観点から OSN データはデータマイニングを行うにあたり魅力的なデータだ．最近のホットなトピックとして，コミュニティ分析，各ユーザの影響力と情報推薦，ユーザの行動とユーザ間の関係性，情報の拡散などがある．情報推薦は製品やサービスの売上にとって重要な側面である．ユーザが商品を購入しオンライン上のコミュニティでその商品を推奨したとする．するとウィルス感染が広まるように製品の情報も拡散される．ユーザの影響力を識別できる情報（たとえばフレンドの数など）を取得可能であればさらに良い．この情報を活用して，商品の口コミキャンペーンの出発点とすべきユーザを選択することができる．つまり情報拡散は，宣伝広告の情報伝搬を最大化するのに最適な影響力をもった（多くのコネクションをもっている）ユーザを見つけることでうまく働く．一方で，求められていない情報の提供はユーザに良い印象を与えない．たとえば，スパムメッセージやアドホックな悪質ターゲティング広告などがそれにあたる．

OSN 分析で最も適切なデータ表現方法はグラフである．グラフはノードとエッジから構成される．グラフ構造のデータでは，ノードはユーザを，エッジはユーザ同士のリンクを表現している．しかし，OSN をグラフとして正確に表現するには数値による説明も必要である．たとえば，以下のような疑問に答えるものだ．ノード間での活動の種類によってリンクがどのように定義されているのか？　これに関連して，ノード間のリンクが存在すると考えられる最低限の活動レベル（frequency や recency）はいくらか？　それぞれのノードについてどのような情報が得られ，また，同様にグラフ全体から何が得られるか？　重要なデータが欠損していた場合に何が起きていたか？　OSN がグラフとして表現されたとして，アナリストは何を望んでいるか？

これらの問いに答えるために，図 16.1，図 16.2 に簡単な例を示した．図 16.1 は，Ruth, Aaron, Alan, Bill, Cristina の 5 人の OSN を表現したグラフを示している．Ruth は Aaron, Alan と友人関係にある（リンクをもっている）．一方，Cristina は Aaron, Alan, Bill の 3 人と友人関係にある．図 16.1 内のすべての人は複数の友人をもっている．最も多くの友人をもっている 2 名のユーザは Alan と Cristina であり，各々 3 名の友人をもっている．Ruth, Aaron, Bill は 2 名の友人をもっている．これは，確立された友人関係に基づいて描かれた単純な OSN だ．多くの OSN ではリンクが貼られる前に，2 名のユーザ間で友人としての承認が必要であることも思い出してほしい．ここで，図 16.2 を見ると，図 16.1 とは異なる形状をしたグラフとなっている．図 16.2 では，過去 3 ヶ月以内に 5 回以上のメッセージの授受が行われた，という条件のもとで 2 ユーザ間のエッジを作成した．エッジ間の weight はメッセージの授受の回数を示している．図 16.2 では，Aaron と Cristina, Cristina と Alan の間には図 16.1 とは異なるシチュエーションが存在している．Ruth と Aaron の間では，他のどのユーザ間よりも密に交信が行われていたこともわかる．

## オンライン上のソーシャルネットワーク

### ユーザの行動測定

リンクの定義に使用するために行動の種類が参照される．たとえば，Facebook にはチャットやウォールへの書き込み機能といった，アプリ内で使用できるメッセージシステムがある．このコミュニケーション機能の使い方はユーザに依存する．しかし，一般的に Facebook では，write-to-wall メソッドは少なくとも 1 対 1 の通信のために使用される．Twitter では，ユーザ間のリンクの定義は Facebook のそれとは異なっている．たとえば，フォロワーとの関係性やリツイート数といった他ユーザへの影響力の指標が定義に使用される．また，企業のイントラネット内でのコミュニケーションメカニズムはアプリケーションに依存する．しかし，E メールは一般的に企業内のコミュニケーションツールとして広く使われている．したがって，グラフは E メールの授受を基に構築され OSN 分析が行われる．この種の研究として Enron 社で実施されたものが有名である．詳細は以下を参照．

- Shetty, J. and J. Adibi, 2005. "Discovering Important Nodes through Graph Entropy – The Case of Enron Email Database." In: Proc. 3rd Int. Workshop on Link Discovery, pp.74–81. Available at: http://citeseerx.ist.psu.edu/viewdoc/summary?doi1410.1.1.92.2782.

一方で，多くの OSN では各ユーザは多くの友人関係のリンクを持っているが，実際には頻繁に使われるリンクの割合は少ないという状態が自然である．他方で，OSN では説明できない関係性もある．たとえば，Aaron と Cristina は OSN 上のやりとりには現れないが，同じオフィスで働いており，定期的に

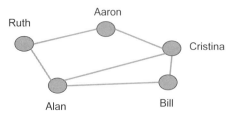

**図 16.1** リンク定義を単純に友人とした場合の 5 人の
ユーザ間の OSN ネットワーク

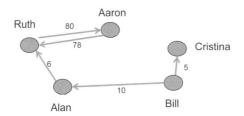

**図 16.2** 2ユーザ間で3ヶ月以内に5通以上のメッセージの授受があったことをリンクの定義としたOSNネットワーク

会話をし，OSN以外のアプリケーション上でコミュニケーションを取っている場合がそれにあたる．

## グラフ理論における指標

　グラフとして表現されたOSNには多様な計測指標や特徴がある．最もよく使われているのが次数，クラスタリング係数，ノード間の平均パス長である．次数はフレンドの数，クラスタリング係数は2ユーザ間の共通の友人数，平均パス長はOSN内のユーザ間の平均距離である．クラスタリング係数が高ければ高いほどOSNグラフは密になる．OSNグラフの特徴であるスモールワード現象として，巨大なOSN内であっても2ユーザの間のリンク数は平均的に小さい数になる（隔たりが小さい）．したがって，2ユーザ間の人間関係に注目すると，社会的，経済的，地理的にまったく異なるユーザでも，一方からもう一方に到達するまでに必要な接続数は大抵小さな値（平均的に6）となる．

　グラフ形式のOSNは，一般的に異なるユーザグループのコミュニティに分割され，グループ間で相互接続された構造を有している．このような構造の中にハブやブリッジと呼ばれる2つの特別な種類のユーザが存在する．ハブは多くのコネクションをもち，接続先のユーザも高い割合でハブである．一方で，ブリッジは必ずしもコネクションを多くもっていないが，戦略的な位置を占めている．たとえば，コミュニティ間の橋渡しとなる重要なポジションだ．これらのすべての指標は計算可能で，OSNグラフの定量的な評価を与える．そして，

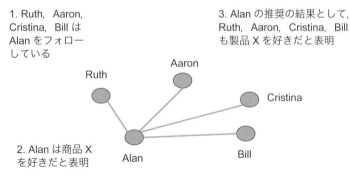

**図 16.3** OSN 内のフォロワーへの影響力

ノードとリンクは最も関心のある指標を基にランク付けされる．

> ### OSN のビジネス活用
>
> **影響力とレコメンデーション**
>
> OSN で最も影響力のあるユーザは誰か？　あるトピックに関してどのページが最も影響力があるか？　これらの疑問は明らかにビジネス上の関心事であり，また，OSN グラフ内の相互的な情報の流れを理解するための鍵となる側面である．
>
> 影響力のある個人を見つけるという文脈では，ソーシャルネットワーク全体への影響の広がりを最大化するという観点に着目する．最初の問題はどのように $n$ 人のユーザを選択するかだ．$n$ 人のユーザは，ある商品やサービスを購入したとして，グラフ内のユーザへの拡散数を最大にすることができるユーザであるとする．図 16.3 は Twitter でのシナリオを示している．鍵となるユーザ（影響力をもったユーザ）には，フォロワーの行動選択に影響を与えられる者が選ばれる．現実世界での例として，非常に多くのフォロワーを有している十代の有名なポップスターが，あるブランドのシャンプーを使っているというツイートを行い，フォロワーが同じ商品を購入する場合が考えられる．
>
> このトピックについての詳細は以下を参照のこと．
>
> Kempe, D., J. Kleinberg, and E. Tardos. 2003. "Maximizing the Spread of Influence through a Social Network." In: Proceedings of the Ninth ACM SIGKDD International Conference on Knowledge Discovery and Data Mining, KDD' 03, Washington, DC.pp.137–146. Available at: http://citeseerx.ist.psu.edu/

> viewdoc/summary?doi1410.1.1.136.9295.
> もちろんレコメンデーションは，レコメンドされるユーザとコンテンツとの関連性を考慮しつつ，ソーシャルネットワークを介してコンテンツの普及を促進する重要な側面である．また，ソーシャルネットワーク上のコンテンツシェアは，インターネット上でのコンテンツの拡散にとって重要なメカニズムである．しかし，コンテンツがネットワーク全体に拡散される程度はノード間の結合の強さに依存する．コネクションレコメンドの最近の戦略としては，対象のユーザが見たコンテンツとは無関係に共通の知人の数やユーザプロファイルの類似度に基づいているものが多い．
> 詳細は以下を参照のこと．
> Ranu, S., V. Chaoji, R. Rastogi, and R. Bhatt. 2012. "Recommendations to Boost Content Spread in Social Networks." In: Proc. World Wide Web 2012, April 16–20, Lyon, France. pp.530–538.

## グラフデータに用いるデータ形式

　ここまで読み進める過程で，読者はおそらくソーシャルネットワーク上の接触データやアプリケーションログデータの入手方法，グラフ化や分析をするために必要なデータ形式について考えただろう．この問題を解決するために，本節では(1)CSV形式，(2)GML形式，(3)Graph ML形式の3つの簡潔なデータ形式について述べる．これらは(1)から(3)に向けて徐々に複雑さを増していく．これらの形式のデータから必要なデータを取得するには，いくつかの前処理が必要だろう．それには所有しているソフトウェアを使用するか，またはJavaやPythonなどのプログラミング言語でデータ抽出用のコードを作成する必要がある．グラフデータの入力形式についてさらに知りたい読者は「Supported Graph Formats」を読んでほしい．この記事はGephi[35]のウェブサイト（https://gephi.org/users/supported-graph-formats/）で閲覧することができる．この記事にはGephiでサポートされている広範なデータ形式について概略が説明されている．以降で述べる3つの入力形式の例は図16.2のグラフ定義

---
[35] 訳注　オープンソースのグラフ可視化ツール．

に基づく．

## CSV 形式

CSV 形式では単純にノードのペアでデータが構成される．1組のペアが1行となっており，テキストエディタで編集可能である．たとえば，図16.2のグラフは5つのノードと4つのエッジを含んでいる．入力データにはRuth → Aaron, Ruth → Alan, Alan → Bill, Bill → Cristina の関係が表現されており，ファイル中では以下の4行で表される．

 Ruth;Aaron
 Ruth;Alan
 Bill;Alan
 Bill;Cristina

ここで，セミコロンは2つのノード間のリンクを表現している．

また，同じデータを隣接リストで定義された，よりコンパクトな形式で次のように表現することもできる．

 Ruth;Aaron;Alan
 Bill;Alan;Cristina

各行は行の先頭のノードにリンクしているすべてのノードを示している．最初の行を例にとってみると，Ruth は Aaron と Alan とのリンクをもっている．同じリンク構造を定義するのに他の組合せも可能である．しかし，グラフ可視化ツールによって生成される構造は同じになる．いくつかのアプリケーション（Gephiなど）ではノード間のリンクのウェイトを定義することもできる．デフォルトではすべてのウェイトは1となっているだろう．

## GML（Graph Modeling Language）形式

GML はいくつかあるグラフ定義の中で，グラフマイニングコミュニティにおいてスタンダードになっている．以下に示した例を見てほしい．GML はグ

ラフ構造をシンプルに表現でき，前節で見た CSV 形式と比較して，簡単なノード属性の定義ができるなど，柔軟な定義が可能である．まずすべてのノードにラベルと属性が定義され，その後エッジの定義がされる（ノード対のリンクが作成される）．以下の例では前に示した例と同じ 5 つのノードと 4 つのエッジがあるグラフの定義を GML で表現している．

```
graph
  [
    directed 0
    label "My graph"
    node [
      id 1
      label "Ruth"
      attribute1_team "Team1"
    ]
    node [
      id 2
      label "Aaron"
      attribute2_age 25
    ]
    node [
      id 3
      label "Alan"
    ]
    node [
      id 4
      label "Bill"
    ]
    node [
      id 5
```

```
            label "Cristina"
          ]
          edge [
            source 1
            target 2
            label "Edge Ruth to Aaron"
          ]
          edge [
            source 1
            target 3
            label "Edge Ruth to Alan"
          ]
          edge [
            source 4
            target 3
            label "Edge Bill to Alan"
          ]
          edge [
            source 4
            target 5
            label "Edge Bill to Cristina"
          ]
        ]
```

　グラフは"directed"属性をもっており，値が0の場合は無向グラフであることを意味する（1であれば有向グラフを意味する）．有向グラフでは，リンクの方向が意味をもっており（たとえば，ノードAはノードBへの片方向のリンクをもっている），一方，無向グラフではリンクはデフォルトで双方向であり，方向は明示されない．グラフの定義にはノードに対してIDが付与され，IDはエッジ定義の際に使用される．また，それぞれのノードとエッジはテキストラベル

をもっており，グラフが描画される際に表示される．ノード 1（Ruth）はテキスト型の team 属性（Team1）をもっており，ノード 2（Aaron）は数値型の age 属性（25）をもっている．詳細に関しては Gephi の「GML Format」ページ（https://gephi.org/users/supported-graphformats/gml-format/）とパッサウ大学の「Gravisto」のページ（http://www.fim.uni-passau.de/en/fim/faculty/chairs/theoretische-informatik/projects.html）を参照してほしい．

**GraphML 形式**

GraphML は GML よりもさらに洗練された高レベルな表現が可能である．定義には XML（Extended Markup Language）シンタックスで，グラフ，ノード，エッジについて詳細な特徴を記述できる．以下の例では，前の 2 つの形式と同じグラフ（図 16.2 参照）を GraphML 形式で定義したものを示している．ノードとエッジの属性である Name と Weight は効率的な処理と検索のために付加される．Weight 属性はリンクが張られているユーザ間での E メールの授受の数を表現している．Name や Weight 以外の属性も柔軟に定義可能である．

```
<?xml version="1.0" encoding="UTF-8" ?>
  <graphml>
  <key id="k0" for="node"attr.name="Name" attr.type="string">
    <default >Name </default>
  </key>
  <key id="k1" for="edge" attr.name="Weight" attr.type="double"/>
  <graph id="friends network" edgedefault="undirected">
    <node id="n1">
      <data key="k0" >Ruth </data >
    </node>
    <node id="n2">
      <data key="k0" >Aaron</data >
    </node>
    <node id="n3">
```

```
        <data key="k0" >Alan </data >
    </node>
    <node id="n4">
        <data key="k0" >Bill </data >
    </node>
    <node id="n5">
        <data key="k0" >Cristina </data >
    </node>
    <edge id="e1" source="Ruth" target="Aaron">
        <data key="k1">158</data >
    </edge >
    <edge id="e2" source="Ruth" target="Alan">
        <data key="k1">6 </data >
    </edge >
    <edge id="e3" source="Bill" target="Alan">
        <data key="k1" >10 </data >
    </edge >
    <edge id="e4" source="Bill" target="Cristina">
        <data key="k1">5 </data >
    </edge >
</graph >
</graphml >
```

（GraphML についてさらに知りたい場合は，Gephi の「GraphML Format」のページ（https://gephi.org/users/supported-graph-formats/graphml-format/）か GraphML File Format の「What is GraphML」のページ（http://graphml.graphdrawing.org/）を参照してほしい．）

## グラフの可視化と解釈

グラフ可視化ツールのシンプルな使い方を Gephi 0.8 alpha (http://gephi.org/) を用いて説明する．このソフトは，中程度までのボリュームのグラフ（20,000 ノード，100,000 エッジ以下）での使用が推奨されている．本節では Gephi を使ったデータセットの処理について述べる．データは図 16.4 に示したソーシャルネットワークに基づく．ネットワークは 2 人のリーダーとそのフォロワーから構成されている．Gephi の Force Atlas ビジュアリゼーションオプションはグラフの生成で使用され，コミュニティ構造を表現するのに効率的であり，それぞれのコミュニティのハブノード，コミュニティを分割する境界やコミュニティ間のリンクの描画が可能である．Gephi のレイアウトオプションについての詳細は，「Tutorial Layouts」(https://gephi.org/users/tutorial-layouts/.) を参照のこと．図 16.4 の例で使用したグラフデータセットは以下の記事から引用

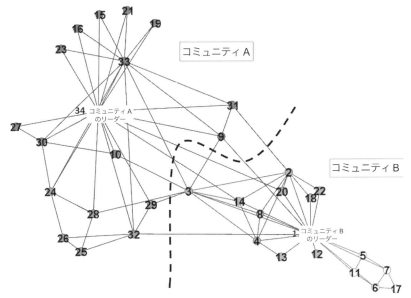

**図 16.4** データセットのグラフ表現（Gephi 0.8 alpha と Force Atlas の描画オプションを使用）

した．

- Zachary, W. W. 1977. "An Information Flow Model for Conflict and Fission in Small Groups." *Journal of Anthropological Research*, 33, pp.452–473.

以降，本節内ではグラフ可視化の簡単な例，サンプルデータセットを使った統計，結果の解釈方法，コミュニティ構造，リーダー，フォロワーの判別について説明する．

例示するデータセットは 34 のノードを含み，それぞれのノードは人を表している．ネットワークはノード ID34 のリーダー A とノード ID1 のリーダ B を中心とした 2 つのコミュニティで構成されている．各リーダーを中心とする 2 つのメインコミュニティをコミュニティ A とコミュニティ B とする．それらのコミュニティを図 16.4 に示す．それぞれのノード構成は以下のようになっている．コミュニティ A {34, 33, 32, 31, 30, 29, 28, 27, 26, 25, 24, 23, 21, 19, 16, 15, 10, 9}，コミュニティ B {1, 2, 3, 4, 5, 6, 7, 8, 11, 12, 13, 14, 17, 18, 20, 22}．

表 16.1 は，サンプルデータセットから作成したグラフの要約統計を示している．トップランクのノードにはグレーの網掛けをしている．ハブ指標（4 つ目のカラム）を見ると，ノード 34, 1, 33, 3, 2 がトップ 5 となっており，値はそれぞれ 0.095, 0.089, 0.068, 0.058, 0.053 となっている．一般的にハブノードはこの値が高い．クラスタリング係数はこのような明確な解釈はできないのだが，高次数のノードでは値が低くなる傾向にある．隣接ノードの数が多いと相互リンクしている可能性が低くなるからだ．ブリッジノードに関しては 5 つ目のカラムに値が示されている．ブリッジ指標の値はそれぞれ 0.0466, 0.0202, 0.0191, 0.0184 となっており，ノード 20, 9, 32, 14 がトップ 4 となっている．

**表 16.1** サンプルグラフデータセットの統計量

| ノードID | 次数 | クラスタリング係数 | ハブランキング | ブリッジランキング |
|---|---|---|---|---|
| Leader B 1 | 16 | 0.15 | 0.089 | 0.0053 |
| 2 | 9 | 0.33 | 0.053 | 0.0025 |
| 3 | 10 | 0.24 | 0.058 | 0.0067 |
| 4 | 6 | 0.67 | 0.037 | 0.0016 |
| 5 | 3 | 0.67 | 0.021 | 0.0003 |
| 6 | 4 | 0.50 | 0.026 | 0.0065 |
| 7 | 4 | 0.50 | 0.026 | 0.0065 |
| 8 | 4 | 1.00 | 0.026 | 0.0000 |
| 9 | 5 | 0.50 | 0.032 | 0.0202 |
| 10 | 2 | 0.00 | 0.016 | 0.0027 |
| 11 | 3 | 0.67 | 0.021 | 0.0003 |
| 12 | 1 | 0.00 | 0.011 | 0.0000 |
| 13 | 2 | 1.00 | 0.016 | 0.0000 |
| 14 | 5 | 0.60 | 0.032 | 0.0184 |
| 15 | 2 | 1.00 | 0.016 | 0.0000 |
| 16 | 2 | 1.00 | 0.016 | 0.0000 |
| 17 | 2 | 1.00 | 0.016 | 0.0000 |
| 18 | 2 | 1.00 | 0.016 | 0.0000 |
| 19 | 2 | 1.00 | 0.016 | 0.0000 |
| 20 | 3 | 0.33 | 0.021 | 0.0466 |
| 21 | 2 | 1.00 | 0.016 | 0.0000 |
| 22 | 2 | 1.00 | 0.016 | 0.0000 |
| 23 | 2 | 1.00 | 0.016 | 0.0000 |
| 24 | 5 | 0.40 | 0.032 | 0.0036 |
| 25 | 3 | 0.33 | 0.021 | 0.0010 |
| 26 | 3 | 0.33 | 0.021 | 0.0018 |
| 27 | 2 | 1.00 | 0.016 | 0.0000 |
| 28 | 4 | 0.17 | 0.026 | 0.0081 |
| 29 | 3 | 0.33 | 0.021 | 0.0018 |
| 30 | 4 | 0.67 | 0.026 | 0.0009 |
| 31 | 4 | 0.50 | 0.026 | 0.0079 |
| 32 | 6 | 0.20 | 0.037 | 0.0191 |
| 33 | 12 | 0.20 | 0.068 | 0.0032 |
| Leader A 34 | 17 | 0.11 | 0.095 | 0.0031 |

## OSN のビジネス活用

### 情報の拡散

適切な人に適切な広告を届けたいと考えている企業にとって情報拡散は重要な側面である．また，誰によって何がネットワークを介して送られるのかについて知りたいと考えているアナリストにとっても関心事であろう．正しい情報（ニュース速報，または，適切なターゲティング広告といったユーザに求められている情報）の拡散が存在する一方で，望ましくない情報（スパム，間違ったターゲティング広告，犯罪活動などの求められていない情報）の拡散も存在している．ユーザ間でどのように情報が広がっていくのか（口コミ）が拡散メカニズムを考える上での他の焦点としてあげられる．これについてはミーム[36]に基づいた方法が有望な分析方法としてあげられる．

ソーシャルネットワークにおける情報拡散に関する役割についてさらに知りたい場合は以下を参照してほしい．

- Bakshy, E., I. Rosenn, C. Marlow, L. Adamic. 2012. "The Role of Social Networks in Information Diffusion." In: Proc. World Wide Web 2012, WWW2012, April 16–20, 2012, Lyon, France, pp. 519–528.

口コミによる拡散現象については以下を参照のこと．

- Lesot, M-J., F. Nely, T. Delavalladey, P. Capety, and B. Bouchon-Meunier. 2012. "Two Methods for Internet Buzz Detection Exploiting the Citation Graph." In: Proc. Int. Conf. on Fuzzy Systems, FUZZ IEEE, WCCI 2012 IEEE World Congress on Computational Intelligence, June 10–15, 2012, Brisbane, Australia, pp. 1368–1375.

図 16.4 は，Force Atlas のレイアウトオプションがコミュニティ A とコミュニティ B の 2 つのコミュニティを上手に識別している様子を示している．コミュニティ A のコアとなっているノードは 33 と 34 であり，コミュニティ B のコアとなっているノードは 1, 2, 3 である．ここで，2 つのコミュニティ間のブリッジを形成するリンクの間の境界に興味があるとしよう．ブリッジランキング（表 16.1 の 5 列目）によると，上位 4 つのブリッジノードは 20, 9, 32,

---

[36] 訳注　この文脈ではインターネットミームを指している．

14 である．ブリッジノードはグラフ構造として重要な存在だ．しかし図 16.4 は，ブリッジノードはハブノードと比較して判別することが難しい．コミュニティ境界にいるという点ではノード 3, 31, 29 がブリッジノードだと考える人もいるだろう．しかし，ブリッジノードは異なるコミュニティのハブ（ノード 34 と 1）を接続することを優先するノードだ．これを踏まえてランキング上位のノードを見直してみると，明らかに上位 4 のブリッジノード（ノード 20, 9, 32, 14）はノード 1 と 34 の間を直接接続している（1 ホップリンクを形成している）．対照的に，前に言及したノード 3, 31, 29 はノード 1, 34 と直接接続はしていない．ブリッジノードの目的は，他のコミュニティのノードとの間の最短の接続（ホップ数）を供給することであるので，ハブと接続していることは重要なのだ．コミュニティ内のノードの大半は，通常ハブノードとの密接な関係をもっている．そして，ブリッジノードが 2 つのコミュニティのハブノードと直接接続しているということは，コミュニティ内のノードと最も直接的なアクセスを提供するということであり，ブリッジノードの定義として理にかなっている．

　ブリッジランキング指標は Gephi では直接的に計算することができない．しかし，媒介中心性（Gephi で計算可能）を使用して，いくつかの追加処理をすることで算出可能である（詳細は本章末尾に記載した資料を参照してほしい）．

## 影響力，レコメンデーションと情報拡散の関係性

### 広告メッセージの拡散

　図 16.4 に示したグラフの簡単な分析から，最も影響力をもつ 2 人のユーザがノード 1（リーダー B）および 34（リーダー A）であることは明らかだ．分析の他の側面としてはリンクの方向性とトラフィック量である．もし主に発信しかしていなければ，ハブノードはスパマーの疑いがある．この例では，広告メッセージを拡散するために，ハブはすべての接続ノードにメッセージを発信する必要があるが，メッセージはグラフ内のほぼすべてのノードに最短の時間で送られる．リーダー A, B とは直接接続していないブリッジノード（20, 9, 32, 14）も異なるコミュニティへの情報拡散のためのターゲットとなる．技術的に，この方法は非常に単純かつ機械的だ．しかし，メッ

セージを広めるためにリーダー A, B をコミュニティ内の誰かが説得しなければならないという課題も残る．リーダーを説得する 1 つの選択肢は，ある種の報酬を支払うことで製品やサービスを支持させるというものだ．他の選択肢としては，リーダー自身の評判があがると信じている場合に情報を拡散することを決めるだろう．したがって，彼らの目的や興味にあった質の高いコンテンツを提供する必要がある．

以降，2 つの大規模グラフデータセットの可視化について述べる．図 16.5 の左側の画像は，学術論文での共著者関係にある約 5,000 ノードを示している．右側の画像は，Facebook のウォールでやりとりがある約 30,000 ノードを示している．共著者関係データセットにおいては，Gephi はうまくコミュニティを構築している．対照的に Facebook ユーザデータセットでは，Gephi は明確な

**図 16.5** 共著者データセット（左）と Facebook の writes-to-wall データセット（右）から抽出されたコミュニティ．引用：Ne stor Mart nez Arque and David F. Nettleton. 2012. "*Analysis of On-Line Social Networks Represented as Graphs – Extraction of an Approximation of Community Structure Using Sampling.*" Springer Lecture Notes in Computer Science, 7647, pp. 149–160.

コミュニティを構築しておらず，雲状の形を示している．後者のデータセットで，ウォールへの書き込みは Facebook 内での関係性を測るには適した指標でなかった可能性がある．共著者データセットの結果を見ると，9 つのコミュニティがあり，最も大きなコミュニティには全体の 16.29%のノードが属している．次に大きな 2 つのコミュニティは，全体のノードの 10%が属している．一方，Facebook データセットでは，190 のコミュニティに分断されている．両者のコミュニティの可視化は Gephi で行われており，Force Atlas の表示オプションが使用されている．Gephi では，コミュニティの可視化のためのモジュラリティ[37] の計算は，着色オプションに続き実行する必要がある．

## ソーシャルネットワーク分析ツール

本節は商用ツールとオープンソースアプリケーションを含む OSN 分析ツールの選択について概略を示す．

### 商用ソフトウェア

Sprout Social (http://sproutsocial.com) は，オンライン環境でのブランディング，マーケティング，およびコンテンツの拡散に対する包括的なソフトウェアシステムであり，Twitter, Facebook, LinkedIn 内でのコンテンツの配信と分析が可能である．分析モジュールは Twitter フォロワー，Facebook のファンに関するレポーティング機能をサポートしている．この機能には Google Analytics が使用されており，ローデータを CSV 形式でエクスポートすることが可能だ．また，ソーシャルネットワークの性質を分析することが可能で，コンテンツの配信についての洞察を得ることができる．つまり影響力の最大化と，ターゲットオーディエンスへの到達率の最大化を行える，ということを意味している．モニタリングモジュールは，ブランドキーワードと潜在的なフォロワーの追跡が可能である．CRM モジュールは地域ターゲティングを提供しており，新しいインフルエンサーを識別するための Twitter ユーザのプロフィール探索が行

---

[37] 訳注　コミュニティへの分割の質を定量化する指標．

える．「エンゲージメントサジェスチョン」はコンバージョン，メンション，特定のプロファイル（ビジネスプロファイルなど）に基づいて Twitter ユーザを選択する．標準版の Sprout Social はリアルタイムブランドモニタリング機能，高度な配信機能，ソーシャル CRM ツール，レポーティングツールを含んでいる．プレミアムバージョンは，ユーザ行動に適応した配信内容の最適化や情報拡散のための送信時間最適化機能を含んでいる．ベンダーのウェブサイトによれば，Sprout Social を使用している主な企業は，ノキア，ヤフー，ペプシ，およびコーネル大学である．

　KXEN（http://www.kxen.com/Products/Social+Network+Analysis）は可視化，グラフ探索，予測モデルへの社会的属性のネイティブな統合，特定のビジネス領域に特化したインフルエンサーの特定とノードセグメンテーション，隠れたリンクの推定，複数の素性を用いたリンク作成機能を提供している．

　Deep Email Miner（http://deepemailminer.sourceforge.net）は，ソーシャルネットワーク分析と E メールに特化したテキストマイニングシステムを提供している．Deep Email Miner は MySQL と Java で構築されており，潜在的な情報に掘り下げるためのソーシャルネットワーク分析とデータマイニング機能を含んでいる．ほかには ONASurvesys（https://www.s2.onasurveys.com/），Hypersoft's Omni Context（http://hypersoft.com/omnicontext.htm），NetMiner 4（http://www.netminer.com/）があげられる．

### オープンソースとフリーウェア

　NETINF（http://snap.stanford.edu/netinf/）は，ニュースメディアサイトとブログ分析のために MemeTracker データセットを使用している．このソフトウェアは，異なるウェブサイト間でのコンテンツの伝搬と，ネットワークの中心にいる少数のウェブサイトの影響メカニズムを確認することが可能である．SocNetV（http://socnetv.sourceforge.net/）にはウェブクローラが内蔵されており，最初に与えた URL リストからウェブサイトネットワークを自動で作成できる．

**OSN データの取得**

　前に述べたいくつかのツールは，Twitter のような OSN からのデータ抽出機能を備えている．ツールで抽出する代わりに，TwitterAPI（https://dev.twitter.com/ を参照）などの API を用いて直接データ抽出が可能となっている場合もある．OSN データのスクレイピングを専門に行っている企業からデータを購入することも可能だ．しかし，データ入手方法や使用するデータに関しては法的，倫理的な問題も考慮しなければならない．

　OSN アプリケーション自体がスクレイピングを行う場合はもっと簡単だ．しかし，ユーザに対してプライバシーポリシーが適切に表示され，データ処理について法的な制限が尊守されなければならない．

　ソーシャルネットワーク分析ツールに関する一般的な情報については以下を参照してほしい．

- KDNuggets: http://www.kdnuggets.com/software/social-network-analysis.html
- Wikipedia: http://en.wikipedia.org/wiki/Social_network_analysis_software
- Knowledge Sharing Toolkit: http://www.kstoolkit.org/Social+Network+Analysis

**まとめ**

　本章では OSN グラフ分析の概略を述べた．OSN 分析では，リンクの定義が重要な側面となっていたことを思い出してほしい．トラフィック（コミュニケーション頻度）に基づいたリンクは，ユーザ同士が友達になったことをリンクの定義とするよりも，リンクの関係性をより正確に表現することができる．時間ごとのメッセージの授受を考えると，さらに多くの情報をリンクに付加できる．ユーザのデモグラフィック情報と行動記録（たとえば閲覧傾向，好き/嫌い）があれば，さらにリッチな情報をグラフに統合可能だ．

本章で取り上げた内容の詳細は以下を参照のこと[38].

- Gephi 0.8 alpha software, http://gephi.org/
- Mislove, A., Marcon, M., Gummadi, K.P., Druschel, P., Bhattacharjee, B., 2007. Measurement and analysis of online social networks. In: Proceedings of the 7th ACM SIGCOMM Conference onInternet Measurement (IMC'07), Oct. 24–26, 2007, San Diego, CA, pp. 29–42.
- Nettleton, D.F., Feb. 2013. Data mining of social networks represented as graphs. *Comput. Sci. Rev.*(7), 1–34, Amsterdam: Elsevier.

---

[38] 訳注　必要に応じて『オープンソースで学ぶ社会ネットワーク分析――ソーシャル Web の「つながり」を見つけ出す』(O'REILLY, 2012) も参照してほしい.

第 17 章

# インターネット上のデータを分析する 4
## ──検索トレンドの時系列変化をつかむ

**イントロダクション**

　本章はインターネット上のデータに関する分析について扱っている章の 4 章目であり，最終章である．本章では，Google Trends を使った検索ワードの時系列傾向分析について述べる．本章は大きく 2 つの節に分けられる．1 つ目の節では Google Trends を用いた実用的な例をあげ，ある検索ワードについて検索頻度の時系列変化を示す．その後，4 つの主要なトレンドタイプを実データを使用して定義する．2 つ目の節では時系列データの処理，説明因子の定義，クラスタリング手法と予測モデリング手法を適用した時系列データの分類を行う．また，本章を通して，インターネット上でのマーケティング，ブランディング，センチメント分析において，上で述べた情報がビジネス上どのように役立つのかを示す．

　以上の分類とデータ処理は次の書籍に基づいている．

- Codina Filba, Joan and David F. Nettleton. "Collective Behavior in Internet— Tendency Analysis of the Frequency of User Web Queries."

　当該書籍の内容は本書の目的に合わせて適応されている．

**検索トレンドの時系列分析**

　本節は検索クエリに関するさまざまな時系列データの傾向の分類について定義を行う．具体的には，インターネット上の検索クエリについて，一定期間内

の振る舞いに対するトレンドの判別を行う．実際の検索クエリとその傾向についてのデータは，Google Trends（http://google.com/trends）で確認できる．

　マーケティング分析の観点から，ファッショントレンドの流行のメカニズムや，群集の心理などに基づいた人間の行動に関するさまざまなモデルが提案されてきた．特定の集団を使ってイベントやマーケティングキャンペーンの影響を測定する場合，十分にバランスのとれた回答者の集団を用意し定期的に測定を繰り返すことは困難かつ高価であるため，調査は一般的に一時点で実行されることが多い．そして，時系列調査を行う場合は，調査開始前にすべての段階の調査設計を終えておく必要がある．また，調査対象からの予期せぬ回答や外部事象の影響評価を十分に行えるアンケートを設計することはおそらく不可能である．2004年から，Google Trendsは検索数の多いワードに対する週次データを提供し始めた．これにより，一時的なマーケットの発展とイベントへの反応の調査が可能となった．これはGoogle Trendsが現れるまでは計測が不可能だった．以上から，Google Trendsはインターネット上のマーケティング，ブランディング，センチメント分析のサポートツールとして有効である．本書では2013年版のGoogle Trendsを使用している．2013年版では，特定のキーワードに対する時系列の頻度統計値のダウンロードが可能となっている．以降で使用する4つの代表的な傾向を以下のように定義する．

　タイプS：全期間にわたって単調に増加/減少
　タイプC：周期的，規則的な変化
　タイプB：急激な変化
　タイプP：特異的なピーク

### インターネットマーケティング

**集合知**

　2005年にJames Surowieckiが著した「The Wisdom of Crowds」という書籍は，インターネットマーケティングに関連した名著である．当該書籍が出した結論の1つは，答えは群集に聞け，ということだ．ほかにJon Kleinbergは，メディア（情報ス

トリーム）内のあるイベントやプレスリリースが，特定のトピック，ウェブサイト，ドキュメントに関連した急激な変化を誘発するまでユーザの検索動作が一定であることを 2002 年の研究で発表した．もう 1 つの提案は打率の概念だ．これは商品の購入につながる訪問の割合が，その商品の人気の尺度になる，ということを表している．この現象は映画や音楽のダウンロードサイトで観測されている．H.Choi と H.Varian の研究を含む，Google Trends を使った最近の研究では，統計的回帰モデルを使用して，自動車産業における需要予測曲線や，米国の福祉制度における失業給付の初期請求額に対する予測を行っている．また，Jörg Rech はソフトウェア工学への応用と知識発見のために Google Trends を使っている．詳しくは章末の参考文献を見てほしい．

## Google Trends——トレンドパターンの分類

本節では，インターネット上の検索ワードの人気指標を用いた 4 つの主要なトレンドパターンの定義を行い，仮定した 4 つの傾向を実データによって示した．それぞれの検索ワードに関するデータは Google Trends（http://google.com/trends）から取得した．ローデータは Google Trends が提供するオプションを使用して Excel ファイルでダウンロードされ，グラフは Excel 内で生成した．

4 つの主要なトレンドパターンは以下のとおりである．

S： 調査中の全期間に渡った単調増加または単調減少
C： クリスマスのような季節性のある周期的/断続的な変動（増減）
B： キャンペーン，イベント，ニュース/プレスリリースに関連した突発的な値の大きな変動（増減）
P： 比較的短い時間にピークが濃縮され，ピークに達した後，元の水準に戻る

本節では以降，特定のクエリの時系列プロットを示す．それぞれのケースで，例示したデータは主要なトレンドパターンと 1 つ以上の副次的なトレンドパターンに分類される．両者ともに S，C，B，P のいずれかのタイプに分類される．

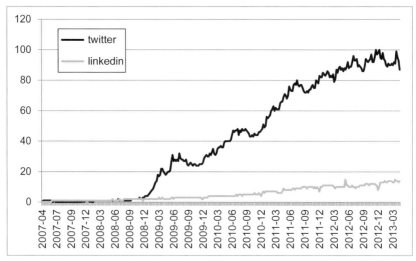

**図17.1** 「Twitter」と「LinkedIn」の検索頻度の時系列プロット

## タイプS ： 単純増加/減少

　図17.1は，主要な傾向タイプがSのデータを示している．グラフを見ると，それぞれの検索ワードで期間を通して上昇傾向を示している．特に2009年以降，「Twitter」は「LinkedIn」よりも強い上昇傾向を示している．しかし，両者の数値を見る際に，Twitterは一般的に使用されるソフトウェアであるのに対して，LinkedInはビジネスに特化したものである，ということも考慮する必要がある．

## タイプC（周期性）とタイプS（単純増加/減少）の混合トレンド

　図17.2は，傾向タイプCと副次的にタイプSが混ざったデータを示している．また，季節性の傾向が2004年から明確に見て取れる．DVDとmp3の両者とも，特に2004年から2009年にかけてクリスマス期間中のピークが顕著である．しかし，2008年以降DVDは減少傾向にあり，一方でmp3は上昇傾向にある．両者ともにタイプSの傾向も強く示している．

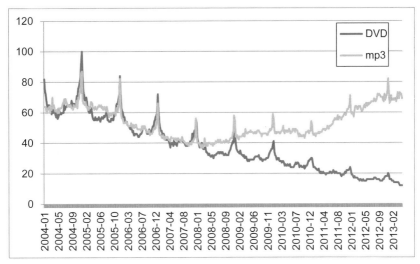

図 17.2 「DVD」と「mp3」の検索頻度の時系列プロット

## タイプ B（突発的な値の増減）とタイプ C（周期性）の混合トレンド

図 17.3 は，タイプ B と副次的にタイプ C が混ざったデータを示している．「Toyota Prius」の検索は 2008 年末までは突発的な値の変動が見られた．しかし，グラフ後半の 2009 年から 2012 年にかけては勢いがなくなっている．「Ford Focus」は 2007 年末から突発的な値の上昇が見られるようになった．季節変動の面では「Ford Focus」は，各年の年始に強い上昇傾向を示している．プロモーションキャンペーンが行われた際には，スパイク反応も見られる．

## タイプ P ： 特異的なピーク

図 17.4 は特異的なピークを示しており，タイプ P のわかりやすい例である．タイプ P では，限られた期間の中で高い関心を集めていることが示され，その後，以前の水準またはそれに近い値に数値が落ちている．図を見ると，YouTube 上の Gangnam Style というビデオが公開されたときに最初のピークが現れている．2012 年 9 月にピークを向かえ，2012 年 12 月には 10 億ビューに到達した．人気は数ヶ月続いたが，それは有名人や有名企業からの複数の推薦と，い

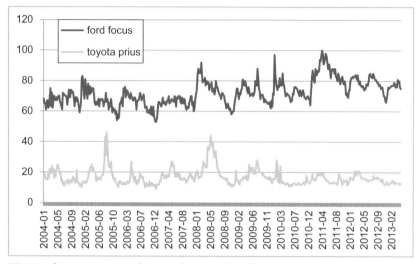

図 17.3 「Ford Focus」と「Toyota Prius」の検索頻度の時系列プロット

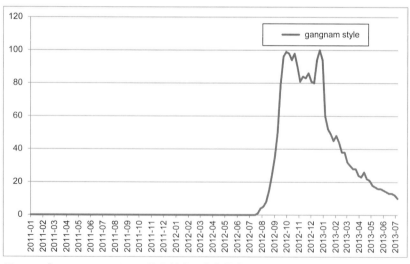

図 17.4 「Gangnam Style」の検索頻度の時系列プロット

くつかの模倣動画のおかげでもあった．2つ目のピークは2012年12月末に到来しており，Gangnam Style New Year's Eve の公演がニューヨークのタイムズスクウェアで行われたことに起因する．しかし2013年1月には人気が急激に落ち始め，現在では完全に勢いを失っている．

## 検索トレンドデータへのデータマイニングの適用

本節では個々のトレンドを，前節で定義した4つのカテゴリのいずれかに分類，グループ化するためのデータマイニングモデルの作成について述べる．作成されたモデルによって新たに取得したトレンドデータを4カテゴリのうちの1つに分類することが可能となる．分類の有用性（ビジネス，ブランディング，マーケティング上の利益によって定義される）は，検索ワードの選択に依存する．

モデル作成にあたり，まず，トレンドを表現するための特徴量を決定した．特徴量の個々の要素は，時系列の特性を捉えることに特化した表現が用いられた．次に Google Trends からデータを抽出し，大まかな前処理を実施し，最後に，$k$ 平均法によるクラスタリングとニューラルネットワークを用いた予測/分類器を組み合わせたモデルにより，S，C，B，P の4つのトレンドのいずれか1つに分類した．

## トレンドを表現するための説明因子

トレンドを表現するための13の要因を特定し，モデリングの際に入力として使用した．その因子を表17.1に示す．因子1～4，11～13は個別の特徴を参照しており，一方，因子5～10は期間内のすべてのデータを参照している．

> **トレンド表現**
>
> **特徴**
> スパイク反応と継続的な数値の上昇がグラフ内の特徴の例としてあげられる．スパイク反応は図17.2，図17.3で見られ，継続的な上昇トレンドは図17.1で見られる．

上記の方法では，平均値，標準偏差，比率が特徴把握のために使われた．これらの値は S，C，B，P のそれぞれのタイプ間で大きく異なる．また，モデリングのための訓練データ/テストデータを作成する前に正規化を行うことは重要である．データセットに対して，0.0 から 1.0 の間に値を正規化するには，最大値で除算すればよい（すべての変数で最小値は常に 0 となっているため）．表 17.1 中の $y$ は検索頻度を表しており，図 17.1 から図 17.4 までの $y$ 軸の値である．

図 17.2 と表 17.1 を見ると，「DVD」を検索ワードとしたトレンドを観察することができ，トレンドを作っている因子を特定できる．表 17.1 の最初の因子は特徴の数であり，9 と定義された．図 17.2 を見ると，2004 年から 2009 年の間にタイプ C の特徴がはっきりと現れている．しかし，2009 年からその特徴は徐々に弱まっている．これは期間内の一部で起きており，モデリングの際に問題となる可能性がある．

次の 2 つの因子は，「特徴間の平均距離」と「特徴間の距離の標準偏差」であ

**表 17.1** モデリングに使用される説明因子

| 因子 | 説明 | 例（DVD） |
| --- | --- | --- |
| 1 | 特徴の数 | 9 |
| 2 | 特徴間の平均距離 | 0.15 |
| 3 | 特徴間の距離の標準偏差 | 0.02 |
| 4 | 特徴の前後での $y$ の比率 | 0.83 |
| 5 | トレンド開始時点での $y$ | 0.82 |
| 6 | トレンド終了時点での $y$ | 0.13 |
| 7 | トレンド中央での $y$ | 0.36 |
| 8 | （トレンド開始点の $y$）/（トレンド終了点の $y$） | 0.68 |
| 9 | $y$ の標準偏差 | 0.17 |
| 10 | $y$ の平均値 | 0.38 |
| 11 | 特徴量の頂点の値の平均値 | 0.20 |
| 12 | 特徴量の底の値の平均値 | 0.072 |
| 13 | 特徴量の（頂点の値）/（底の値）の平均値 | 2.77 |

る．これらの因子は期間依存性が強いトレンド（タイプ P）で使用してはならない．表 17.1 を見ると，DVD の例では「特徴間の距離の標準偏差」は 0.02 であり，小さい．また「特徴間の平均距離」は 0.15 であった．これは 12 ヶ月間という期間内で正規化したときの値である．

タイプ S のトレンド（単純増加/減少）における説明因子は 4 と 8 であり，これらの因子から全期間での $y$（頻度）の最初の値と最後の値を判別できる．DVD の例では，強いタイプ C の性質（周期性）を示しており，また，期間を通して強いタイプ S の減少トレンドも示している．表を見ると，因子 4 で 0.83 となっており，すべての特徴に対して特徴前後での $y$ の比率の平均値が 0.83 になっていることを意味している．因子 8 は 0.68 であり，期間の最後の $y$ の絶対値は期間の初期段階から 68 ユニット（80–12）を失っていることを示している．因子 4 はマーケティングキャンペーンの結果を評価するために重要である．なぜなら，ブランドの人気はキャンペーン前のレベルに対して，キャンペーン後の値がより高いレベルにとどまっているかを確認することが重要だからである．

タイプ P では，すべての因子が特異的（明らかなピークがある）である．タイプ B はタイプ C と混同しやすいが，期間を通して，いくつかの判別可能なピークがあり，それらのピークは不均一にバラつく（非周期的）．したがって因子 2 と 3 から，このトレンドは判別される．因子の相関分析は，因子の有意性や相互関係を裏付けることにより上手く働く．

## データ抽出と前処理

データセットを作成するために，それぞれのクエリに対する頻度データを Google Trends から Excel ファイルでダウンロードする．データセットは約 500 のクエリの頻度データから構成され，頻度データは週単位で集計されている．また，データセットには 2004 年 1 月から 2013 年 7 月までのデータが含まれている．以降，4 つのトレンドに対して，それぞれ 5 つの例を選定し，全部で 20 の例を示す．

例に使用したクエリは 1 つの用語から構成されており，S，C，B，P のいずれかに近い傾向を示すワードが選定された．たとえば，「Twitter」はタイプ S

**表 17.2** 検索ワードとトレンドタイプ

| 検索ワード | 主要なトレンドタイプ | 副次的なトレンドタイプ |
| --- | --- | --- |
| Twitter | S | |
| LinkedIn | S | |
| DVD | C | S |
| mp3 | C | S |
| Ford Focus | B | C |
| Toyota Prius | B | C |
| Gangnam Style | P | |

の例，「Gaungnam Style」はタイプ P の例として選定されている．実世界のトレンドデータの「ノイズ」を反映させるようにクエリ抽出が行われたため，トレンドタイプが混合または不完全なものも含んでいる．

表 17.2 は，訓練/テストデータに使用した検索ワードとトレンドタイプを示している．Google Trends によって生成されたデータセットの説明因子の計算には Excel が使用された．その後，加工されたデータセットは訓練セットとテストセットに分割された．

## トレンドのクラスタリングと予測モデル

本節では，クラスタリングと予測モデル（分類モデル）の結果について述べる．クラスタリングには $k$ 平均法を，分類には IB$k$ (instance-based learning algorithm) [39] を使用した．計算には Weka バージョン 3.5.5 (http://www.cs.waikato.ac.nz/ml/weka/) を使用し，4 つの定義済みのトレンドタイプにデータを分類するモデルの生成を行った．本節では以降，クラスタリングと教師あり学習について述べる．クラスタリングの目的はトレンドのグループ化であり，分類結果を解釈しやすくするためのものである．予測分類

---

[39] 訳注　Weka の実装では $k$ 近傍法を使用している．

手法の目的は，以前に定義した4つのトレンドタイプにトレンドインスタンス（検索ワード）を分類することだ．

### $k$ 平均法の活用

$k$ 平均法をそれぞれの時系列データに対して適用した．クラスタリングに使用したデータは，表17.1に示した要素である．クラスタ数を4として $k$ 平均法が行われた．図17.5が結果として生成されたグラフである．訓練データセットで定義されたトレンドが曖昧さを含むため，クラスタ化が困難であることが図からわかる．タイプS（単純増加/減少）は最もよく判別されている．しかし，2つの異なるクラスタに分割されている．タイプP（特異的なピーク）はクラスタC3にうまくグルーピングされている．タイプB（突発的な値の変化）とタイプC（周期的な変化）は，C4にグルーピングされた．ただし，タイプCの1つのインスタンスがクラスタC3に分類されてしまっている．

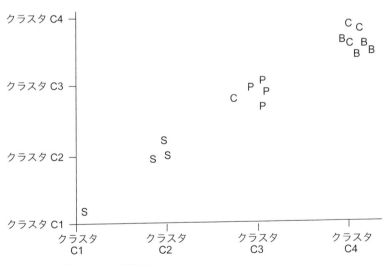

**図17.5** $k$ 平均法による可視化

## 予測モデリング

ここでは，それぞれの時系列データに対する IB$k$ を用いた予測モデリング手法の適用について述べる．インプットデータとして表 17.1 に示した要素が使用され，アウトプットとしてトレンドタイプが出力される．

表 17.3 では，結果を測定するために適合率と再現率の 2 つの指標が使用されている（適合率，再現率については第 9 章を参照してほしい）．表 17.3 はすべての適合率を示しており，テストデータにおいてタイプ S とタイプ P はベストの値となっている．4 つのタイプのうち，最低の適合率となったのは想像どおりタイプ B であった．タイプ B と C を観察すると，再現率が適合率を上回っている．一方，タイプ S と P では適合率と再現率が同じとなった．

表 17.3　クラスタリングに関する平均適合率および平均再現率

| タイプ | 訓練 | | テスト | |
| --- | --- | --- | --- | --- |
| | 適合率% | 再現率% | 適合率% | 再現率% |
| S | 100 | 92 | 100 | 100 |
| C | 68 | 86 | 65 | 82 |
| B | 48 | 49 | 50 | 60 |
| P | 100 | 95 | 100 | 100 |
| 平均 | 79.00 | 80.50 | 78.75 | 85.50 |

表 17.3 の結果は，タイプ S（単純増加）とタイプ P（特異的なピーク）ではテストデータの適合率が 100% となっており，判別も分類も簡単であることを示している．タイプ B（突発的な値の上昇）はアドホックな性質の特徴であり，かつ，ノイズの存在によって分類が難しくなっている．タイプ C（周期的）の適合率は 65% であり，再現率は 82% であった．数値が低い理由としては，ノイズの存在と例として使用したデータの曖昧さによる．適合率の値は訓練データとテストデータに使用したデータ（検索ワード）の選定に非常に依存している．特に，期間内にどれだけ明確にトレンドが現れていたかの影響を受けている．

## まとめ

　本章では，Google Trends から取得した実データを使って，検索ワードにおける検索頻度の時系列変化を示し，4つの主要なトレンドタイプの分類の定義を検討した．そして取得した時系列データを，事前に定義した4つのカテゴリに分類するために，クラスタリング手法と予測モデリング手法を適用した．結論として，トレンドがはっきり現れている時系列データを分類することは比較的簡単だが，複数のトレンドが混合していたり，ノイズを含んでいたり，アドホックなトレンドであると適合率が低くなる傾向になることがわかった．しかし，ノイズなどがない理想的なデータは現実世界にはほとんど存在しないことも事実である．

　また本章では，Google Trends はインターネット上の傾向を探索するためのマーケティング分析において有益なツールであることを示した．Google Trends で取得した検索ワードのデータには相対的な人気が反映されているからである．Google Trends のデータを活用することで，ブランド，ファッショントレンド，競合ブランドとの関係性などに関する市場傾向についての洞察を得ることができる．

　さらに詳しく知りたい方は以下を参照のこと．

- Aizen, J., Huttenlocher, D., Kleinberg, J., Novak, A., 2003. Traffic-based feedback on the Web. In: Proc. Natl. Acad. Sci. 101, Suppl. 1, pp. 5254–5260 Ithaca, NY: Cornell University.
- Choi, H., Varian, H., 2009. Predicting Initial Claims for Unemployment Benefits. Google Inc. Available at:http://googleresearch.blogspot.com/2009/07/posted-by-hal-varian-chief-economist.html.
- Choi, H., Varian, H., 2010. Predicting the Present with Google Trends. Google Inc. Available at: http://googleresearch.blogspot.com/2009/04/predicting-present-with-google-trends.html.
- Codina-Filba, J., Nettleton, D.F., 2010. Collective behavior in Internet – tendency analysis of the frequency of user web queries. In: Pro-

ceedings of the International Conference on Knowledge Discovery and Information Retrieval, KDIR 2010, Valencia, Spain. pp. 168–175.
- Google Trends. Google Inc. www.google.com/trends.
- Hall, M., Frank, E., Holmes, G., Pfahringer, B., Reutemann, P., Witten, I., 2009. The WEKA data mining software: an update. SIGKDD Explorations. 11 (1), 10–18.
- Klieberg, J., 2002. Bursty and hierarchical structure in streams. In: Proceedings of the 8th ACM SIGKDD International Conference on Knowledge Discovery and Data Mining. Edmonton, AB, Canada, July 23–25, 2002.
- Rec, J., 2007. Discovering trends in software engineering with Google trends. ACM SIGSOFT Soft-ware Eng. Notes. 32 (2), 1–2.
- Surowiecki, J., 2005. The Wisdom of Crowds. Anchor Books, New York, NY.

# 第18章

# データにおけるプライバシーと匿名化技術

## イントロダクション

　本章ではデータプライバシーと匿名化技術について述べる．この話題は，データマイニングに関するほとんどの書籍で議論されていない[40]．まず，いくつかの有名なインターネットアプリケーションにおけるデータプライバシーの扱い方について述べ，次に，法的な側面について簡単に説明を行う．その後，プライバシー保護について言及していく．プライバシー保護は，おそらくデータマイナーに最も関連している領域である．具体的な技術としては抽象化，匿名化技術，ドキュメントのサニタイズ[41]があげられる．

　データマイニングを行うにはデータを収集する必要がある．そして，分析で使用されるデータは適法な手段で取得したものでなければならない．つまり，法律の範囲内で得られるデータに限られる．たとえば，ユーザの検索履歴，OSN内での行動履歴，プロファイルの詳細データを分析者がもっているとする．検索エンジンの会社の場合，検索履歴データが検索エンジンの会社に属し，OSNプロバイダーではユーザの行動履歴，ユーザプロファイルデータが企業に属する．これらの企業に勤めている分析者が，自社内のデータを使用することをユーザは悪いことではないと考えるだろう．しかし，アナリストが第三者にあたる他の会社に勤務している場合において，同じデータセットを取得していたとしたらユーザはどのように思うだろうか？　第三者への開示制限はインターネット利用上のプライバシーにおける重要な問題となっている．

---

[40] 訳注　和書では『データ解析におけるプライバシー保護（機械学習プロフェッショナルシリーズ）』（講談社，2016）が参考になる．
[41] 訳注　データの部分な除去，書き換え．

プライバシーの他の側面として，アプリケーションプロバイダーによるユーザ行動のトラッキングがあげられる．たとえば，cookieを使用した個人情報，個々のユーザの傾向（閲覧サイトや検索の嗜好性）の取得がそれにあたる．

> **データにおけるプライバシー**
>
> **金融，医療分野のデータ**
> 　金融と医療は特に個人に関連性が強いため，データプライバシーにおいて重要な領域となっている．金融データについて考えると，口座情報，クレジットカード番号，資産情報，負債情報などへの不正アクセスが，個人情報の不正取得，詐欺行為，口座からの不正引落しなどにつながる可能性がある．医療データでは疾病履歴や病状といった個人情報の漏洩につながる．

携帯電話や端末に組み込まれている位置情報機能を使うことによって，OSN ユーザはその瞬間のフレンドの正確な位置を知ることができる．しかし，ユーザはアプリケーションに行動がトラッキングされていることに気づいていないかもしれない．行動履歴の分析によって，公開を望んでいない個人情報が漏れる可能性もある．

表18.1は，機密情報として扱われるデータ（年収，現症など）と，非機密情報（年齢，zipコードなど）の例を示している．

データマイニングにおける危険性として，何らかの事情で開示されている個

**表18.1　機密情報と非機密情報の例**

| 非機密情報 | | 機密情報 | |
| --- | --- | --- | --- |
| 年齢 | Zipコード | 年収 | 現症 |
| 25 | ABC | $25,250 | 糖尿病 |
| 35 | ABC | $40,938 | エイズ |
| 70 | QE2 | $0 | 突発性難聴 |
| 50 | QE1 | $75,400 | なし |

人情報に紐付いているデータセットを使用する場合があげられる．税務署や警察，地方自治体，中央省庁，保険会社，医療団体などの組織では個人のデータレコードを相互参照可能であるため，意図せず個人を特定できるデータを形成してしまう恐れがある．結果として，公民権を犯すような違法行為を構成する可能性や情報が悪用されてしまう可能性がある．

## 主要なアプリケーションとデータプライバシー

　最近，GoogleやFacebookのような主要なアプリケーションプロバイダーは，適切な場所にプライバシーポリシーを配置している．プライバシーポリシーにはユーザが自身の個人情報の取り扱いをコントロールする機能をアプリケーション内に組み込んでいる旨も含んでいる．

　Googleの主要な検索ページでは，画面の下側に「cookieの使用を前提に我々のサービスは提供されています．もしあなたが我々のサービスを使用したいのであれば，cookieの使用を許可してください．＜承諾＞＜詳細情報＞」，という記載がされているだろう．いくつかのサービスでは，セーフサーチや最適な広告表示を行うため，ユーザの好みを記憶していることや，サービスへの登録とデータ保護のために所定のウェブページへの訪問回数をカウントしていることについても言及している．しかし，IPアドレスやモバイルデバイスIDのような識別子，ユーザのコンピュータの詳細情報についてもセッション中に取得されている可能性がある．

　プライバシーポリシーの中でGoogleは，ユーザの個人データを外部の会社や組織と共有するということはない，と主張している．しかし，ユーザが承諾したとき，または合理的な必要性があるとGoogleが判断したときは，外部の企業，組織，個人がデータにアクセスする場合もある，という例外を提示している．Googleにおけるポリシーの詳細については www.google.com/policies/privacy を見てほしい．

　Facebookのプライバシーに関する公式ページには以下のトピックについて記載がある．Facebookが取得した情報の利用目的，コンテンツシェアの方法，他ユーザからの検索のされ方，情報共有範囲，Facebookソーシャルプラグイ

ンや Facebook 外で利用したゲームやアプリケーション，ウェブサイトでの情報のシェア，広告やスポンサー記事の表示方法，ユーザ情報の共有がない場合の広告の表示方法，ユーザの社会的状況，cookie，Facebook ピクセルと広告のマッチ方法．

　ユーザが Facebook に登録する際，E メール，誕生日，性別といった基本的な情報が収集される．Facebook は誕生日（と年齢）は個々のユーザに対して適切なサービスや広告などを提供するために必要な重要情報だと主張している．再掲となるが，IP アドレス，モバイルデバイス ID，コンピュータの詳細情報もセッション中に収集することが可能だ．ユーザがコンテンツの作成，写真のアップロードなどをする際に，情報公開範囲を全員，友人，またはカスタム設定にするかを選択することができる．カスタムオプションでは特定の個人やグループに対してのみ情報公開をすることができる．これはユーザが自身のウォールに書き込みを行う際にも設定できる．また，ユーザはアカウントを非アクティブな状態にすることやアカウントの削除も可能である．アカウントが削除されたとしても，いくつかの情報は削除後 90 日間保存されると Facebook は述べている．しかし，おおむね 1 ヶ月以内に完全に情報が削除される．Facebook における個人情報の取扱いの詳細は https://www.facebook.com/about/privacy を見てほしい．

　インターネット上の検索の多くは，Mozilla Firefox，Internet Explorer などのウェブブラウザを使用して行われる．図 18.1 は，Mozilla Firefox のプライバシーとセキュリティに関するページを示している．ウェブブラウザのオプションには検索履歴の管理，トラッキングのための cookie の保存，ポップアップ広告バナー/ウィンドウの制御などのプライバシー設定が含まれている．ユーザはメインメニューからツールオプションを選択し，オプション，プライバシーとセキュリティタブの順に選択することで設定を行うことができる．

　プライバシータブの下にあるトラッキング設定では，トラッキングの防止およびウェブサイトへの設定の保存を許可させないようにできる．また，フォームの記載内容やダウンロード履歴，検索履歴，ナビゲーション情報の記憶もブロックすることができる．cookie は完全にブロックすることができるが，多くのアプリケーションは cookie の使用を前提としている．したがって，通常のオ

主要なアプリケーションとデータプライバシー 327

**図 18.1** Mozilla Firefox のプライバシーとセキュリティ情報

プションでは cookie が許可されている．しかし，Firefox ではブラウザが閉じられたときに cookie が削除されるようになっている．Firefox では，閲覧履歴も同様にブラウザを閉じた時に自動で削除するように設定可能である．

　セキュリティタブでは，ウェブサイトがコンポーネントをインストールしようとしたときにユーザに通知するオプションを設定することが可能だ．このオプションを設定することにより，通知のあったウェブサイトを悪意のあるウェブサイトや偽造サイトとしてブロックするように設定することもできる．さらに，パスワードの保存オプションの設定も可能だ．最もシンプルなセキュリティ対策は，ブラウザを閉じたときに常にすべてのデータを削除するように設定しておくことである．こうしておけば，詳細な個人情報をフォームへ入力した場合や銀行のウェブサイトでトランザクションが発生した場合に，入力された情報がユーザのコンピュータに残らない．そのため，他のアプリケーションから情報を閲覧することができなくなる．

　Internet Explorer にも Firefox と似たオプションがあり，上部のメニュー内の Internet Option から設定できる．Internet Option にはプライバシーとセキュリティの 2 つのタブがある．Internet Explorer（IE）のセキュリティオプションは，Firefox とはまったく異なったアプローチをとっている．IE では，デ

フォルト設定として高，中，低の3つのセキュリティレベルが用意されている．これらの設定は低から高にかけて，より厳しいセキュリティレベルの設定を提供している．また，Inprivateブラウズによるセッションを確立することもでき，当該セッション内ではプライバシーオプションが設定された状態となっている．Contentタブでは，明示的にコンテンツの排除が可能となっている（たとえばペアレンタルコントロールなど）．また，安全なトランザクション（オンライン購入，オンラインバンキングでのトランザクションなど）のためのセキュア・ソケット・レイヤー（SSL）証明書の使用を定義したり，ウェブページのフォーム入力の際のオートコンプリート機能をアクティブ/非アクティブにすることができる．最後に，家庭用のモデムはリセット（一度スイッチを切って，起動させる）することにより，IPアドレスが動的に再割り当てされるため，IPアドレスをもとに追跡を行っている者への追跡のヒントを断つことができる．

## 法的側面——責任と制限

約80の国がデータ保護規制を設けており，内容は国によって大きく異なっている．主なポイントとしては以下のとおりだ．

- データは明示された目的のためだけに収集されなければならない．
- 個人情報は第三者の組織や個人に対して公開してはならない．ただし，個人の承諾がある場合，もしくは法的許可がある場合はその限りではない．
- 個人情報は正しく管理され，常に最新の状態にする必要がある．
- 個人が自身の個人情報にアクセスし，情報が正しく管理されているかチェックする仕組みを提供しなければならない．
- データ収集時の目的上，不要になったデータは削除しなければならない．
- 現在の組織よりもデータ保護レベルが劣る第三者機関へのデータ移管は禁止されている．
- 例外的な理由が存在しない限り，性的嗜好や宗教的信念などの機密データの収集は禁止されている．

データプライバシーの法的側面に関する情報源として以下をあげておく[42]．

- Unesco Chair in Data Privacy：http://unescoprivacychair.urv.cat/
- European Commission – Justice – Personal Protection of Data：http://ec.europa.eu/justice/data-protection/index_en.htm
- Electronic Privacy Information Center – Privacy Laws by State (US)：http://epic.org/privacy/consumer/states.html
- Wikipedia – Information Privacy Law: http://en.wikipedia.org/wiki/Information_privacy_law
- Wikipedia – Information Privacy (general): http://en.wikipedia.org/wiki/Information_privacy

## プライバシー保護データパブリッシング

プライバシー保護データパブリッシング[43]に必要な処理として，パブリックドメインでの公開または第三者への配布にあたり，十分安全な状態にデータセットを保つ必要がある．最初にデータプライバシーの基本的な考え方を述べ，次にデータの匿名化に関するいくつかの一般的な技術について説明する．最後に，サニタイズに関連するトピックに取り組む．

## プライバシーの概念

本節では，プライバシー保護データパブリッシングの重要な概念である匿名化，情報の損失，およびデータ公開リスクについて述べる．

### 匿名化

匿名化の最も一般的な手法として $k$-匿名化がある．これは，対象となるデー

---

[42] 訳注　日本国内における法的側面については，wikipedia で「個人情報の保護に関する法律」を検索してほしい．
[43] 訳注　元データの機密性を保持しつつ，データ分析に有用な公開データを作成する技術．

タ内に同じ属性をもつデータが $k$ 件以上存在するようにデータを変換し，特定個人を他の $k-1$ 個の個体と識別できないようにする手法である．$k$ の値によってプライバシーレベルが設定できることも知られている．ここで，データセットが匿名化されていたとしても，アナリストが特定の人物を特定することができてしまう場合を考える．たとえば，データセットが 1 レコード 1 ユーザに対応しており，街，病気，年代の 3 つの変数を含んでいるとする．今，ある人物が人口 300 人の街（街は指名されている）に住んでいる場合を考える．当該個人の年齢は 30〜50 歳の間で珍しい病気（病名はわかっている）にかかっているとする．その街に住んでいる何人かの人は簡単にその人を特定できるだろう．なぜなら，300 人の住民のうち，30〜50 歳の人はたったの数人しかおらず，そのうち，珍しい病気にかかっている人は 1 人しかいないからである．このように具体的な詳細情報がなくても，個人を特定することは可能である．

意図しない個人の特定を防ぐ方法として，1 つ以上の説明変数を匿名化することがあげられる．ここで示した例の中で，まず考慮すべきことは，特定の街の名称ではなく国や地域に地理的情報を抽象化することである．同じプロファイルとなる候補者を十分に増やすことによって，特定個人のプロファイルに関連するリスクを減少させる．

> **データの匿名化**
>
> **準識別子**
> 　データ匿名化の困難の 1 つは，それぞれの説明変数が独立に匿名化されたとしても，いくつかの変数を組み合わせることにより，個人を特定できる可能性があることだ．したがって，データセットが正しく匿名化されているかを判断するために，順序や説明変数の組合せが考慮されているかをチェックしなければならない．これらのタイプの識別子は準識別子と言われており，zip コード＋誕生日＋性別などさまざまな組み合わせが考えられる．

図 18.2 は簡単な $k$-匿名化の概略図を示している．左の図は，個々人が一意に識別される状態を示している．よって $k=1$ である．中央の図は，個々人が少なくとも 1 名以上と同じプロファイルをもっている．よって，$k=2$ である．右

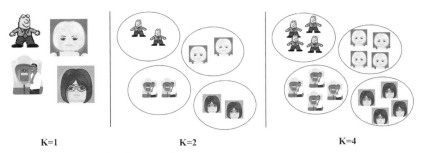

**図 18.2** $k$-匿名化の基本的なアイデア

の図は，個々人が少なくとも3名以上と同一プロファイルをもっている．よって，$k = 4$ である．図では $k$ の値に応じて個々人のプロファイルが同じになるように変更されている．したがって，右の図に示されている4人の金髪女性は，もともと若干の違いがあったのだが同一になるように変更が加えられたことを意味している．

**情報の損失**

前の例では，街の変数を国名に置換することによって一般化した．しかし，このような匿名化プロセスによって情報損失が起きることが知られている．これは街と国とでは，街の名前の方がより具体的な情報のため，情報価値としては街の方が高いことからわかるだろう．しかし，前の例では病名が抽象化された場合は，街名の抽象化よりもさらに多くの情報が失われるだろう．情報の価値は，情報の有用性を測定する方法によって異なる．つまり，アナリストが分析するためにどんな情報を望んでいるかに依存する．もし，医療データが分析されるのであれば，病名が重要な要素であり，地理的位置の重要性は低くなると考えるだろう．

情報損失はさまざまな方法で測定可能である．たとえば，匿名化の前と後で，各変数の相関を計算し，その差を算出するなどがあげられる．具体例として，データが完全に相関している（= 1.0）と仮定し，匿名化の結果，年齢の相関係数が 0.8 となった場合を考える．この場合，情報損失は $1.0 - 0.8 = 0.2$（20%）となる．

情報損失を測定する他の方法として，一連の有用なクエリを保持しておくことがあげられる．SQL タイプのクエリだと以下の例があげられる．"select * from table where age between 30 and 40 and city = Chicago"．比較は上のクエリを使用して，匿名化後のデータセットから返されたレコードの数と，元のデータセットから返されるレコードの数で行われる．

## 公開リスク

公開リスクは攻撃者（レコードセットから個人を特定したいと考えている者）の観点から評価される．つまり，攻撃者によって一意に識別されたレコードの割合を公開リスクの尺度として使用する．攻撃者は個人を特定するために，完全一致または近似マッチングを使用することとする．

匿名化技術として $k$-匿名化が適用されたとしたら，公開リスクは $k$ の値と直接関係してくる．$k$ の値が高くなればなるほど，リスクは小さくなる．

他の公開リスクの評価手法として，攻撃者のクエリを定義する方法がある．クエリを匿名化後のデータセットと匿名化前のデータセットで実行し，攻撃者のクエリが成功した頻度が匿名化後のデータセットでより低くなっていることを評価する．たとえば，攻撃者のクエリが "select * from table where illness = Alzheimer and age = 75" であったとして，匿名化前のデータセットで 5 レコード返ってきて，匿名化後のデータセットではまったく返ってこなかった．匿名化後では，「Alzheimer」は「dementia（痴呆）」に一般化され，年齢は 65〜85 歳に一般化されていた，というケースが考えられる．

## 匿名化技術

匿名化技術は匿名化対象となるデータのタイプ（カテゴリ型，数値，カテゴリ型と数値の混合など）に依存する．ミクロアグリゲーションは一般的な匿名化技術であり，パーティショニングとアグリゲーションを用いて行う．パーティショニングでは，それぞれのグループに少なくとも $k$ 個の識別できないレコードを含んでいるようにレコードをいくつかの異なるグループやクラスタに分割する．アグリゲーションは，まず各クラスタの重心を算出するためにクラスタ

表18.2 クラスタリングおよび平均/最頻値に基づいたミクロアグリゲーションの例

|  | 匿名化前 | | | 匿名化後 | |
| --- | --- | --- | --- | --- | --- |
|  | 年齢 | Zip コード | | 年齢 | Zip コード |
| クラスタ1 | 25 | ABC | ⟶ | 29 | ABC |
|  | 35 | ABC |  | 29 | ABC |
|  | 28 | DEF |  | 29 | ABC |
| クラスタ2 | 70 | QE2 | ⟶ | 58 | QE2 |
|  | 50 | QE1 |  | 58 | QE2 |
|  | 55 | QE2 |  | 58 | QE2 |

リングを行う．その後，匿名化前のレコードをそれぞれのクラスタの重心に最も近いレコードに置き換える．ミクロアグリゲーションは，数値データまたはカテゴリ型データ（名義尺度または順序尺度）の場合に使用可能である．

表18.2はミクロアグリゲーションの簡単な例を示している．まず，データを小さなグループに分割し，その後，各クラスタ内のレコードの値を置換する．表18.2では，数値属性は平均値に，カテゴリ型属性は最頻値に置換されている．この方法では，置換後のレコードの値は元の値に近いが，各クラスタ内のレコードは識別できないことがわかる．

一般化は，準識別子の構成要素をより一般的な値に置換（たとえば，街→州→国）する際にも使用される．年齢のような数値が対象の場合，一点の値から，より抽象的な値域に変換が行われる．たとえば，45歳，49歳，55歳の3名の人がいる場合，「45～50」，「51～55」の値域が使用されるだろう．

データの変換は再符号化（リコーディング）と呼ばれ，局所的（ローカルリコーディング）または全体的（グローバルリコーディング）に実行される．ローカルリコーディングは，特定の変数（zipコードなど）をローカルグループ（クラスタ化されたデータ）内のさまざまな値を使用して一般化することを意味している．一方グローバルリコーディングでは，すべてのデータセット内の値を使用し，より一般的な値で置換される．たとえば，データセットが性別によってクラスタリングされた場合，性別に応じてzipコードがローカルリコーディ

ングされる．グローバルリコーディングが行われた場合も，zip コードはローカルリコーディングと同様の方法で一般化される．ただし，性別や他の説明変数に関係なく一般化が行われる．リコーディングプロセスは 1 次元，多次元のどちらでも実行可能である．前者の場合，それぞれの属性（zip コードなど）は個別にマッピングされる．後者の場合では，いくつかの属性を組み合わせて（zip コード＋誕生日＋性別など）マッピングが行われる．

　ミクロアグリゲーションに続いて，ランクスワッピングが匿名化や個人の特定を避けるための第二の主要な技術として使用される．ランクスワッピングは各属性の分布の統計的特性を維持しながらデータの変換（匿名化）を行う．交換対象は，データセット内で得られる他のレコードの値から作られるリストの中からランダムかつ一様に選択される．まず，ある属性に基づいてレコードをソート（ランキング）し，その後，交換が行われる．交換を実行することが許される値の範囲は，ランク位置に基づいたパラメータを使用することで調整を行う．許可される範囲が広ければ，情報損失は大きくなるが，公開リスクは小さくなる．逆に範囲が狭ければ，情報損失は小さくなるが，公開リスクは大きくなる．たとえば，年齢属性をもつレコードのデータセットが与えられたとして，プラスまたはマイナス 3 ランクの範囲内でレコード間の年齢の値を交換可能だと定義する．まずデータは，年齢属性に基づいて順序付けされる．その後，ランク 12 とランク 14 の人で年齢が交換される．12 と 14 の間のランクの距離は 3 という範囲制限以下に収まっている．しかし，12 と 16 のランクの人の間で交換を行おうとすると，ランクの距離が 4 となり定義した範囲制限を越えてしまうため，交換不可能となる．

　表 18.3 にランクスワッピングの簡単な例を示した．まず，ある変数（ここでは年齢）によってレコードをソートし，それから，ランダムかつ一様な方法に基づいて，交換可能制限の範囲内で値を交換する．この例では，プラスマイナス 2 ランクを交換可能領域としている．表 18.3 では，レコード 1 とレコード 2 の値が交換され，同様に 3 と 4，5 と 6 で年齢の値が交換されているが，zip コード属性は変更されてない．

表 18.3　交換可能領域を 2 ランクに制限した場合のランクスワッピングの例

| レコード番号 | 匿名化前 | | 匿名化後 | |
|---|---|---|---|---|
| | 年齢 | Zip コード | 年齢 | Zip コード |
| 1 | 25 | ABC | 28 | ABC |
| 2 | 28 | DEF | 25 | DEF |
| 3 | 35 | ABC | 50 | ABC |
| 4 | 50 | QE1 | 35 | QE1 |
| 5 | 55 | QE2 | 70 | QE2 |
| 6 | 70 | QE2 | 55 | QE2 |

## ドキュメントのサニタイズ

　ドキュメントのサニタイズは，より広く情報を利用可能にするために，ドキュメントから機密情報や制限情報を除去する処理である．サニタイズは，政府機関が公にドキュメントを公開する前に機密情報を排除する，という文脈で言及されることが多い．ドキュメントが紙の場合，単語，句，文節または段落全体の黒塗りもサニタイズに含まれる．

　他の文脈でも，ドキュメントのサニタイズは用いられる．たとえば，個人情報を含む裁判概要または医学的内容を新聞などで公開する場合が例としてあげられる．

> **ドキュメントのサニタイズ**
>
> **有益性とリスク**
> 　ドキュメントのサニタイズプロセスにおける重要な側面として，サニタイズされたドキュメントは有益な情報を維持しつつ，かつ機密情報は公開してはならない，ということがあげられる．

サニタイズプロセスを形式化するために，2009 年に発令されたアメリカ合衆国大統領令 13526 のような一般的な公式のガイドラインが定義されている．

ドキュメント数やテキストの量が膨大な場合，手作業によるサニタイズは不可能である．そこで，ERASE（Efficient RedAction for Securing Entities）システムや，SIMPLE REDACTOR，K-REDACTOR などのアルゴリズムがドキュメントサニタイズの半自動化のために開発されている．ERASE は構造化されていないテキストに対する自動的なサニタイズが可能なシステムであり，ドキュメントから特定の単語を除去することにより機密情報の開示を防ぐことができる．単語は以下のような方法で選択される．ドキュメント内の保護されていないエンティティは，エンティティデータベースと照合することにより推測される．SIMPLE REDACTOR と K-REDACTOR は機密情報を保護しつつ，事前に有益だとわかっている情報を保つアルゴリズムである．機密情報の発見はマルチクラスの分類問題だと考えられ，サニタイズの問題に同様の特徴量選択手法やアルゴリズムが適用される．

ERASE についての詳細は以下を参照してほしい．

- Chakaravarthy, V. T., H. Gupta, P. Roy, and M. K. Mohania. 2008. "Efficient Techniques for Document Sanitization." In: Proceedings of the 17th ACM Conference on Information and Knowledge Management. CIKM'08, October 26–30, 2008, Napa Valley, California, pp. 843–852. New York, NY: ACM.

SIMPLE REDACTOR と K-REDACTOR の詳細は以下を参照願う．

- Cumby, C. and R. A. Ghani. 2011. "Machine Learning Based System for Semi-Automatically Redacting Documents." Innovative Applications of Artificial Intelligence, North America. (http://www.aaai.org/ocs/index.php/IAAI/IAAI-11/paper/view/3528/4031)

本節では以降，Pingar と WordNet の 2 つのアプリケーションを使ったテキストブロックのサニタイズの簡単な例について述べる（参考文献は本章の最後を見てほしい）．Pingar は固有表現認識を行い，テキスト内のエンティティを

匿名化された値に置換する．人，組織，住所，E メール，年齢，電話番号，URL，日付，時間，金額，量が匿名化の対象となる．このプロセスでは単純に，Pers1, Pers2,..., Loc1, Loc2,..., Date1, Date2,..., Org1, Org2,... のように情報が置換される．

WordNet はオントロジーデータベースであり，リスクとなる単語リストをもとにシノニムとハイポニムを探すのに使用される．例えば，「account」という名詞が入力された場合，以下の応答が返ってくる．

> account, accounting, account statement (a statement of recent transactions and the resulting balance ) "they send me an accounting every month"
> hyponyms : capital account, profit and loss account, suspense account, expense account, and so on.

リスクとなる単語の初期リストと，与えられたコンテンツに対するハイポニム（金融的な意味での account）を用いることにより，ドキュメント内の全ての単語のインスタンスにラベル付けを行う．最後のステップとして，ラベル付けされた単語をもとに削除する部分を手動で選択する．

ここで，処理の流れを簡単に説明する．まず，Pingar で固有表現が削除され，その後 WordNet によってリスクとなる単語とそのハイポニムを含むテキストブロックが削除される．例として，以下のテキストの処理を考える．

> Smith 氏は XYZ 株式会社には 1000 万ドルの負債があり，これは同社の過去 3 年分の収益の 10 倍にあたる，と Jones 氏に言った．Smith 氏は続けて，ブラジルのサンパウロにある XYZ 株式会社の子会社の ABC 株式会社の過半数の株式を失い，すぐに他社に乗っ取られることになるだろう，と Jones 氏に伝えた．NYSE 上の株価は過去の会計年度で 15.20 ドルから 7.10 ドルにダウンしていたが，さらに下がることが予想されている．原材料費が昨年比 50% 増加したことから，間接費と利益率に大きなインパクトを与えている．

上の文章を Pingar で処理した結果は以下のようになる．

PERSON1 は ORGANIZATION1 には MONEY1 の負債があり，これは同社の過去 3 年分の収益の 10 倍にあたる，と PERSON2 に言った．PERSON1 は続けて，ブラジルのサンパウロにある ORGANIZATION1 の子会社の ORGANIZATION2 の過半数の株式を失い，すぐに他社に乗っ取られることになるだろう，と PERSON2 に伝えた．NYSE 上の株価は過去の会計年度で MONEY2 から MONEY3 にダウンしていたが，さらに下がることが予想されている．原材料費が昨年比 PERCENTAGE1 増加したことから，間接費と利益率に大きなインパクトを与えている．

収益，株式，価格，口座をリスクとなる単語として WordNet で処理した結果は以下のようになった．

　　　PERSON1 は ORGANIZATION1 には MONEY1 の負債があり，これは同社の過去 3 年分の収益の 10 倍にあたる，と PERSON2 に言った．PERSON1 は続けて，ブラジルのサンパウロにある ORGANIZATION1 の子会社の ORGANIZATION2 の過半数の株式を失い，すぐに他社に乗っ取られることになるだろう，と PERSON2 に伝えた．NYSE 上の株価は過去の会計年度で MONEY2 から MONEY3 にダウンしていたが，さらに下がることが予想されている．原材料費が昨年比 PERCENTAGE1 増加したことから，間接費と利益率に大きなインパクトを与えている．

　上の出力結果を見ると，複合語を含めた個々のリスク単語が識別されていることがわかる．また，口座と関連している負債についても識別された．後者は WordNet の口座（account）のハイポニムリストから得られたものである．
　最後のステップとして，半自動化プロセスによってリスクとなる単語が多く含まれるテキスト領域を特定し，それらの単語を含むフレーズ全体を排除する．半自動化プロセスでは，テキスト領域を削除する前にシステムが人間に確認を求める．
　あるいは，テキストを削除する代わりに，システムによってリスクを含む単語をより一般的な概念に置換することもできる．たとえば，コンセプトツリーを

使って，「金融」という単語を置換対象とした場合，テキスト中のすべてのリスクとなる単語を見つけることができる．第三の選択肢は，両者の方法を混合して使用することだ．つまり，まず置換を行い，その後，最後の手段として削除を行う．

Pingar に関して詳細を知りたい場合は以下を参照してほしい．

- Pingar – Entity Extraction Software : http://www.pingar.com

WordNet についての詳細は以下を参照してほしい．

- Fellbaum, C., (Ed.) 1998. WordNet: An Electronic Lexical Database. MIT Press, Cambridge, MA. Princeton University, 2010. About WordNet. WordNet. Princeton University. http://wordnet. princeton.edu.

# 第19章

# ビジネスデータ分析のための環境整備

## イントロダクション

　本章では，分析ツールを用いてビジネスデータ分析を行うための2つのアプローチについて議論する．1つのアプローチとしては，強力で統合された非常に高価なツールの使用であり，多国籍企業，銀行，保険会社，大型小売店，大規模なオンラインアプリケーションプロバイダなどが使用する傾向にある．このようなツールを使用する際には，ツール自体の役立て方，大規模データでのベストな機能のさせ方や，データベースの統合においてコンサルタントやメーカーのサポートが必要になることが多い．他方，低価格なソフトウェアツールは，技術を要するがビジネスデータ分析に非常に特化した形で提供されていることが多い．

## 統合ビジネスデータ分析ツール

　さまざまな商用のデータ分析ツールが存在している．販売に関するデータ分析のための主なシステムとして以下があげられる．Intelligent Miner for Data (IBM)，SAS Enterprise Miner，IBM SPSS Modeler（以前の名称は SPSS Clementine），Oracle Data Mining Suite．これらのデータマイニングシステムの主な特徴は以下のとおりである．
　すべてのシステムはデータの前処埋，探索，モデリングのためのデータ分析に必要な基本的な機能を備えている．また，分類やセグメンテーション（クラスタリング）機能も提供している．ニューラルネットワーク，線形回帰，ロジスティック回帰などの予測機能も含んでいる．具体的な手法として，分類では

C5.0 や ID3 などのルールインダクション手法が，グルーピングに関しては $k$ 平均法や自己組織化マップ（SOM）があげられる．

　IBM の Intelligent Miner for Data は放射基底関数（RBF）を用いた予測やセグメンテーション，デモグラフィックモデル（デモグラフィッククラスタリング）を作成する際に使用されるコンドルセクライテリアに基づいた手法[44]も備えている．コンドルセクライテリアは多くのカテゴリ変数をもつデータの処理に役立つ[45]．アソシエーション分析，時系列分析，シーケンシャルパターン分析[46]（頻度分析とシーケンシャルパターン認識に基づいた手法）も用意されている．Intelligent Miner for Data の特徴は，質の高いアルゴリズムと大規模データの処理に長けていることだ．本システムのユーザインタフェースの最も強力な特徴は，探索時のデータや結果の可視化である．この可視化では，すべての変数の分布を同時に確認することができ，数値データはヒストグラムで，カテゴリ型データは円グラフで表示される．さらに，それぞれの変数の傾向の綿密な調査，各変数間の比較，異なる処理手法（ニューラルネット，RBF など）を異なるデータセット（ニューヨークからの顧客，18～30 歳の顧客など）に対して実行することも可能である．

　SAS Enterprise Miner は，データ分析の方法論である SEMMA（Sample（サンプリング），Explore（探索），Modify（データ加工），Model（モデル作成），Assess（評価））を体現してる．本システムは，利用可能な手法や処理プロセスを表現した独特のアイコンを使用したキャンパススタイルのユーザインタフェースを有している．したがって，アイコンをドラッグアンドドロップすることで簡単に操作可能となっている．インタフェース自体が SEMMA の概念のもとにユーザをガイドするように設計されている．アソシエーション，シーケンシャルパターン，決定木（CHAID/CART/C5.0），ニューラルネットワー

---

[44] 訳注　発見された各クラスタがどれほど均一か（その中のレコードがどれほど類似しているか）ということと，発見されたクラスタ同士がどれほど異なっているかということを評価し，クラスタの割り当てを行う手法．

[45] 訳注　デモグラフィックデータは通常，多くのカテゴリ変数を含んでいるためデモグラフィックモデルの作成に有効である，ということを主張したいと思われる．

[46] 訳注　アイテム間の順序を考慮したパターン抽出．人間が視覚認識によって手動で行うことを，システムが自動的かつ迅速に行うことができる．

ク，ロジスティック回帰，セグメンテーション（k 平均法），RBF，などの広範に渡る統計的手法が選択可能である．このツールの強みとしては，SEMMA に基づいたインタフェースを通して提供される，長い間に培われてきた統計的ノウハウ（SAS は統計ツールに特化した会社としての起源をもつ）およびグッドプラクティスである．

　IBM の SPSS Modeler は，元は Clementine と呼ばれており，ISL というイギリスの会社によって作成された．ISL は SPSS に買収され，その後 SPSS が IBM によって買収された．本ツールでは，ニューラルネットワーク，回帰，ルールインダクション，SOM によるセグメンテーション，決定木（C5.0）などの手法が使用可能である．最新版では，サポートベクターマシン，ベイジアンモデリング，シーケンス分析，時系列分析も提供されている．

　IBM SPSS Modeler は広範な可視化技術を使用しており，これによりユーザがデータの操作と処理を迅速に行える．処理結果はデータ間の関係を明らかにするために，散布図，ヒストグラム，分布表，スパイダーウェブダイアグラムなどのさまざまなグラフィカルな表現によって可視化される．データモデリングとしては，予測，予知，推定，分類を含んでおり，モデルは C 言語でエクスポートできる．したがって，他のプログラム内で使用可能である．また，Enterprise Miner と似たキャンパスタイプのインタフェースを有している．本ツールの強みはデータ操作の迅速性である．具体的には，グラフ作成，データのドリルダウン，前処理からモデリングプロセスへの接続が容易であることがあげられる．

　図 19.1 は IBM SPSS Modeler の画面を示してしてる．図の左側はキャンパスインタフェースであり，画面の下側にあるアイコンをドラッグアンドドロップすることでワークフローを作成することができる．このウィンドウの中で構成されているワークフロー（処理の方向は左から右）には，2 つのデータインプットアイコンがあり，2 つのデータはマージされ 1 つのデータストリームが作成されている．1 つのデータセットはロイヤルカスタマーから構成され，もう一方は非ロイヤルカスタマー（または，離反顧客）で構成されている．マージした後，データフローは「type（タイプ）」プロセスアイコンに行き着く．ここでは，すべての変数に適切な型（integer, date, category など）を付与する．その後，タイププロセスから「automatic data preparation（データ前処理）」

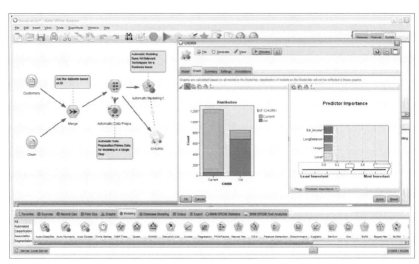

**図 19.1** IBM SPSS Modeler のスクリーンショット（Morelli, Theresa, Colin, Shearer, Axel Buecker からの許可を得て掲載している．引用元は "IBM SPSS Predictive Analytics: Optimizing Decisions at the Point of Impact." 当該書籍は IBM Redbook (REDP-4710-00, 2010) http://www.redbooks.ibm.com/abstracts/redp4710.html から入手可能．)

プロセスアイコンに移動する．データ前処理プロセスでは，外れ値や歪みの解析を行い，異常値や欠損値の識別を行う．2つの矢印はタイププロセスアイコンから右に向かい，2つのモデリングプロセスに送られる．一方はトレーニングモデルであり，他方（ダイアモンド形のアイコン）はテストモデルである．図の右側のウィンドウは，作成された予測モデルのインフォメーショナルデータである．ヒストグラムから「current」と「vol.」の2つのカテゴリにモデルが顧客を分類している様子がわかる．それぞれの縦棒は正確に分類された顧客の割合を示している．「predictor importance」は，出力（分類器のラベル）に対する入力の相対的な重要性を示している．図の下側のウィンドウでは，ユーザがモデリングタブをクリックしたときに，利用可能であるデータモデリング技法が表示される．

最後に，Oracle Data Mining Suite は分類，回帰，アトリビューション分析，

異常検知，クラスタリング，アソシエーション，特徴抽出の手法を提供している．分類手法としては，ロジスティック回帰，ナイーブベイズ，サポートベクターマシン，決定木を含んでいる．これらの手法は「はい/いいえ」，「高/中/低」などのカテゴリ型のアウトプットの予測を行う．回帰手法は重回帰やサポートベクターマシンを含み，数値型のアウトプットの予測を行う．Oracle Data Mining Suite は Oracle11g データベースに統合されている．

上記以外に，モデリング機能を備えた，より基本的な統計分析のツールとして，IBM SPSS Statistics がある．このソフトウェアは，買収後 IBM が旧 SPSS statistics パッケージに外部データベースとの接続性能などの機能を強化をしたものである．

商用分析ツールは現在どのように進化しているのか？　直近 10 年では，追加費用を支払うことで基本モジュールとは別に金融，保険，通信などの業界に特化したモジュールが提供されてきた．これらのモジュールは，ドメイン知識による付加価値と特定のビジネス課題のためにあらかじめ選択された変数および関数のセットが組み込まれている．メーカーはクロスセル，ロイヤリティ分析，および不正検出（特に保険業界）などのビジネス課題に対する既製のモデルを開発してきた．そして，これらのツールを CRM（customer relationship management）サイクルに導入する傾向にあった．この方法では，モデルからのアウトプット（たとえば，商品 X を最も買いそうな顧客リスト）が直接マーケティングプロセス（販促キャンペーン，カスタマーサポート，ロイヤリティキャンペーンなど）に反映される．営業やカスタマーサポートによって収集されたデータが直接データマートに入力され，データ分析プロセスで分析が行われ CRM サイクルが閉じられる．このようなツールの導入目的は，アナリストや意思決定者に最大限の力を発揮してもらうためである．

データ分析ツールはデータベースにより近い存在となってきており，データアクセスインタフェース（ODBC）経由だけでなく，データベースサーバ内の組み込み機能として使用可能となっている．また，ベンダーは一般的なデータマイニングツールに別のツールで開発された分析機能を組み入れている．たとえば，IBM SPSS Modeler Premium では，テキストマイニングツール，エンティティ分析，ソーシャルネットワーク分析が組み込まれている．ビッグデー

タに対するソリューションとして，Oracleを代表とするデータベース/データマイニングレパートリーにApache Hadoop[47]を統合したものも出てきている．

これらのツールのコストはどの程度なのか？　各メーカーは独自の価格戦略を取っており，バージョン（プロフェッショナル，プレミアムなど）に基づく方式や，データベース（DB2，Oracleなど）の所有に依存した方式がある．後者の場合，現在独自のデータベースを所有している企業は，追加費用なしで，バンドルされているデータマイニングソフトウェアを入手することができるだろう．導入初期にはコンサルタントやメーカーによるトレーニングコースなどの費用の必要性を考慮し，プロジェクト予算を策定する必要もある．IBM SPSS Modelerではプロフェッショナル（ベーシック）とプレミアム（機能拡張版）の2つのバージョンが出ており，それぞれのバージョンには並行処理オプション（高速データベースアクセス）の有無や，いくつかのライセンスオプションがある．最新の価格はメーカーのウェブサイトをチェックするべきであるが，現時点ではプロフェッショナルの非並行バージョンは11,300ドル，並行処理バージョンは45,300ドルとなっている．

どのプラットフォームがベストなのか？　現在，メーカーではメインフレーム/サーバー構成から，ワークステーションやデスクトップPC，ラップトップといったクライアント/サーバ構成まで，全範囲にわたって製品を提供する傾向がある．オペレーティングシステムとしてはAIX，UNIX，Linux，Sun Solaris，Windows，その他のOSを含んでいる．一部の限られた機能のクラウドコンピューティングソリューションも登場している．

本トピックの詳細については，以下を参照するとよい．

- Earls, Alan R. n.d. "Data Mining with Cloud Computing." Cyber Security and Information Systems, Information Analysis Center. Available at: https://sw.thecsiac.com/databases/url/key/222/8693#.UadYwq47NlI.

上で紹介した製品のインターネットアドレスを以下に示す．（インターネットアドレスは頻繁に変化するため，参照先のリンクが見つからない場合，製品名

---

[47] 訳注　クラスタ化されている複数のコンピュータで大量の非構造化データを処理するためのミドルウェア．

を検索して最新のリンクを探してほしい.)

- IBM SPSS Modeler (以前の名称は Clementine): http://www-01.ibm.com/software/analytics/spss/products/modeler
- IBM SPSS Statistics: http://www-01.ibm.com/software/analytics/spss/products/statistics
- IBM Intelligent Miner for Data: http://publib.boulder.ibm.com/infocenter/db2luw/v8/index.jsp?topic1?4/com.ibm.db2.udb.doc/wareh/getsta06im.htm
- SAS Enterprise Miner: http://www.sas.com/technologies/analytics/datamining/miner/
- Oracle Data Mining: http://www.oracle.com/technetwork/database/enterprise-edition/odm-techniques-algorithms-097163.html

## ビジネスデータ分析のためのアドホック/低コスト環境の構築

　予算内でビジネスデータ分析のための専門部署を設置することができるか？どのアドホックツールで目的のデータマイニング手法が利用できるか？　本節では，これらの問いに対するいくつかの回答を用意した．中小規模の企業や，本章の最初の節で述べたような一般的な統合システムとは異なる機能を求める大規模な企業においては，おそらく良い選択となっているだろう．

　ただし，データマイニングプロジェクトの成功は使用しているツールだけで決まるのではなく，プロジェクト自体がよく計画され，それを実行できた場合に成功する，ということを忘れてはならない．プロジェクトに必要な事項として以下があげられる．

(i) プロジェクトメンバーがプロジェクトに参加するための準備が整っており，会社のマネジメントに対して最小限の義務を果たすこと．

(ii) ビジネス課題がビジネス上有益かつ明確に定義されており，合意が得られていること（この定義には，分析と実ビジネスへの適用の開始日と終了日が定義されていることも含む（たとえば，直近2年分のデータを分析し，

次の四半期に適用))．
(iii) 分析に必要なデータの入手可能性（十分な品質，カバレッジ，ボリューム）．
(iv) 必要に応じて変数を生成することによってデータを豊かにし，データ品質を保証できるように前処理の定義を行う．
(v) 探索ツール．
(vi) モデリングツール．
(vii) 結果を有効に活かすための明確なアイデア（たとえば，契約を解除するリスクが最も高い 100 クライアントのリスト/レポート）と，業務プロセスに組み込むためにマーケティング部門，顧客サービス部門，生産部門などへ分析結果を適用をすること．

　ポイント (iii) のデータの入手可能性は非常に重要である．なぜなら，プロジェクトの定義を行って数週間が経った後，必要なデータの取得が行えないという問題に複数のプロジェクトで直面してきたからだ．このケースでは，コスト/利益の有効性を評価した後，変数の必要性に応じてデータ収集プロセスの定義を行うことが有効である．

　ここでは (v) の探索ツールと (vi) のモデリングツールについて述べる．統合データマイニングソフトウェアの Weka は，フリーソフトウェアであり，ライセンスは GNU General Public License である．Weka は大学や研究者を中心に広範に使用され，過去 10 年間に大きく普及した．Weka は初心者を対象としたシステムではなく，出力結果を解釈する統計的な知識と，それぞれのアルゴリズムや機能が提供しているオプションやフォーマットについて探求する能力が必要である．Weka は標準的に CSV 形式でのデータ読み込みを行う．また，アルゴリズムの API は Java でプログラム可能であり，Java Database Connectivity (JDBC) 経由でデータベースにアクセスできる．MySQL は GNU License のもとで利用可能なフリーウェアのデータベースである．フリーウェアを使う上で不自由な点としては，本章の始めに述べた商用のシステムでは機能保証がされているのに対し，Weka と MySQL は機能の保証がないことだ．他の不利な点としては，大規模データを処理するためのアルゴリズムの拡張性が制限されていることだ．しかし，Java のソースコードが公開されているため，Java

プログラマーはデータベースに直接接続してスタンドアローンのアルゴリズムとして実行可能である．2013年現在での現行バージョンであるWeka3.6にはExplorer，Experimenter，Knowledge Flowの3つの主要なモジュールがある．Explorerはメインのユーザインタフェースであり，データの前処理，分析，モデリング機能へのアクセスを提供している．ExperimenterはWekaの機械学習アルゴリズムの性能についての系統的な比較機能を提供している．これは，たとえばkフォールドクロスバリデーションを行う際に非常に有益な機能である．最後に，Knowledge FlowはExplorerと同様にインタフェースを提供しているが，こちらはIBM SPSS Modelerのデータフローインタフェースと似たキャンバススタイル，かつ，コンポーネントベースのインタフェースである．

図19.2はExplorerのスクリーンショットである．トップのメニューにはdata processing（データ処理），clustering（クラスタリング），classification

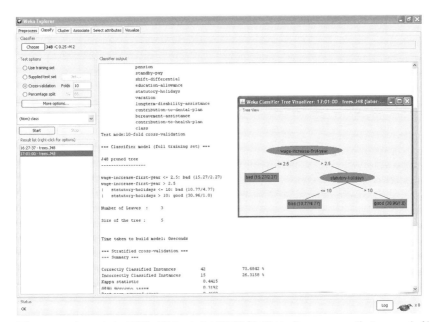

**図19.2** Wekaのメイン画面．Wekaからの許可を得て http://www.cs.waikato.ac.nz/ml/weka/ から転載した．

（分類），attribute selection（属性選択），data visualization（データの可視化）といった一般的なメニュータブがある．クラスタリング機能には，$k$ 平均法と階層クラスタリングが含まれている．分類機能にはベイズ分類器，ルール/木ベース（M4，J48[C4.5]，ID3 など），関数ベース（ニューラルネット，RBF，SVMなど）の分類器が含まれている．図では，デフォルトのオプションである J48 を選択している．データセットはデモンストレーション用の"labor.arff"が選択されており，このデータは Weka システム内に内蔵されている．労働条件のクラスが出力変数として定義されていることに注意してほしい．また，年金，休暇，健康保険の保険料などの一連の入力変数があり，個々人の労働条件の「良い」，「悪い」（出力クラスの 2 つの値）を分類するのに使用されている．右側のウィンドウにはモデリング結果の一部が表示されており，剪定後のモデルの数値と精度が示されている．オプションを選択することにより，右側のサブウィンドウにグラフィカルな木を表示させることもできる．

　データを CSV ファイルからインポートする際には，列が消えていないか，他のカラムと混ざっていないか，値の一部が消失していないか，日付のフォーマットは適切かなどを確認することが重要だ．

　Weka の可視化は通常，プロットと分布表示に限られている．また，変数間の関係を確認するために，相関および共分散を算出する機能も有している．標準偏差と最頻値は数値やカテゴリデータの品質の指標となる．主成分分析を使用して，派生変数を作成することもできる．予測モデルには線形回帰（インプット変数とアウトプット変数間に線形の関係があるデータが対象），非線形回帰（インプット変数とアウトプット変数間の関係を曲線で記述できるデータが対象），ロジスティック回帰（アウトプット変数が yes/no のような 2 値の場合）がある．セグメンテーションでは，$k$ 平均法，C4.5（Weka 内では J48 と呼ばれている），ニューラルネットなどの手法が使用可能である．

　スプレッドシート（たとえば Excel）は一般的なツールであり，表形式でのデータの可視化，前処理，並び替え，豊富なライブラリを使用した演算，グラフ生成ができる良いツールだといえる．

　ここでは Excel のソルバー機能について述べる．ソルバー機能はアドオンとしてインストール可能であり，データタブオプションに表示される（詳細は

Microsoft Office のヘルプを見てほしい）．Excel のソルバーは最適化問題と仮説ベースの問題を解決できるように設計されている．ソルバーはターゲットセルの数式に関連するセルに基づいた最適値を計算する．ユーザは目的関数で指定された結果を得るために，最適化プロセスによって更新するセルを指定する．修正を行うセルの値の範囲について制限を設けることも可能である．MS Office のウェブサイト上の情報によれば，Excel のソルバーは一般化簡約勾配法（GRG2）を用いた非線形最適化手法を使っており，また線形計画問題と整数計画問題については制約付きシンプレックス法と分枝限定法を使っている．

図 19.3 は，ソルバーを最適化問題に適用した例を示している．データセットは Excel ソルバーのアドオンに付属している prodmix.xls を使用した．図中のスプレッドシートには，生産単位（units produced），発注単位（orders），単位あたり材料量（materials），単位あたり人月数（personnel），単位あたりの利ざや（unit sale profit）などのデータが表示されている．ここでは，向こう 6 か月間の最大生産単位，発注単位，リソース（人，材料）が与えられているとして利益の最大化を行うことを考える．

ターゲットセル（B11）には生産単位（2 行目）と 1 単位あたりの正味利益（8 行目）を乗算する計算式が入っている．ソルバーによって，全体の利益を最大化するという目的のためにこのような数式が与えられている．最適化は 2 行目の値が変更されることによって行われる．制約条件は人と材料に関してそれぞれ 13 行目（personnel），14 行目（Materials used）に定義し，2,000 と 8,000 という上限値を越えない範囲で値が得られる．ユーザが「Solve」ボタンを押すと，2 行目に示される最適な生産計画が利益関数に関連する他のすべてのセルの最適値とともに表示される．最適化の結果，1 月から 3 月にかけて 50 単位の生産を行い，4 月に 100 単位，5 月に 78 単位，6 月は生産を行わない場合に 1,742.86 ドルの利益（Profit）が出ることが図からわかる．

RuleQuest の C5.0 はルールインダクションに特化したソフトウェアであり，最も利用され，参照されているルールインダクションアルゴリズムである．また，大規模な商用ツールにも組み込まれていることが多い．RuleQuest は，C4.5 や ID3 の考案者の Ross Quinlan によって設立された企業である．ツールを RuleQuest のウェブサイトから直接購入する場合，約 1,050 ドルかかる．（最

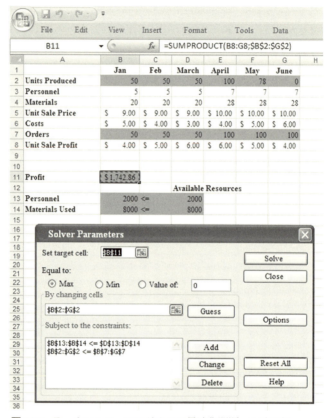

**図 19.3** Excel ソルバーのアドオンの最適化問題への適用例

新の価格は RuleQuest のウェブサイト (www.rulequest.com) を確認してほしい.)

Ward Systems が開発した NeuroShell は,セグメンテーションや関連変数の自動判別のための SOM などさまざまなタイプのニューラルネットワークを提供している.また,初心者,平均的なユーザ,専門家のそれぞれに向けた製品を用意している.製品にはスプレッドシートタイプのインタフェース,充実したヘルプ,初心者のための実用的な例を使ったチュートリアルが含まれている.NeuroShell は現在 870 ドルで販売されている.

本節で言及した製品，特に RuleQuest，NeuroShell から提供されているソフトウェアとエクセルのソルバーは，初心者にも比較的簡単に使用できるものとなっている．

図 19.4 には低コスト/アドホック分析用の環境構築の節で述べたツールについての要点をまとめた．図の左側にかかれているデータは，フラットファイル，CSV 形式，リレーショナルデータベースから読み込むことが可能であることを表現している．図の右側の最上段は Weka とエクセルについて述べており，データの前処理，基本統計，探索，モデリング，最適化問題に適応可能なツールであることを示している．中段は RuleQuest の C5.0 を示しており，ルールインダクションに特化している．そして，下段は Ward Systems の NeuroShell を示しており，ニューラルネットワークを用いたモデリングについて表している．

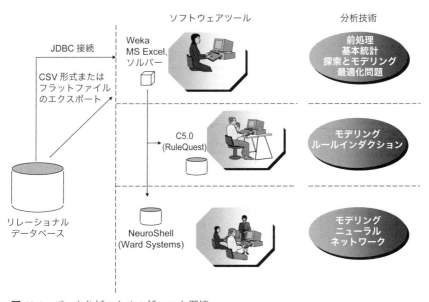

**図 19.4** データ分析のための低コスト環境

本章で言及した製品の詳細については以下を参照のこと．

- C5.0（Ross Quinlan によって開発されたルールインダクションと決定木用のソフトウェア）: http://www.rulequest.com
- Microsoft Excel: http://office.microsoft.com/en-us/excel/
- Microsoft Excel Solver: http://office.microsoft.com/en-us/excel-help/determine-optimal-product-mix-with-solver-HA001124596.aspx
- NeuroShell from Ward Systems: http://www.wardsystems.com
- Weka Data Mining Software: http://www.cs.waikato.ac.nz/ml/weka/

# 第20章

# おわりに

　本書はビジネスデータ分析に関する基本的な内容と，いくつかの応用的な側面について述べてきた．これまで見てきたように，ビジネスデータ分析においては，分析およびモデリングフェーズの品質を保証するために，定義フェーズとデータの適切な収集および前処理に多くの時間を費やす必要がある．

　ビジネスにおける重要な側面は，ビジネス上のニーズに対応したマイニング結果の展開である．展開方法としては，最もシンプルなクエリとレポート，続いてエグゼクティブインフォメーションシステム（EIS），統合CRMシステム（CRMs），さらに進んだ選択肢としてデータマイニングモデルが導入されているエキスパートシステムがあげられる．しかし，本書でカバーしているすべての方法は，中小規模のビジネスまたはフリーランスの専門家向けのものである．

　第2章から第10章では，データ分析に関する一連の工程についての方法論を述べてきた．そして，ビジネスデータ分析とその応用について，第11章から第19章で議論してきた．

　1990年代初頭，データマイニングは巨大なスタンドアローンコンピュータシステムにおけるアプリケーションによって，蓄積されたデータを分析するプロセスから始まった．今では，インターネットの出現を通じてウェブ上で生成されたデータを分析するプロセスにデータマイニングは進化している．本書で言及したいくつかのツールの設計思想は，中級レベルのユーザにとってデータマイニングの実行を簡単にすることであった．具体的なアプローチとしては，ワークフロー形式（キャンバスタイプ）のユーザインタフェースを用いることで処理の流れを理解しやすくしている．アルゴリズムと技術は，基本的にはまだ1990年代と変わっていない．なぜなら，アプリケーション開発者の努力が，スピード，メモリ使用量，信頼性を向上させるためにシステムを最適化するこ

とに注がれているからだ．現状，オンラインウェブログ，オンラインソーシャルネットワークなどのオンラインコンテンツのデータを使用する際は，データ品質，変数選択，派生変数の生成といった基本的な側面をあらためて考慮する必要がある．

　データマイニングの主な目的は新しい知識の発見である．したがって，多くの企業で顧客分析がデータマイニングの主要な活動となっている．しかし，金塊（まだ誰も気づいていない有益なビジネス上の洞察）をデータから掘り当てる，または，革新的な予測モデルの構築というパイオニアスピリットはまだ存在している．

　最後に，読者が自身のビジネスデータ分析プロジェクトをエンジョイし，また，そのプロジェクトが有益なものであることを望んでいる．

# 付　録

# ケーススタディ

　付録では，実際に行われた3つのビジネスデータ分析プロジェクトの事例について紹介する．事例中では本書で取り上げた技術や手法を使用している．特に第2～第10章で述べた内容をどのように現実の場面に適用していくのかについて述べる．なお，例に使用しているデータは提供元などがわからないように匿名化処理を施している．

　最初のケースは保険会社の顧客ロイヤリティについて取り扱う．これは，最も離反しそうなクライアントを特定しようというものである．2つ目のケースは，リテールバンクの顧客に対するクロスセルについて述べる．3つ目は，テレビ番組の視聴予測について説明する．

## ケーススタディ1：保険会社における顧客ロイヤリティ

　本ケーススタディは，一般的なビジネス課題である離反顧客の減少について考える．最初の2つの節は第12章で説明したステップについて述べている．1つ目のステップでは，オペレーショナル/インフォメーショナルデータの定義を行う．次のステップでは，分析を行う上で関心のあるデータの抽出と分析用のデータファイル作成を行う．次に第6章と第8章で述べた手法を使用しデータの探索を行う．最後に，第9章で述べたルールインダクションとニューラルネットワークを使ったモデリングを行う．

### イントロダクション

　本プロジェクトの第一の目的は顧客ロイヤリティキャンペーンのターゲティング精度を高め，かつ，過去のキャンペーンよりもメール数を減少させたいと

いうことである．第二の目的は顧客サービスの品質向上と，顧客の離反防止のための予防線を張ることである．

それぞれの目的を念頭に置いて 2 つのデータ分析アプローチが定義された．1 つ目のアプローチは時系列データを使用した口座解約顧客と非解約顧客の特徴の判別であり，2 つ目のアプローチは口座解約リスクの高い顧客の判別モデルの作成である．

顧客データには「離反顧客」「継続顧客」のラベルが付与されており，取得可能な顧客データを用い決定木を生成し，ルールの定義を行った．これにより前者のアプローチでは，ロイヤリティの高い顧客，解約リスクの高い顧客，中間的なタイプの顧客の 3 つのタイプの顧客の傾向と特徴が判別可能となった．

後者のアプローチの成果として予測モデルが開発され，すべての顧客に適用し，将来的に解約リスクの高い顧客リストの生成が行われた．このリストはマーケティング部門やカスタマーサービス部門に渡され，各部門の担当者がポスティングやテレマーケティングキャンペーン，個別の特別値引きの提供によってリスト内の顧客とコンタクトを取ることが可能となった．

**オペレーショナル/インフォメーショナルデータの定義**

プロジェクトゴール承認後の次のステップでは，プロジェクトに最も関係性の高いテーブルや変数が選定された．そして，その後，選定された変数を使用して新しい変数（派生変数など）やカテゴリが定義された．

まず最初に client（顧客）テーブルの確認が行われ，データアナリストとカスタマーサービス部の専門家との間で何度かミーティングが開かれた．そして以下の変数が選定された．勤務先，保険証券番号，保険契約者の誕生日，郵便番号，名前，年齢，受領者の性別，受領者と保険契約者との関係，契約開始日，契約満了日，契約解除理由，対外債務指標，契約満了時の保険金，支払い方法．また，本プロジェクトのために新たに変数が加えられ，「事故係数」と命名された．これは顧客に対する利益指標を表すものである．

次に treatment（治療）テーブルの確認が行われ，以下の変数が選定された．保険証券番号，保険契約者，送金先，治療場所と日時，治療証明と治療名（医療

コンサルティングのための訪問，主要な外科的介入，診断テストなど）．また，プロジェクトのために次の2つの変数が生成された．治療回数（直近12か月の月平均回数），最終治療日からの経過期間（週単位）．

最後のテーブルはchannels（チャネル）である．このテーブルは顧客の保険証券が最初にどこで登録されたかを示すものである．フィールドとしては，「チャネルコード」と「チャネルサブコード」が選定された．より具体的に言うと，チャネルは「オフィス」，「営業」，「インターネット」，「テレフォンサポートセンター」が，「オフィス」に対するサブチャネルは「都市部のオフィス」などが入力される．

次に抽出データの制約（条件）について述べる．抽出されるべきデータの制約数は，ビジネス課題，データボリューム，所望の期間によって決まる．今回は，ニューヨーク州のメトロポリタンエリア内の顧客，正しい製品コードがついた製品，直近12か月の間に治療を受けた人に制限した．なお，Null値は除外した．

## 分析に用いるデータの抽出とファイル作成

最初に，解約した顧客のプロフィールの抽出が行われ，約15,000レコードが抽出された．そして，直近12か月内での解約者のみが選定され，カスタマーサービス部門の専門家によって特定の支店が指定された．また，保険金の受領者の年齢は18歳以上に，住所はニューヨーク州に限定された．さらに，専門家は「オフィスコード」，「営業ID」，「解約理由」によってユーザを除外した．上で示した制限をかけた後にclient（顧客）テーブルからデータが抽出された．

続いて，解約していない15,000の顧客がランダムに選定された．ここでの制約として，15,000レコードには1年以上前に新規登録されたユーザのみが含まれるように抽出している．その他の制約や変数については，解約日と解約理由を除いて解約済み顧客のレコードと同様とした．3つ目のステップとして，治療レコードは「キャンセルした」，「キャンセルしなかった」として登録されたものが抽出された．

カスタマーサービス部門は，顧客が最後に受けた治療に関連する情報が，保険証券の解約と関連性が高いことを指摘した．これは特定の治療センターや治

療の種類に関するサービスの質，キャンセル頻度についての問題点を指摘できる可能性があることを意味している．抽出された変数は treatment（治療）テーブルに示されている．

抽出された「解約」，「非解約」データと治療データは，「保険証券番号」を共

**表 A.1** 解約と治療に関する統合ファイルの例

| 変数名 | テーブル名 | フォーマット |
| --- | --- | --- |
| Policy ID（保険証券 ID） | Clients | Alphanumerical (10) |
| Collective ID（団体 ID） | Clients | Alphanumerical (3) |
| Beneficiary（保険金受領者） | Clients | Alphanumerical (48) |
| Office（オフィス） | Clients | Numerical (10) |
| Gender of beneficiary（受領者の性別） | Clients | Alphanumerical (1) |
| Age（年齢） | Clients | Numerical (3) |
| Relationship between policy holder and beneficiary（受領者と契約者との関係） | Clients | Alphanumerical (3) |
| Date of birth（誕生日） | Clients | Date |
| Date of registration（契約日） | Clients | Date |
| Cancellation flag（解約フラグ） | —— | Alphanumerical (2) |
| Date of cancellation（解約日） | Clients | Date |
| Cause of cancellation（解約理由）* | Clients | Alphanumerical (3) |
| Current premium（現在の保険料） | Clients | Numerical (10) |
| Policy ID（保険証券 ID） | Treatments | Alphanumerical (10) |
| Beneficiary（保険金受領者） | Treatments | Alphanumerical (48) |
| Date of last treatment（最終治療日） | Treatments | Date |
| Location of treatment（治療場所） | Treatments | Alphanumerical (3) |
| Treatment key（治療キー） | Treatments | Alphanumerical (3) |
| Concept（コンセプト） | Treatments | Alphanumerical (25) |

*解約理由として「死亡」を調査データから除外することを可能にしている．

通のキーとして1つのファイルに統合された．表 A.1 にデータ分析やモデリングに使用したテーブル構造を示した．

次に，「解約フラグ」と名前が付けられた変数が生成された．この変数は顧客が解約した場合「YES」となり，解約していない場合は「NO」となる．解約していない顧客の場合は，解約日と解約理由に対応する変数に「Null」が割り当てられた．

### データの探索

所望の顧客データが取得できたら，アナリストは分布やヒストグラムの生成，統計値の算出などを行う．そしてデータに精通したらデータ探索フェーズに移行する．アナリストにはモデリングフェーズのためのデータの前処理を行うというタスクも残っている．データは一貫性，ノイズ，カバレッジ，分布，欠損値，異常値などのさまざまな視点から評価される．表 A.2 は 4 つの重要な変数についての基本統計量，最も相関の高い変数との相関係数，および相関に関する考察を示している．

抽出済みのデータに対してサンプリングが行われ，分析に使用するデータが

**表 A.2** 変数および派生変数の統計量

| カラム名 | 最小値 | 最大値 | 平均値 | 標準偏差 | 相関係数 | 考察 |
| --- | --- | --- | --- | --- | --- | --- |
| 年齢 | 18 | 94 | 40.57 | 13.23 | 保険料：0.754 | 強い相関 |
| 保険料（ドル） | 12.35 | 60.72 | 27.50 | 9.32 | 年齢：0.754 | 強い相関 |
| 最終治療日からの期間（週） | 0 | 95 | 12.84 | 10.58 | 最終治療日からの期間/治療回数：0.831 | 強い相関 |
| 治療回数 | 0 | 5.67 | 1.22 | 0.21 | 年齢：−0.611 | 平均的な負の相関 |
| 最終治療日からの期間（週）/治療回数 | 0 | 16.75 | 10.52 | 50.38 | 保険料：0.639 | 平均的な正の相関 |

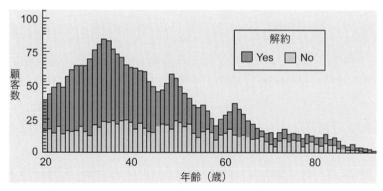

**図 A.1** 顧客の年齢分布

生成された．使用したデータは，それぞれ 15,000 の解約顧客と非解約顧客，およびその治療データである．

図 A.1 は顧客の年齢分布を示している．この図から 35 歳前後の顧客の解約率が高いことがわかる．

データ探索の最初のステージでは，既知の内容を調査することで取得したデータに対する変更，制約，増強に関する決定を行う．まず「チャネル」変数に関して，オフィスコードの約 35% が「0001」となっていた．このコードは本社に対応しているため，専門家は当該レコードを排除するように求めた．該当するレコードを排除した後，「最終治療日からの期間」という新しいフィールドが作成され，「顧客の年齢」と「最終治療日からの期間（週単位）」に関するグラフが生成された（図 A.2）．図 A.2 を調査した後，「年齢」と「最終治療日からの期間」の間には重要な関係が存在している，と結論付けられた．そして，「最終治療日からの期間」と「年齢」の比率，という新しい変数が作成された．

専門家とのミーティングの後に，保健証券の契約者と保険金の受取人との間の関係を表す新しいカテゴリ型変数を作成することが決定した．この変数は「間柄」と名前が付けられ，13 のカテゴリをもつ．具体的に 13 のカテゴリを書き出すと，PH：同一人物，BR：契約者の兄弟，SI：契約者の姉妹，HU：夫，WI：妻，SO：息子，DA：娘，MO：母，FA：父，GS：孫息子，GD：孫娘，GF：祖父，GM：祖母となる．また，顧客の年齢に関して 18〜25 歳，26〜39 歳，40

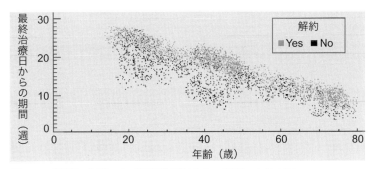

図 A.2 「顧客の年齢」と「最終治療日からの期間」の散布図

〜61歳，62〜88歳の4つのカテゴリが設定された．

最終治療日から現在までの期間（週），直近12か月間の平均治療回数，請求比率（支払い請求額の合計/契約日から支払った保険料の合計）といった変数についても治療データから派生して作成された．

顧客を性別の点から見ると，61%が男性で39%が女性であった．契約者と保険料受取人との間の関係という点では，60%のケースで同一人物，20%のケースで契約者の妻，10%のケースで契約者の子供であった．年齢カテゴリに関して言えば，顧客の50%が26〜39歳，25%が40〜61歳，10%が62〜88歳であった．

販売チャネルは営業，オフィス，クライアントコールセンター，ウェブサイトの4つのカテゴリに分類された．現状，ウェブサイトは販売チャネルの中で最も低いトラフィック量となっていた．セールスチャネルのトラフィックの割合を見ると，オフィス40%，営業35%，クライアントコールセンター15%，ウェブサイト10%となっていた．

図A.3のスパイダーウェブダイアグラムは，「解約」と4つの接触チャネルとの間の関係性を2値で示している．太い実線は，接続しているカテゴリとの間に強い関係性があることを示している．逆に，細い実践は弱い関係性を示している．これにより，チャネルによる解約発生率の違いを観察することができる．図A.3中のダイアグラムとその他の補助的データから，チャネルの種類が顧客のロイヤリティに関係していることが明確になった．

図A.4は正規化済みの「治療回数」ヒストグラムを示している．この図から，

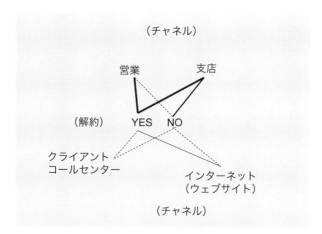

図 A.3 「解約」と「チャネル」間の関係性の可視化

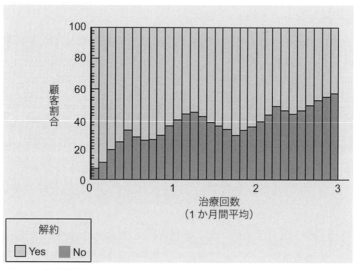

図 A.4 「治療頻度」のヒストグラム（正規化済み）

ランダムに選択された顧客サンプルにおいては，治療回数が増加するにつれ解約率の緩やかな減少傾向があるのがわかる．

月ごとの解約調査から解約件数の多い月を見ていくと，4月 14.27%，7月

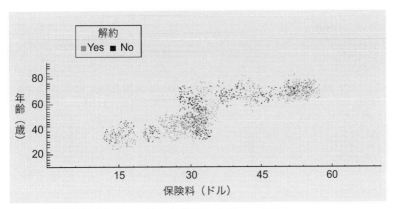

**図 A.5** 「保険料（ドル）」に対する「顧客の年齢」のグラフ

13.75%，2月12.41%，3月10.34%であった．逆に解約件数が少ない月を見ると，9月5.4%，11月7.1%，6月7.8%であった．

図A.5は，保険料の支払額に対する顧客の年齢についてのグラフを示している．図から月額保険料と顧客の年齢について，どのような条件で解約が発生しやすいかを確認することができる．グラフの特定領域で解約発生率の高いグループが存在していることがわかる（75%を越えている）．

### モデリングフェーズ

モデリングフェーズでは2種類のモデルを作成する．1つは，ルール形式でデータからプロファイルや傾向を抽出するものである．もう1つは，解約しそうな顧客を判別する高精度な予測モデルを構築することである．これらのモデル作成の際には2つのデータセットを用いた．1つはモデルの訓練用のデータであり，もう1つはテスト用のデータである．このサンプリングプロセスでは，結果に矛盾がないかを確認するために，異なるデータ抽出を何度か繰り返した（$k$フォールドクロスバリデーションと呼ばれている）．

## モデリングフェーズ

### 訓練/テストデータセット――不均衡データ

訓練データにおいて，出力ラベルごとのデータサイズが釣り合うようにサンプリングを行った．元データでは解約，非解約の割合はそれぞれ1年間あたり，20%と80%となっていた．訓練データセットでは，50:50，40:60，60:40の割合（サンプルサイズの割合）が試された．テストデータセットでのラベルごとの割合は，オリジナルと同様に20:80とした．これは，高い適合率を示すモデルを作るためには重要なポイントである（第9章の「モデリングの概念および問題点」を参照のこと）．クラスの不均衡を考慮しない場合，少数派のクラス（解約クラス）の訓練時の適合率が低くなる場合がある．または，訓練データを使った予測では非常に良い結果を示すが，テストデータでは少数派のクラスで適合率が低くなる，ということが起きる可能性がある．

データモデリングに際して，変数の選定に関するテストが何度か行われた．選定された変数は年齢，性別，関係性，保険料，治療回数，最終治療日と治療回数の比，保険証券初回登録時の顧客の年齢，接触チャネルである．モデルの出力は解約指標であり，「yes」，「no」とした．

## データモデリング

### 結果の評価

モデルの適合性と不変性を確認するために，いくつかのデータセット（$k$フォールド）によるテストを実施した．モデルの作成が成功かどうかを測るために，抽出されたサンプル全体（30,000レコード）に対してモデルを実行した．これにより，(i) 解約に対して正しく判別を行っている数，(ii) モデルが解約すると判断したレコード数（真陽性＋偽陽性）を取得できる．そして，(i) を (ii) で除することで適合率を得ることができる．たとえば，テスト1での適合率が78%，テスト2では75%，テスト3では81%といった具合で算出される．真/偽 陰性も同様の方法で算出され，混同行列が完成する（第9章の「モデリングの結果を評価する」を見よ）．

最終的なテストでは，予測モデルが未来（たとえば次四半期）の解約を予測できるかを確認する．したがって，今四半期の終わりに，実際に解約した顧客

が判明し，モデルによる予測がどの程度当たっていたかを知ることができる．

**デプロイメント**

調査から得られた情報の最初の応用先として，解約リスクの高い顧客プロファイルの判別をマーケティング部門とカスタマーサービス部門で行うことを考えた．解約しやすい顧客を知ることによって予防行動を実行できるため両部門にとって有益である．

2つ目の応用先として，顧客プロファイルと解約リスクとの関係性を明らかにし解約理由の理解を進めることを考えた．この情報から，たとえば，カスタマーサービス部門の業務プロセスの見直しを行うことや，サービス（製品）の契約に関する顧客傾向についてのデータ取得の新しい計画を開始する動機となる．

下で示すロイヤリティフラグに関するルールは，顧客プロファイルをもとに生成したものである．これらのルールは予測モデルと合わせて，カスタマーサービス部門でのロイヤリティキャンペーンに関する意思決定に使用することができる．

解約顧客に関する最も精度が高いルールはルール3であった．これは，保険金の受領者が契約者の妻であり，保険料が24〜38ドルの間の場合である．訓練データにおいて，このルールに当てはまる解約ケースは250件あり，適合率は95%であった．

非解約顧客に対するルールのうち，最も精度が高いのはルール4である．これは，保険料が24ドルを越えており，最終治療日からの経過期間が5〜30週，最終治療日からの期間と治療回数の比が0.75以下の場合である．このルールでの非解約ケースは1,230件であり，適合率は92%であった．

ここまで見てきたように，理想的なルールとしては精度が高く，かつ対応しているケースが多いものである．したがって，それぞれのルールにおけるケース数はサンプル内のケースの総数と比較する必要がある．

> **データモデリング**
>
> **ルールの精度評価**
>
> 　ルールインダクション手法を訓練データのみに適用すると，「訓練」精度が評価できる．テストデータで実行すると，それぞれのルールに対する「テスト」精度が得られる．テスト精度の測定は，リレーショナルデータベースにロードされたテストデータに対して SQL を実行することで可能である．出力ラベル（Y/N）は，真/偽陽性と真/偽陰性に関して混同行列を使用して評価される．

**解約顧客に対するルール例**

　　ルール 1：

　　　　IF 保険料 ≤ 36

　　　　AND 最終治療日からの期間（週）>26

　　　　THEN 解約（770 ケース，適合率 89%）

　　ルール 2：

　　　　IF 保険料 24～30

　　　　THEN 解約（550 ケース，適合率 92%）

　　ルール 3:

　　　　IF 関係 = 妻

　　　　AND 保険料 24～28

　　　　THEN 解約（250 ケース，適合率 95%）

　　ルール 4:

　　　　IF 性別 = 男性

　　　　AND 保険料 ≤ 50

　　　　AND 最終治療日からの期間（週）>30

　　　　THEN 解約（250 ケース，適合率 89%）

　　ルール 5:

　　　　IF 保険料 ≤ 24

　　　　THEN 解約（810 ケース，適合率 90%）

　　ルール 6:

　　　　IF 保険料 48〜54
　　　　THEN 解約（450 ケース，適合率 93%）

**ロイヤル顧客に対するルール例**

　　ルール 1:
　　　　IF 年齢 >61
　　　　AND 保険料 >44
　　　　AND 最終治療日からの期間（週） 30
　　　　AND 最終治療日からの期間（週）/治療回数 >0.15
　　　　THEN 非解約（850 ケース，適合率 90%）

　　ルール 2:
　　　　IF 年齢 ≤ 75
　　　　AND 保険料 >50
　　　　THEN 非解約（560 ケース，適合率 85%）

　　ルール 3:
　　　　IF 関係 = WI
　　　　AND 保険料 <50
　　　　THEN 非解約（1,180 ケース，適合率 78%）

　　ルール 4:
　　　　IF 保険料 >24
　　　　AND 最終治療日からの期間（週） 5〜30
　　　　AND 最終治療日からの期間（週）/治療回数 0.75
　　　　THEN 非解約（1,230 ケース，適合率 92%）

　　ルール 5:
　　　　IF 保険料 20〜28
　　　　AND 最終治療日からの期間（週）/治療回数 0.01〜1
　　　　THEN 非解約（350 ケース，適合率 92%）

　　ルール 6:
　　　　IF 年齢 ≤ 50
　　　　AND 保険料 >36

THEN 非解約（550 ケース，適合率 91%）

## ケーススタディ2：リテールバンクにおけるクロスセル

本ケーススタディでは，リテールバンクがどのようにデータマイニングプロジェクトを実施しているかについて考察する．このプロジェクトの目的は，年金保険以外の金融商品をすでに契約している顧客に年金保険のクロスセルを実施することである．

以降，本ケーススタディで実施したデータの定義，データ分析，モデル生成の3つのステップについて述べる．データ定義フェーズの目的は内部データと外部データを区別することと，モデルの出力を定義することである．データ分析フェーズは，(i) 可視化，(ii) 新たな派生変数の定義および関係性の低い変数のフィルタリング，の2つに分けられる．モデル生成フェーズは，(i) クラスタリングとプロファイルの判別，(ii) 予測モデリング，の2つに分けられる．最後に，データマイニングソフトウェア Weka を使ったデータ処理，分析，モデリングについて，いくつかのスクリーンショットを見ながら説明を行う．

### イントロダクション

中規模リテールバンクの経営陣の月例ミーティングの中で，マネージングディレクターの要求に応じて，現在の郵便による広告キャンペーンのコストと収益性に関してマーケティングディレクターが報告を行った．潜在顧客に対する広告の郵送費用が銀行にとっては大きな支出となっており，かつ，コンバージョン率が比較的低いことにマーケティングディレクターはすでに気づいていた．また，データの質（データの欠損や誤り）に関する問題のために，宣伝資料が商品に適していない顧客に郵送されていた．たとえば，年金保険のリーフレットが大学を卒業したばかりの人に送られていた．

キャンペーンの費用と収益性に関するデータを準備する以外に，マーケティングディレクターはミーティングの前に IT マネージャーと CRM 分析の専門家であった外部コンサルタントと話をした．彼らは顧客，顧客が契約した商品，

トランザクショナルデータに関する大量のデータのより良い活用計画を定めた．そして広告キャンペーンと商品の種類ごとに，データ分析によって得られた指標を用いて潜在顧客を選択することを決定した．

ITマネージャーは，コスト（宣伝資料，リーフレット，Eメール，SMSの費用）と人的側面（キャンペーンの準備とフォローアップのための時間と労力）について大きな節約が達成可能だと感じていた．一方で，キャンペーンに対する顧客の反応率が増えるだろうとも考えていた．マーケティングディレクターは，分析内容に顧客のライフサイクルに関する時間関連の情報を組み込むことを提案した．これにより，適切な瞬間に，コンバージョンする可能性が高い顧客に適切な情報を届けることが可能となるだろう．

この計画は経営会議で提示され，マネージングディレクターは当初懐疑的であったが，最終的に率先してゴーサインを出した．しかしマネージングディレクターは，ITマネージャーとマーケティングディレクターに対して，プロジェクトに専念し，このアプローチでどのような成果が出せるかを見積もるために6か月以内に結果を出すように要求した．

本プロジェクトは，複数のデータ分析手法とツールを使用して実施された．具体的には「伝統的な」統計，ニューラルネットワーク，ルールインダクション，クラスタリングモデル，予測モデルが使用された．分析および開発の3か月後，特定のマーケティングキャンペーンをターゲットにし，実際のクライアントを対象としたテストが行われた．6ヶ月の期間の終わりに，精度，コスト/利益，投資収益率（ROI）が計算され，ITマネージャーとマーケティングディレクターは経営会議で計画がうまくいっていることを示した．そしてマネージングディレクターは，「まことに結構な結果だ．しかし，なぜわれわれは今までこの方法を思いつかなかったんだ？」とコメントした．

## データの定義

本プロジェクトは2種類のデータを含んでいる．銀行内での顧客に関連した処理および顧客の取引情報を意味する「内部」データと，マクロ経済学的指標，デモグラフィック，コンテキシャルデータを意味する「外部」データである．まず，それぞれの種類のデータについて説明を行い，最後にモデルの出力につい

て述べる．

**内部データ**

データセット内には，年金保険に対して興味を示している既存顧客の情報，顧客に関連する社会経済学的データ，昨年契約した商品に関するデータも含まれていた．

内部データには以下のデータが含まれていた．顧客コード，顧客の年齢，性別，平均月収（給与，不労所得などの経済レベルを示すもの），居住地の種類（居住者数が 10 万人未満，10 万人以上 50 万人以下，51 万人以上 200 万人以下，200 万人を越える，の 4 タイプ），婚姻状況（MA：既婚，SI：独身，DI：離婚，WI：未亡人），最終納税申告時の税区分，雇用形態（「自営業」または「従業員」），車両保有の有無（yes または no），普通預金口座所有の有無（yes または no），当座預金口座所有の有無（yes または no），銀行からの住宅ローン借入れ（yes または no）．

**外部データ**

外部データとしてアメリカ合衆国内で現在有効な IRS（アメリカ合衆国内国歳入庁）の納税者区分を使用した．IRS の区分は納税者の申告所得に応じて支払うパーセンテージレートを定めている．分類について表 A.3 に示す．

税率は所得水準の指標となる．しかし，年金保険を販売することを考えると，投資可能な現金面での支払い能力の指標を必要としていた．

**表 A.3** 2011 年度のアメリカ合衆国の所得税率

| 税率コード | 所得範囲（ドル） | 税率 |
| --- | --- | --- |
| 0 | 0-8,500 | 10% |
| 1 | 8,501-34,500 | 15% |
| 2 | 34,501-83,600 | 25% |
| 3 | 83,601-174,400 | 28% |
| 4 | 174,401-379,150 | 33% |
| 5 | >379,151 | 35% |

それを可能とする1つの方法として，顧客の月々の支出額を予測することが考えられる．具体的には住宅ローン，食費，光熱費，交通費，洋服代，子供の授業料，自動車ローンの支払い，家具などの支出額を予測する．これらの情報が直接的に取得できない場合でも，自行の顧客口座（当座預金口座，普通預金口座など）にある流動資産の水準を調査することは可能である．当座預金口座は特に重要である．なぜなら，当座預金口座に月々の給与が振り込まれ，主な月の支出がこの口座から引き落とされるからである．ここから収入/支出の月次サイクルでの余剰資金の額が明らかになる．

その他の外部データとしてコンテキシャルデータがあげられる．年金保険の提供がビジネス課題であった場合，アメリカ合衆国内では自営業や零細企業の割合が非常に多いということは重要なポイントとなる．中・大規模の企業の従業員の顧客に対しては，自営業や零細企業の従業員の顧客とは異なるアプローチが必要とされるだろう．

そこで労働者を以下のように分類した．自由業（弁護士，医師，建築家など），フリーランス，零細企業勤務（従業員1〜4人），中小企業勤務（従業員5〜100人），中・大規模企業勤務（従業員100名以上）．2011年には27,757,676社の企業がアメリカ合衆国内に存在（2011年データ www.census.gov/econ/small

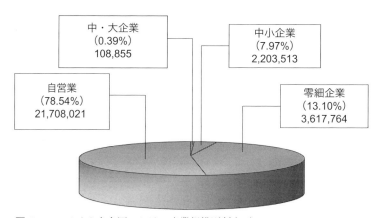

**図 A.6** アメリカ合衆国における事業規模別割合（www.census.gov/econ/smallbus.html の 2011 年のデータを引用）

bus.html）しており，このうち78%が自営業であり，13%が零細企業である．これについては図A.6にまとめた．

自営業と零細企業の従業員は，おそらくリタイアした後の経済的保証が最も少ない（大企業では多くの場合，企業年金制度がある）．したがって，自営業や零細企業カテゴリに該当する顧客に焦点を当てることは，今回のキャンペーンでは合理的だと考えられる．

**モデルの出力**

マーケティングキャンペーンで使用するために，年金保険の申し込みに関する予測モデルが作成された．モデリングフェーズでは，ルールベースモデルとニューラルネットワークの2つのモデルが定義された．ルールベースモデルはYes/Noの2値を出力する．ニューラルネットワークは高い予測精度が出せるブラックボックスモデルであり，Yes/Noの2値と確率値（0.0～1.0の値）を出力する．

**データ分析**

取得可能な顧客データを用いて，可視化および新たな派生変数の定義と変数のフィルタリングを行った．

**可視化**

図A.7は直近の納税申告時の税率の分布を示している．カテゴリ「0」は最

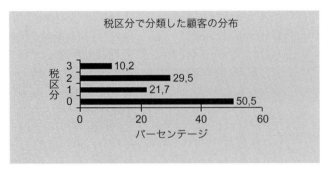

**図A.7** 税区分で分類した顧客の分布

**表 A.4** 入力データサンプル：入力変数と出力クラス（年金保険の契約有無）に対する値の例

| 年齢 | 性別 | 居住地域の人口 | 婚姻状況 | 税区分 | 雇用形態 | 普通預金口座 | 当座預金口座 | 住宅ローン | 年金保険 |
|---|---|---|---|---|---|---|---|---|---|
| 48 | Female | >200 m | MA | 1 | SE | NO | YES | YES | NO |
| 40 | Male | 10-50 m | MA | 3 | SE | YES | YES | NO | YES |
| 51 | Female | >200 m | MA | 0 | EM | YES | NO | NO | NO |
| 23 | Male | 10-50 m | SI | 3 | EM | YES | NO | YES | YES |
| 57 | Female | <10 m | MA | 0 | EM | NO | YES | YES | NO |
| 57 | Male | 10-50 m | DI | 2 | SE | NO | YES | NO | NO |
| 22 | Male | <10 m | MA | 0 | SE | YES | YES | NO | NO |
| 58 | Male | 10-50 m | MA | 0 | EM | YES | YES | NO | NO |
| 37 | Female | >200 m | SI | 2 | EM | NO | NO | YES | YES |
| 54 | Male | >200 m | MA | 2 | EM | NO | NO | NO | YES |

も低い税率(所得が最も低いことを意味している)に対応しており,カテゴリ「3」は最も高い税率(所得が高いことを意味している)に対応している.可視化の結果は分析に反映されている.

表 A.4 は,入力データと出力フラグ(年金保険の申し込みの Yes/No)のいくつかのサンプルを示している.表を見渡すと,データの種類,変数の分布,エラーや欠損値に関する気づきを得られる.年齢を除いたすべての変数はカテゴリ型である(年齢は数値データ).カテゴリ型変数のうち,6 個は 2 値(2 つの値しかとらない)であり,2 個(「居住地の人口」と「税区分」)は順序データである.

次に税区分,雇用形態,年金保険契約の有無の 3 つが選択され可視化が行われた.図 A.8 では,税区分が 2 と 3 の顧客(所得が比較的高い顧客)が年金保険に特に興味をもっていることを示している(太線で結ばれている).

図 A.9 は,直近の納税申告時の税区分(IRS が示す区分)に基づいて推定された,可処分所得に対する年金保険の受容指標を示している.この指標に関して,顧客に対するセグメンテーションが明確に現れている.図から,余財(現金)が 2,000 ドル以下の顧客は年金保険の契約を行わず,2,000 ドルを越えている顧客の反応は非常に肯定的であるといえる.

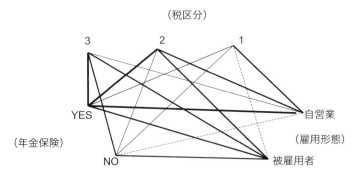

図 A.8 税区分,雇用形態(自営業か従業員),年金保険の契約傾向の間の関係性

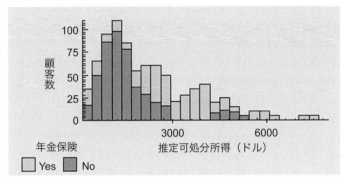

**図 A.9** 推定可処分所得と年金保険の受容の関係性

### 派生変数の定義と変数のフィルタリング

ビジネス課題との関連性に基づいて変数のランク付けを行った．本ケースでは，ビジネス課題となる変数は年金保険の契約に関する出力フラグ（Yes/No）である．変数を関連性の程度によって降順に並び替え，ある閾値以下のものは除外した．

閾値を設定するにあたり，すべての変数の関連性の程度を調査した．また，変数をランク付けするために，出力が年金保険契約フラグ（Yes/No）となるニューラルネットワークを作成した．副産物として，ニューラルネットワークは出力変数に対する入力変数の相関分析を行うことができる．相関は内部ニューロン間の活性化の強度に基づく．

表 A.5 に，作成したランキングを示した．最も関連している変数は「可処分所得」であり，「税区分」，「雇用形態」，「婚姻状態」，「性別」，「年齢」の順でそれに続いている．最も重要性の低い属性は普通預金口座と当座預金口座の所有であった．注意してほしいのは，ここで作成したニューラルネットワークモデルは，あくまで重要な変数の特定を行うためのものであり，予測のために作成したものではないということだ．

ニューラルネットワークによる変数のランキングの正しさは，単純相関，2 変数間の関係性の可視化（スパイダーウェブダイアグラム），ルールインダクション，ヒューリスティックな方法に基づいたルールなどの結果と比較することで

**表 A.5** 出力変数（年金保険契約）と入力変数間の相関分析

| ニューラルネットワークによる年金保険契約モデル | |
|---|---|
| 入力変数数：10<br>中間層のユニット：3<br>出力変数数：1 | |
| モデルの適合率：65% | |
| 入力変数と出力変数の相関のランキング | |
| 可処分所得 | 0.18039 |
| 税区分 | 0.12798 |
| 雇用形態 | 0.09897 |
| 婚姻状況 | 0.09553 |
| 性別 | 0.07534 |
| 年齢 | 0.06630 |
| 住居地の種類 | 0.04531 |
| 当座預金口座の所有 | 0.03483 |
| 普通預金口座の所有 | 0.02261 |

確かめることができる．つまり，それぞれの手法について貢献した変数や属性と比較を行えばよい．

「可処分所得」という新しい因子は，顧客の所得から推定経費（固定費（住宅ローン，授業料，自動車ローンなど），その他の経費（食料品，衣類など））を差し引くことにより作成された．表 A.5 が示すように，可処分所得は所得そのもの（税区分により示される）よりも重要であった．また，変数重要度のランキングが大きく変化しないことを確認するために，異なるデータ集合で複数回モデルの訓練を行った．

表 A.5 内の関連度の分布を見て，カットオフポイントをまず 0.075 と定義した．しかし，その後ピアソン相関で高い関連性を示していたため「年齢」も特徴量に追加することを決めた．

## モデル生成

モデリングフェーズでは2種類のモデルを作成した．1つはクラスタリングモデルであり，それぞれのクラスタの特性を示すプロファイルを取得することを目的とした．もう1つは予測モデルであり，可能な限り良い推定精度を得ることを目的とした．

## クラスタリングとプロファイルの判別

まず，自己組織化マップ（SOM）を使用し，セグメンテーションモデル（クラスタリングモデル）を生成した．結果を図 A.10 に示した．クラスタは簡便に2次元で表示している．クラスタリングによって，大部分のグループで年金保険を契約する可能性が最も高い顧客（白で表示）と最も低い顧客（黒で表示）との間で，明確な区別があることがわかった．次のステップでは，それぞれのグループに対応する顧客のプロファイルを得るために，1つひとつのクラスタについて分析を行った．

まず図 A.10 内のクラスタ B（左から3列目，下から2行目）を抽出し，当該クラスタに関連するレコードを抽出しファイルに保存した．このファイルは，「ルールインダクション」モデルの訓練時のインプットデータとして使用され，

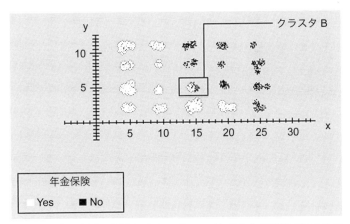

**図 A.10** 年金保険を契約しやすいグループかどうかを判定するための顧客クラスタリング

```
AVAILABLE INCOME > 3021
    TAX CATEGORY ≤ 2
        MARITAL STATUS MARRIED
            TYPE OF EMPLOYMENT = EMPLOYEE → NO
            TYPE OF EMPLOYMENT = SELF EMPLOYED
                AGE < 35 → NO
                AGE ≥ 35 → YES
        MARITAL STATUS NOT MARRIED
            TYPE OF EMPLOYMENT = SELF EMPLOYED → YES
            TYPE OF EMPLOYMENT = EMPLOYEE
                AGE < 40 → NO
                AGE ≥ 40 → YES
    TAX CATEGORY > 2
        ...
AVAILABLE INCOME ≤ 3021
    ...
```

**図 A.11** SOM によって作成されたクラスタから生成された決定木の一部分

図 A.11 に示した決定木が生成された．木の 1 層目は最も一般的な変数が含まれている．このケースでは，「可処分所得（available income）」と「税区分（tax category）」である．葉に近い層では，説明範囲がより特化した変数を含んでいる．たとえば「年齢（age）」や「雇用形態（type of employment）」である．クラスタ B は契約しやすい顧客と，そうでない顧客の両者を含んでいる（それぞれ図 A.10 中の白と黒の点）．したがって，生成した決定木によって可能性が高い顧客（矢印の後ろが YES）と，可能性が低い顧客（矢印の後ろが NO）のプロファイルを記述することができる．契約する可能性の高い顧客は税区分が 2 以上であるが，このクラスタ内では税区分が 2 以下の顧客が大半であり，契約可能性の高い顧客と低い顧客の両者が混ざっていた．

**予測モデル**

予測精度を最大限に高めた予測モデルを生成するために，ニューラルネットワークとルールインダクションの 2 つの手法を使用した．両者はまったく異なる手法であるため，2 つの手法を使用することで結果の一貫性のクロスチェックが可能となる．

図 A.12 は，ルールインダクション手法を使用して作成された一連のルール

RULE 1:
 IF   AVAILABLE INCOME > 3021
 AND  TAX CATEGORY = 3
 THEN YES (850 cases and 92% precision)
RULE 2:
 IF AVAILABLE INCOME BETWEEN
   3021 AND 6496
 AND  TAX CATEGORY > 1
 THEN YES (750 cases and 82% precision)
RULE 3:
 IF AGE ≥ 40
 AND AVAILABLE INCOME > 3021
 AND  TAX CATEGORY = 2
 THEN YES (450 cases and 89% precision)
RULE 4:
 IF AGE ≥ 35
 AND TYPE OF EMPLOYMENT = SELF EMPLOYED
 AND TAX CATEGORY >  1
 THEN YES (940 cases and 81% precision)
RULE 5:
 IF   MARITAL STATUS = MARRIED
 AND TYPE OF EMPLOYMENT = SELF EMPLOYED
 AND  TAX CATEGORY = 3
 THEN YES (800 cases and 76% precision)
RULE 6:
 IF AVAILABLE INCOME > 6496
 AND TAX CATEGORY = 2
 THEN YES (1260 cases and 74% precision)

**図 A.12** 年金保険を契約する可能性が高いクライアントを探すために生成されたルール

を示している．図は年金保険の契約可能性が高い顧客のプロファイルを示している．各葉には対応するケース数と訓練時の適合率が記載されている．銀行はこれらのプロファイルを使用してキャンペーンのターゲットの選定を行うことが可能となった．たとえば図 A.12 から，可処分所得（available income）が 3,021 ドルを越えており，税区分（tax category）が 3 である顧客は契約可能性が高い顧客であり，当該ルールに該当する顧客をキャンペーンのターゲットとすることが考えられる．テストデータにおける各ルールの適合率の計算方法についてはケーススタディ 1 を参照されたい．

 ニューラルネットワークモデルは，各顧客について 2 つの出力値を生成する．

表 A.6　年金保険の契約可能性が高い顧客

| 観客 ID | 年金保険契約フラグ | 契約確率 |
| --- | --- | --- |
| CI47190 | YES | 0.84 |
| CI47171 | YES | 0.84 |
| CI47156 | YES | 0.84 |
| CI47212 | YES | 0.82 |
| CI47235 | YES | 0.82 |
| CI47251 | YES | 0.82 |
| CI47159 | YES | 0.80 |
| CI47245 | YES | 0.79 |
| CI47285 | YES | 0.78 |
| CI47310 | YES | 0.78 |

1つは年金保険を契約するか否かに関する Yes/No の予測指標であり，もう1つは予測指標が正しいかどうかの確率値（0～1）である．表 A.6 に3列目の契約確率によって並び替えられたモデルの出力結果の例を示す．テストデータにおけるモデルの適合率の全体平均は 82% であった．

銀行は表 A.6 のリストを使用して，契約確率の高い 5,000 のターゲット顧客を抽出し，年金保険に関するリーフレットを郵送することが可能となった．

### データモデリング

**結果の評価**

　ルールインダクションとニューラルネットワークの評価として，$k$ フォールドクロスバリデーションによって平均適合率と汎化性能の確認を行った．また，全体の適合率と再現率は，真/偽陽性と真/偽陰性を示す混同行列から計算を行う．これは第9章で説明した．それぞれのルールに関して個別のテスト精度を計算する際に，SQL としてコーディングし，リレーショナルデータベースにロードされたテストデータに対して実行できるようにしておくと便利である．

## 結果と結論

本プロジェクトでは，年金保険契約見込み顧客の判別を行った．まず，入手可能なデータについて調査をした．分析フェーズでは，表，ヒストグラム，円グラフ，スパイダーウェブダイアグラムといった可視化手法を用いた．また，ビジネス課題（年金保険の契約見込み）との関連性によって変数のランク付けを行うためにニューラルネットワークを使用した．

モデリングフェーズではSOMによるクラスタリングを実施し，契約可能性の高いグループの判別を行い，さらに決定木によって各グループのプロファイルの確認を行った．予測モデルはルールインダクションとニューラルネットワークという異なるの2つの手法で構築された．

SOMと決定木の結果から，年金保険を契約しやすい顧客のプロファイルの判別を可能にした．この情報は，広告キャンペーンと広告メッセージの設計に用いることができる．ニューラルネットワークとルールインダクションモデルを用いて作成された予測モデルの結果から，契約確率の高い順にソートされた顧客リストが得られた．銀行はこのリストを用いて，契約確率の高いターゲット顧客に広告や情報を送ることが可能となった．

## Wekaにおけるデータ処理，分析，モデリングの例

本書のケーススタディの目的は，特定のソフトウェアシステムに依存することなく，データ分析やマイニングの考え方の過程を説明していくことである．しかし，本節ではデータマイニングツールを用いたデータ処理のスクリーンショットが説明の中心となっている．データマイニングツールには第19章で触れたWekaを使用した．Wekaの実践的な活用方法に関する詳細については以下の書籍を参照してほしい．

- Ian H. Witten, Eibe Frank, and Mark A. Hall, *Data Mining: Practical Machine Learning Tools and Techniques*, 3rd ed., Morgan Kaufmann, ISBN 978-0-12-374856-0, 2011.

図A.13から図A.19に，ローデータ（スプレッドシート形式），前処理，可視化，属性選択，クラスタリング，分類についてのスクリーンショットを示した．

| | A | B | C | D | E | F | G | H | I | J | K | L | M |
|---|---|---|---|---|---|---|---|---|---|---|---|---|---|
| 1 | id | age | gender | region | income | marital_st | tax_cat | type_empl | vehicle | save_acc | current_acc | mortgage | pension_plan |
| 2 | CID0001 | 51 | MALE | <10K | 28200 | MA | 1 | SE | NO | YES | YES | YES | YES |
| 3 | CID0032 | 62 | FEMALE | >200K | 55250 | SI | 2 | SE | NO | YES | YES | YES | YES |
| 4 | CID0081 | 31 | MALE | >200K | 10000 | MA | 1 | EM | NO | NO | YES | NO | NO |
| 5 | CID0112 | 36 | FEMALE | 10K->50K | 16500 | MA | 1 | EM | YES | YES | NO | YES | NO |
| 6 | CID0351 | 61 | MALE | 51K->200K | 32500 | MA | 1 | EM | NO | NO | NO | NO | YES |
| 7 | CID0381 | 27 | MALE | >200K | 24000 | MA | 1 | EM | YES | NO | NO | NO | NO |
| 8 | CID0873 | 66 | FEMALE | <10K | 24500 | WI | 1 | SE | NO | YES | NO | YES | NO |
| 9 | CID0524 | 47 | FEMALE | >200K | 17000 | WI | 1 | SE | NO | YES | YES | YES | YES |
| 10 | CID0410 | 25 | MALE | 51K->200K | 18000 | MA | 1 | SE | NO | YES | YES | NO | NO |
| 11 | CID0411 | 48 | MALE | 10K->50K | 26000 | MA | 1 | SE | NO | YES | YES | NO | YES |
| 12 | CID0413 | 22 | FEMALE | >200K | 18000 | MA | 1 | SE | YES | NO | NO | NO | YES |
| 13 | CID0450 | 41 | FEMALE | >200K | 25000 | MA | 1 | SE | YES | NO | NO | NO | NO |
| 14 | CID0455 | 39 | FEMALE | 51K->200K | 26000 | SI | 1 | SE | YES | YES | YES | NO | YES |
| 15 | CID1012 | 25 | MALE | 10K->50K | 17000 | SI | 1 | SE | YES | NO | NO | YES | NO |
| 16 | CID1015 | 29 | MALE | <10K | 42000 | MA | 2 | EM | NO | YES | NO | YES | YES |
| 17 | CID1024 | 44 | FEMALE | 10K->50K | 10000 | SI | 1 | EM | NO | NO | NO | NO | NO |
| 18 | CID1234 | 29 | FEMALE | 51K->200K | 31000 | MA | 1 | EM | YES | NO | NO | YES | YES |
| 19 | CID8736 | 38 | FEMALE | 10K->50K | 13000 | MA | 1 | EM | NO | YES | YES | YES | NO |
| 20 | CID2344 | 41 | MALE | >200K | 15000 | MA | 1 | EM | YES | NO | YES | YES | NO |
| 21 | CID0182 | 27 | MALE | >200K | 16000 | SI | 1 | EM | YES | NO | YES | YES | NO |
| 22 | CID8374 | 34 | FEMALE | 10K->50K | 39000 | MA | 2 | EM | YES | YES | NO | NO | YES |
| 23 | CID3983 | 32 | FEMALE | >200K | 18000 | SI | 1 | EM | YES | NO | YES | YES | YES |
| 24 | CID1934 | 54 | MALE | <10K | 20000 | MA | 1 | EM | NO | YES | YES | YES | NO |
| 25 | CID1066 | 23 | MALE | >200K | 49000 | WI | 2 | EM | YES | YES | YES | YES | YES |
| 26 | CID1714 | 22 | FEMALE | >200K | 32000 | MA | 1 | EM | NO | NO | NO | NO | YES |
| 27 | CID1966 | 28 | MALE | 10K->50K | 12000 | SI | 1 | EM | NO | YES | YES | YES | NO |
| 28 | CID1812 | 54 | FEMALE | <10K | 36000 | MA | 2 | EM | NO | YES | YES | NO | NO |
| 29 | CID1989 | 33 | MALE | <10K | 49000 | WI | 2 | EM | YES | YES | NO | YES | YES |
| 30 | CID1988 | 44 | FEMALE | <10K | 44000 | MA | 2 | EM | YES | YES | YES | YES | YES |
| 31 | CID1898 | 30 | MALE | 10K->50K | 13000 | SI | 1 | SE | YES | NO | YES | YES | NO |
| 32 | CID1912 | 50 | MALE | >200K | 41000 | MA | 2 | EM | YES | YES | YES | YES | YES |
| 33 | CID1969 | 22 | FEMALE | >200K | 20000 | MA | 1 | EM | NO | NO | YES | NO | YES |
| 34 | CID2094 | 30 | FEMALE | >200K | 21000 | MA | 1 | EM | YES | YES | YES | NO | YES |

BANK DATASET PENPLAN CROSSSELL

**図 A.13**　スプレッドシート形式のローデータファイル

図 A.13 は，スプレッドシート形式のローデータの入力ファイルを示している．Weka に入力するためにはスプレッドシートから CSV 形式でエクスポートする必要がある．CSV 形式のファイルでは，1 行目はカンマ区切りのカラムヘッダーであり，2 行目以降はカンマ区切りのデータが格納されている．

図 A.14 は，1 枚目の Weka のスクリーンショットである．前処理タブ/モジュールが選択され，データファイルがロードされた状態を表している．このモジュールでは，変数型の再定義（たとえば，「tax_cat（税区分）」をデフォルトの数値型からカテゴリ型に変更）が可能である．また，画面の左上にあるフィルタオプションを使用して，数値型の変数の正規化，連続値の離散化，サンプリングが可能である．前処理が行われると，データファイルが Weka フォーマットで記録される（出力ファイルの拡張子は「arff」）．

図 A.14 では age（年齢）変数が選択されており，age に関する基本統計量が画面右上に表示され，分布が画面右下に表示されている．図 A.14 では，分布

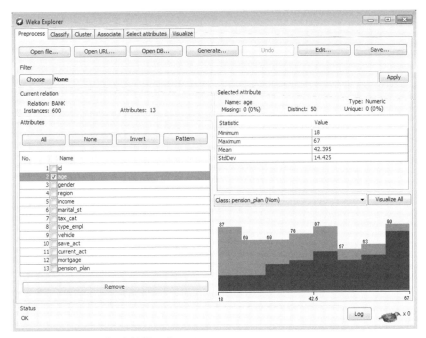

**図 A.14** Weka：データ処理モジュール

が選択された名目変数によってオーバーレイされている．この図では，2値の出力変数のpension_plan（年金保険）が選択され，黒色が意味する「Yes」と灰色が意味する「No」に内分されている．

図 A.15 はデータ可視化の画面を示している．デフォルトですべての変数について，他のすべての変数との2次元の散布図が描かれ，選択されたカテゴリ型変数がオーバーレイされる（このケースでは pension_plan（年金保険））．また，グラフをクリックすると拡大することができる．スクリーンショットでは，income（所得）と age（年齢）のグラフに pension_plan（年金保険）がオーバーレイされたものが拡大表示されている．

図 A.16 は属性選択画面である．ここでは，データセット内における重要変数の判別手法や，因子（属性）の次元削減手法を提供している．図では主成分分析が使用され，オリジナル変数に異なる係数を重み付けして得られた 14 因子（属

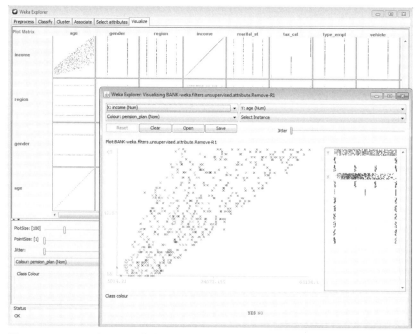

図 A.15　Weka：データの可視化

性）が生成された．ランク付けされた属性の最初の列は相対的重要性の尺度であり，第 1 主成分の 0.8151 から第 14 主成分の 0.0284 の範囲で対応している．

図 A.17 はクラスタリングモジュール画面のスクリーンショットであり，$k$ 平均法が選択されている．何も操作をしなければ Weka は常にデフォルト値を割り当てる．これは大抵合理的に機能するが，使用するデータセットに合うように細かく調整することも可能である．図では，$k$ 平均法によってデータから 2 つのクラスタが生成され（入力パラメタの「-N 2」というところで設定している），各クラスタの重心値が返されている（カテゴリ型変数では最頻値，数値型の変数では平均値）．入力変数は age（年齢），incom（所得），tax_cat（税区分）である．画面左側でオプション選択が可能であり（クラスタ評価のためのクラス），図では pension_plan（年金保険）が評価用の変数として選択されている（クラスタリング結果に影響を与えるので，評価用変数は入力変数としては選択

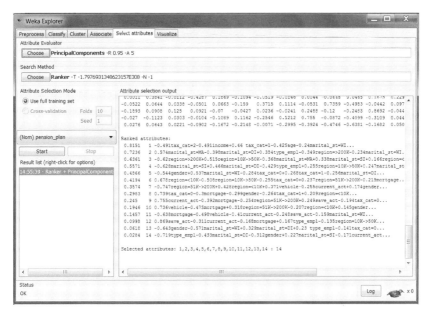

**図 A.16** Weka：属性選択

できない）．これにより，クラス値（YES, NO）とクラスタの対応の程度が確認可能となる（右下のマトリクスに示されている）．

結果はクラスタ 0 に割り当てられたケースのうち，pension_plan（年金保険）=NO が大多数であることを示している（259 ケース中 248 ケース）．一方，クラスタ 1 に割り当てられている pension_plan（年金保険）=YES は曖昧な分布となっている（341 ケース中 153 ケース）．また，クラスタを代表するプロファイルは入力変数のクラスタ重心値から解釈可能である．たとえば，クラスタ 0 における income（所得）の重心（平均）値は 20,945 であり，一方クラスタ 1 においては 45,014 である．これは，高所得者がクラスタ 1 に対応していることを意味している．

図 A.18 は，分類手法のオプションとして J48（C4.5 アルゴリズム）が選択された分類モジュールの画面を示している．図の右上には属性のリストがあり，出力属性は画面左で pension_plan（年金保険）が選択されている．また，デフォルトとして 10 フォールドクロスバリデーションが入力データに適用され

388　付録　ケーススタディ

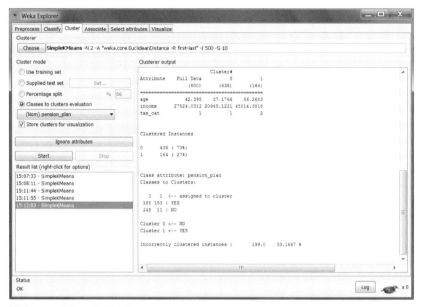

図 A.17　Weka：クラスタ

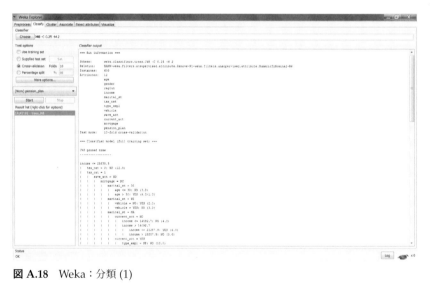

図 A.18　Weka：分類 (1)

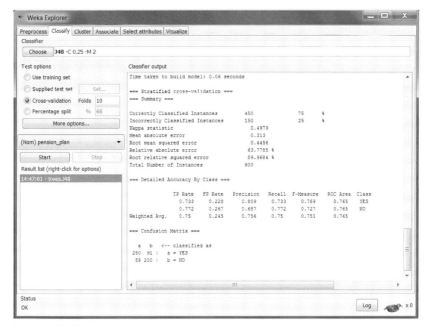

**図 A.19** Weka：分類 (2)

ている．画面右下には生成された決定木の一部が表示されている．

図 A.19 は，分類モジュールの 2 つ目のスクリーンショットである．画面右側に適合率，再現率，真/偽陽性率，混同行列が表示されている．混同行列については第 9 章の説明を参照してほしい．図中の適合率は合理的な値となっており (pension_plan (年金保険) =YES では 80.9%，pension_plan (年金保険) =NO では 68.7%)，それぞれの出力クラスの偽陽性も 27%を越えていない．

### ケーススタディ 3：テレビ番組の視聴予測

本ケーススタディは時系列視聴データを用いた，競合チャネルを考慮したテレビ番組の視聴率予測について述べる．本ケーススタディは前の 2 つのケーススタディとは毛色が異なる．なぜなら，最初に予測モデルを作成するためのデータ表現を決定しなければならず，また，時間窓が重要な側面となるからだ．手

順としては，まず，取得可能なデータを調査し，データの表現形式と分析対象の環境（時間帯，競合チャネル）を決定した．そして，データ分析を行い，最後に番組と広告枠の両者が考慮された視聴率予測のためのモデリングを行った．

## イントロダクション

　テレビ番組の視聴研究部門と計測部門の管理職は，経営陣の月例ミーティングの中で，競合テレビ局との視聴率競争，広告スポンサーの動向により圧力を受けていた．

　競合テレビ局は当該テレビ局の番組と「対抗」するために，優れたアイデアをすばやくコピーし，視聴者を「盗む」ための仕掛けを盛り込んだ番組を設計することが多かった．一般的に，テレビ番組の成功は，創造性，革新性，ディレクターやデザイナーの才能，司会者，出演者，コンテンツ，現在の社会動向との関連性に依存している．当該テレビ局はそれ以外にも，番組の「質」にこだわっていた（良いレポーティングと調査報道，時事問題，教育プログラム，演劇，音質の高い音楽，マイナースポーツ，など）．

　スケジューリング（どの日のどの時間にどの番組を放送するかというプランニング）は番組や選択できるチャネルの多様性，競合の動向，番組の間のCM時間などにより複雑さを増してきている．また番組の視聴率は，同時刻に放送されている他のキー局の番組，番組に出演しているスターの存在感，独占放送かどうかなど，さまざまな要因に依存している．

　視聴調査部門，計測部門のディレクターは，テレビ局やスポンサー企業が設定した条件に基づいてスケジュール設計をサポートするITサポートツールの開発を提案した．このツールは広告枠の販売支援ツールとしても使用することができ，視聴率の推定値の改善を可能とする．また広告特性に応じて，ある時刻の番組に関するデモグラフィックプロファイルと番組との適合性を検証することができる．したがって，その時間帯において競合番組よりも，特定のデモグラフィックとよくフィットしていることを論証することができる．

　このタイプのツールは，テレビ産業の環境が継続的に変化するため複雑になりやすく，かつ，定期的なアップデートが必要である．ツールの入力データとして時系列の視聴統計（ニールセンによって提供されているデータ），視聴者の

デモグラフィックデータ，時間帯別の番組視聴率の統計情報（分単位）が使用された．比較を行う上での重要な要因は，時間枠や時間依存性の変数である．

## データ定義

経営会議の後，IT 部門のディレクターが率先して支援を行い最初のフェーズがスタートした．最初のフェーズでは関連度の高い変数の選定を行った．まず，いくつかの視聴予測プロジェクトの経験があるコンサルタントと契約した．コンサルタントはスケジューリングモデルへの入力として，時刻（時間と分），曜日，月，番組のジャンル，番組のサブジャンルを変数として選定することを勧めた．競合局の番組においても，ジャンルとサブジャンルが入力変数として加えられた．

入力ファイルはテキストファイル形式で，変数（カラム）は10個，レコード数は約5,000であった．レコードは上半期の6か月間の19:00時から23:00時の7番組と対応している．7つの具体的な番組名は，OBJECTIVE_CHANNEL（教育番組），PBS，ABC，CBS，NBC，Fox，This TV（ケーブルネットワーク）である．フィールドは放送局名，曜日，日付，時刻，放送開始時刻，放送時間，ジャンル，視聴率，生放送/収録済，祝日フラグである．

視聴予測モデルの生成にあたり，すでに放送された番組との関連や視聴率の時系列データが提供された．このデータから，モデルは視聴傾向やさまざまな要因間の相互関係を明らかにすることができる．したがって，モデルは将来の番組を提示したとき，その視聴率を予測することが可能となる．モデリングの手法にはニューラルネットワークとルールインダクションを使用した．

本プロジェクトのために，OBJECTIVE_CHANNEL の6か月間の時系列データが使用された．このデータから，2つの初期モデルが生成され，スケジューリングシミュレーションモデルの基礎が形作られた．

出発点として，ニールセンによって提供されている全局の放送番組の「ジャンル」の評価値を使用した．このファイルには放送番組の各分ごとの視聴率が1つのレコードに含まれており，列は放送番組のジャンルと対応する．このデータから OBJECTIVE_CHANNEL の各放送番組が1レコードと対応した新しいファイルが生成された．このファイルでは，放送番組に対応した，分ごとのレ

コードすべてを集約し，放送番組の視聴率を毎分視聴率の平均値と考えた．また各番組のレコードに，競合局のデータ（同じ方法で集約されたデータ）がカラムとして追加された．

前述のプロセスによって生成されたジャンルファイルが本プロジェクトの分析とモデリングステップの入力ファイルとなる．各レコードはそれぞれの放送番組に対応する約 100 カラムで構成されており，データのレコード数は 5,000 であった．

### データ分析

視聴率予測に関する調査結果として，番組のスケジューリングを行う部門の幹部は，視聴率は時間とコンテキストの両方に強い関係性があると強調した．番組は時刻に大きく依存しているため，時間的側面は存在している．また，アメリカ合衆国内にはさまざまな放送局があるため，コンテキシャルな側面も存在している．アメリカ国内には，主要な公共教育チャネル（PBS）とその地方局，4 つの主要な商業チャネル（ABC，CBS，NBC，Fox），スペイン語チャネル，ケーブルテレビ，衛星放送（This TV, Create, Disney Channel, Discovery Channel など）といった放送局が存在している．ショッピングネットワークや宗教的なテレビ局（The Worship Network, TBN, Smile of a Child）も大きな存在感をもっている．本調査では，4 つのメジャー商業チャネル，公共チャネル（PBS），最近合計視聴率が大きく上昇しているケーブルテレビのチャネル 1 つを加えた 6 チャネルを対象とした．したがって，任意の時刻で，競合と相互に関係する 6 つの異なるコンテキストが存在することとなる．

最初のタスクは，OBJECTIVE_CHANNEL 自身の環境の調査と，特定の番組の視聴率を予測することであった．対象とした番組はジャンル，サブジャンル，放送時間，放送開始時間，スター俳優/女優などの特性をもっている．また，番組の視聴率は同一チャネルの前後の番組に影響を受ける可能性がある．これらをふまえて，いくつかのモデルの入力変数が作成された．その後，モデルの入力変数から派生変数が作成された．便宜上，ターゲット番組は前後の番組と一緒の時間枠に存在するとみなした．

競合局の番組に関する最初のタスクは競合番組を定義することであった．条

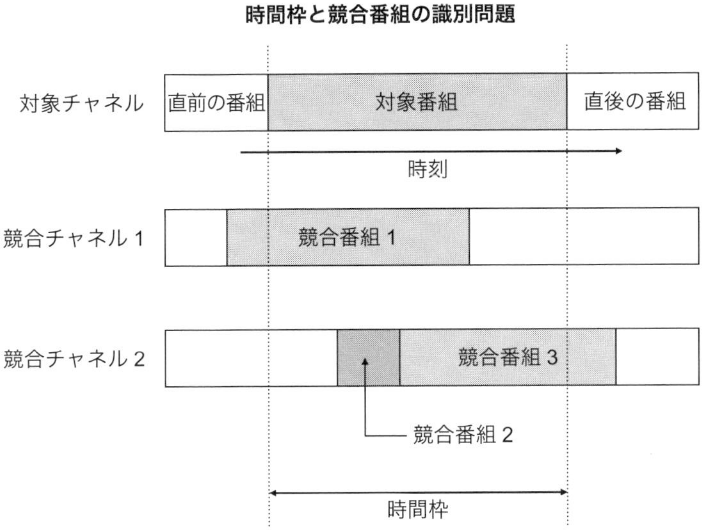

**時間枠と競合番組の識別問題**

**図 A.20** 時間の重なりの程度に基づいた競合番組の判別

件として，他局の番組との時間の重なりの程度が定義として使用され，X%以上重なっていれば，競合番組とみなすこととした．図 A.20 はこのスキームを図示したものである．また，競合番組に対してジャンル，サブジャンル，放送時間，放送開始時間，スター俳優/女優など自局の番組と同様の情報を集めることができた．

初期に生成されたモデルの出力変数は，小数点以下 2 桁まで考慮した視聴率であった．番組視聴率の予測は入力データを与えることで行える．放送番組に関するデータにはニールセンのデータを用いた．これにはアメリカ国内のすべての TV キャンペーンの視聴率が収められている．視聴率は，視聴者の年齢範囲（0〜4 歳，4〜12 歳，13〜24 歳，25〜44 歳など）によって分割された．

ここまでの議論をふまえて，暦年の上半期のプライムタイム（19 時 00 分から 23 時 00 分まで）における OBJECTIVE_CHANNEL の番組ごとの視聴率，およびその他の派生フィールドを集計したデータファイルを生成した．各レコードは，それぞれの放送番組に対応する約 100 カラムで構成されており，データのレコード数は 3,500 であった．

モデルの訓練とテストをするために，データセットを日付/タイムスタンプによって時系列に並びかえた．最初の 60%のレコードを訓練に使用し，残りの 40%をテストに使用した．例のごとく，$k$ フォールドクロスバリデーションによって汎化性能の確認が行われた．

図 A.21 は，1 から 5 分の番組が比較的高い割合を占めていることを示している（ヒストグラムの最左のバー）．テレビ局が放送の間に挿入する「番組プレビュー」と「宣伝」を番組としてカウントしたためこのような結果となった．

図 A.22 でジャンルの割合を見ると，番組の 45%は（時事問題を含む）ニュースだったのに対し，サッカー（ナショナル・フットボール・リーグ [NFL] ゲーム）はわずか 4.2%であった．しかし，「スポーツ」と「サッカー」のジャンルは抱合関係にあり，スポーツジャンル内のサッカーの視聴率は 40%を越えているものもあった．

抽出されたデータファイル内の番組視聴率は 0〜45 ポイントの間で変動が見られた．視聴率の平均値は 18 ポイントであり，標準偏差は 7 ポイントであった．なお，すべての番組内で 40 ポイントを越えているのは 45 番組のみであった．

図 A.23 の $y$ 軸は視聴率，$x$ 軸は放送時刻（時分）を示している．図 A.23 では，全時間の視聴率の分布のうち，19:00〜20:00 と 20:00〜21:00 の時間帯を差

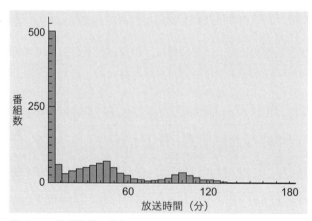

図 A.21　放送時間の分布

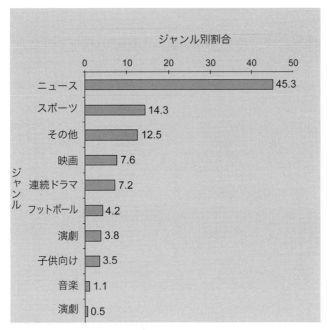

図 A.22　放送ジャンルの分布

別化してライトグレーで表示している．

**番組ごとの視聴予測**

　前節で説明した図 A.23 の視聴率分布を踏まえて，個々のデータモデルは時間枠ごとに生成された．すべての時間枠に向けたグローバルモデルを 1 つ作成するよりも，時間枠ごとにモデルを作成した方が精度の高いモデルを作りやすいからだ．

　また，視聴率の連続的な数値を予測する代わりに，視聴率をカテゴリ化することによって高い精度が得られる．この方法では，視聴率区分として 0–4%，5–8%，9–12%のように予測が行われる．最後に，ジャンルごとにモデルを作成することにより，さらに精度の高い予測を行うことができた．

　高い精度で予測できた番組として，The Today Show（NBC），Good Morn-

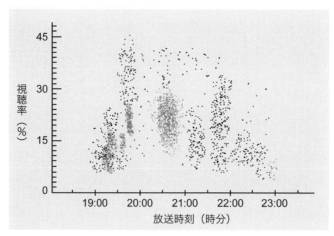

図 A.23 放送時刻ごとの視聴率分布

ing America (ABC), Piers Morgan Tonight (9 pm show; CNN), American Idol, CBS Evening News, The Late Show, Celebrity Apprentice, Jeopardy, The Big Bang Theory があげられる．

一方，予測精度が芳しくなかった番組として，NFL Championship Game, NBA Regular Season (basketball), Phoenix Open (golf), World Boxing Championships, Grey's Anatomy, CSI: NY, The Voice, Undercover Boss, Survivor: One World があげられる．

最も精度良く予測ができた番組は，主にニュースとバラエティショーのジャンルに該当するものであった．一方，予測精度が低かった番組のジャンルはスポーツであった．特に高視聴率の NFL の試合は難しい結果となった．

### 広告枠の視聴予測

本節では，番組の視聴率予測よりも難易度の高いトピックについて考察を行う．具体的には，番組視聴率予測の発展型として番組間の広告枠内の視聴率予測を行う．データモデリングの観点から，広告枠は番組視聴率予測とは別の適切なモデルを使用してシミュレーションされるべきである．ただし，広告枠の視聴率予測は番組の予測よりも難しい．その理由として，断片化していること，

放送時間の短さ，その他の広告特有の特性があげられる．しかし，広告の状態をモデル化することは，広告主との交渉および料金請求を正当化するための便利な道具となりうるため，挑戦する価値は高い．

図 A.24 は，広告枠は非常に複雑な構造となる可能性があることを示している．広告枠はスポット広告や自社広告といった多様な広告を含み，異なる放送時間，番組枠の直前または直後，1 つ以上の番組のプレビューを含んでいる可能性がある．また，この構造は変化する可能性もある．たとえば，タイトル表示なしに対象番組に直接戻る場合や，広告枠前後の番組が異なっている場合がある．

図 A.25 は広告枠における視聴率を示している．視聴率はゾーン A で最初の減少が起こり，その後，広告ブロック（ゾーン B）に完全に到達した際に最小値となる．視聴者を番組に引き戻す「誤警報」もある（ゾーン C）．非番組時間にテレビから離れていた人のうち，テレビの視聴に戻ってきた人の割合がゾーン C で見られる．そして，視聴者が本当に番組が再開されると感じとったときに最後の数値の増加が見られる．

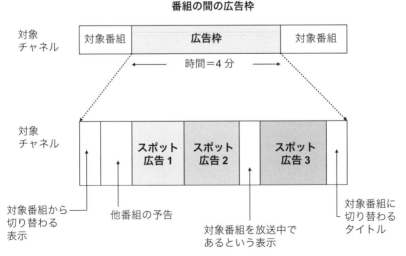

図 A.24　広告枠の構造例

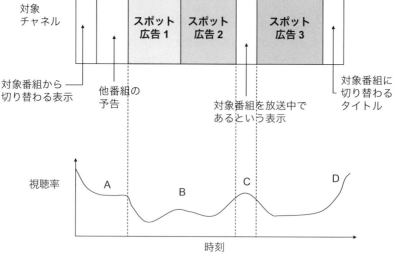

**図 A.25** 広告枠における視聴率の変化

広告について言及すると，出稿額の小さな広告は広告枠の中央（図中のゾーン B）に配置される傾向にある．

この編成計画のタスクは本当に複雑であった．なぜなら，リアルタイムで広告ブロックの変更が起きるからである．たとえば，大量のテレビ画面の前に座って同時にすべてのキー局の番組を見ながら，競合のテレビ局の放送が広告枠に入った瞬間に，自局の番組の放送を中断して広告を流すこともある．これはザッピングに対抗する手段だと考えられている．視聴中の番組で CM が流れ始めたときに，いくらかの割合の視聴者はザッピングし，他の CM 枠に入っていないチャネルの番組に切り替える可能性があるからだ．そして，ザッピングした視聴者は他のチャンネルも CM 中であることを確認した場合，元のチャンネルに戻ると考えられている．したがって，視聴者は元のチャネルの CM だけを見るわけではなくなるが，元のチャネルに滞在する可能性が高くなる．もう1つの考慮事項は，有料チャンネルと非有料チャンネルが互いにどのように影響しているかである．

# 用 語 集

**CRM （顧客関係管理，customer relationship management）** 顧客がビジネスの中心であると考え，顧客ニーズ，顧客の傾向，特徴の把握に注力するアプローチ．CRM において重要なコンセプトとして購買頻度とレイテンシーが挙げられる．前者は一定の期間内における顧客の購買回数を指し，他の顧客と比較を行うことが多い．後者は購買の時間的間隔を指す．ある製品（もしくはサービス）における顧客のプロフィールや行動をデータ分析によって解き明かすことができ，マーケティングを効率よく進めることができる．CRM の適用分野としては購買可能性の予測，顧客離反の分析，クロスセリングが挙げられる．

**EIS （経営情報システム，executive information system）** 情報マネジメントの手法の1つである．EIS はビジネス指標を可視化し，関連するデータをさまざまな方法で操作できるようになっている．なお，EIS はグラフィカルインタフェース（GUI）をもち，技術的な知識をもたない人でも使えるようになっている．

**SQL(structured query language)** データベースから特定のデータフィールドおよびテーブルを抽出するために用いる言語である．典型的なクエリは以下のような形である．SELECT name, address, telephone FROM clients WHERE creation_date < "01/01/2014."

**因子分析（factor analysis）** データを説明する上で重要な因子を特定するモデリングの一手法である．入力変数と出力変数との相関の算出がその基本にある．変数選択の項も参照せよ．

**エキスパートシステム（expert systems）** エキスパートシステムは 1980 年代にその名を馳せた．人間の知識は if then else の形で表現できるとし，データマイニングのモデルをそこに適用することで実装を行っていた．現在隆盛を誇っているデータマイニングやナレッジマネジメント，ERP，CRM などはエキスパートシステムの研究から派生したものである．

**関連性（relevance）** 顧客の年齢などの入力変数と特定の製品およびサービスを購入するかどうかなどのビジネス課題を表現した出力変数との関連性を指す．

**機械学習（machine learning）** データ分析およびモデリングの一手法であり，人工知能の研究から派生した．その着想は人間の知能を模するという点に端を発しており，正例と負例そして例外を規定することで学習を行う．代表的な手法としてニューラルネットワークとルールインダクションが挙げられる．

**教師あり学習（supervised learning）** 正例，負例といった教師信号を用いて予測モデルや分類モデルを構築する手法のことである．果物を分類する教師あり学習を考えた場合，正例として，リンゴ，梨，オレンジといった果物のデータ，負例として，ジャガイモ，カリフラワー，米といった果物ではないデータを用いる．具体的な手法としてはニューラルネットワークやルールインダクションなどが挙げられる．

**教師なし学習（non-supervised learning）** モデリングの種類の1つであり，その学習に教師情報を必要としないことが名づけられている．したがって教師なし学習は，入力変数のみでカテゴリ分けを行う必要がある．$k$ 平均法やコホーネンの自己組織化マップが代表的な手法として挙げられる．各クラスターに割り当てられたデータを用いて指標を算出することで結果を評価する．

**クラスタリング（clustering）** 各グループ（クラスター）に所属するケースは似ているが，クラスター間ではクラスターの性状が異なるようにクラスターを定義する技術．たとえば，利益率の高さに応じて顧客を2つのクラスターに分ける場合を考えてみよう．利益率の高い顧客クラスターにおいては，利益率において事前に定めた一定の閾値を超える顧客のみが所属する．クラスタリングの方法として $k$ 平均法もしくはコホーネンのニューラルネットワーク（自己組織化マップ）などが挙げられる．

**クロスバリデーション（cross-validation）** 反復して異なるデータセットを用いてモデルの平均精度を測定し，新しいデータセットに対する汎化性能を評価する方法．$k$ フォールドクロスバリデーションの場合，全データセットを $k$ 個の等しいサイズのサブセットにランダムに分割する．$k$ 個のサブセットのうち1つはモデルの評価セットとして利用し，残りのサブセットを訓練データとして用いる．この手順を $k$ 回繰り返すことで $k$ 個のサブセットは1回は評価セットとして利用されることになる．全体の精度は，$k$ 回の評価結果を平均することで算出する．データマイニングツールによってはこの一連のプロセスは自動化されている．

**顧客のライフサイクル（customer life cycle）** 顧客のライフサイクルとして以下の3つのフェーズが挙げられる．
  (1) 製品やサービスを新規に購入した顧客．
  (2) クロスセリングによって獲得が見込まれる顧客．これは顧客プロフィールから予測される．
  (3) 製品やサービスに対する忠誠心が高く，競合製品に奪われる可能性の低い顧客．

データ分析によって新規顧客についてより理解を深められ，クロスセリングの成功の可能性を見積もることができ，どの顧客を失う可能性が高いかを把握して予防策をとることが可能になる．

**古典的統計学（traditional statistics）** 古典的統計学とは，いわゆる「統計学」の一連の手法を指しており，機械学習の手法とは異なる．データ分析の文脈では因子分析，相関，記述統計（最大値，最小値，平均値，最頻値，標準偏差等），変数の分布などがこの範囲に含まれる．データモデリングの文脈では回帰分析，クラスタリングなどが古典的統計学に含まれる．

**コントロールパネル（ダッシュボード）（control panel (dashboard)）** コンピュータでアクセス可能で，ビジネス指標をグラフィカルに確認できるウィンドウのこと．自動車や飛行機のダッシュボードを模している．経営者はこれを見ることで，生産量や会計，営業状況といったビジネスの現状を一度に確認できる．

**サンプリング（sampling）** 全データから一部を抽出することを指す．抽出の際には顧客の種類や取引の回数などの一定の基準を用いる．たとえば 100 万件のトランザクションデータがある場合を考えてみよう．ここから代表的なデータを 25,000 件抽出できると分析の際に非常に扱いやすい．この場合のサンプリングには (i) in a random fashion, (ii) each ith record, and (iii) by some business criteria such as a specific product type or specific geographical regions. といった方法が考えられる．

**信頼性（reliability）** データの質を指しており，具体的には欠損値やエラー値の割合およびデータの値の分布のことである．たとえば，信頼性の低い変数とは，「住所」という変数に 20 パーセント近く電話番号が含まれていたり，35 パーセントの欠損値が認められるような場合を指す．

**セグメンテーション（segmentation）** 一定の基準のもと，データを区分けすることを指す．たとえば，顧客を年齢，収入，顧客期間などに応じたセグメントに分けるなどである．セグメントは製品やサービスのターゲティングに準じた形で変数を選び，そこに基準を設定して区分する．セグメンテーションはモデリングに先立って行われる．これはデータベース全体のデータを用いてモデリングを行うよりも，セグメンテーションを行った後のデータを用いた方が各セグメントに特化したモデルを構築できるからである．

**相関（correlation）** 2 つの変数の関係性の強さを示す指標であり，−1 から +1 までの値をとる．正の相関は一方の変数が増加した場合，もう一方の変数が増加することを示す．負の相関は一方の変数が増加した場合，もう一方の変数が減少することを示す．0.7 以上の正の相関があると，2 つの変数間に強い相関があるということが多い．

**データウェアハウス（data warehouse）** 業務処理を実行していく際に発生するトランザ

クションデータを集約したデータベースを指す．格納されたデータは構造化されており一貫性をもつ．データは地域，期間等の単位で集約されており，業務処理に影響を与えることなく多次元クエリを用いたレポーティングが可能である．

**データ型（data types）** データ表現の項を参照せよ．

**データの質（data quality）** 関連性と信頼性の項を参照せよ．

**データ表現（data representation）** データ表現とはデータの表現方法を指す．データはその型に応じてさまざまに表現される．最も重要なデータ型としては数値型，カテゴリ型，二値型が挙げられる．数値型には整数型や小数型が含まれる．カテゴリ型は順序型（例：高，中，低）や順序をもたない名義型（例：青，オレンジ，緑）が含まれる．二値型は2つの要素だけ（yes・no等）をもつ．

**データプライバシー（data privacy）** 個人情報や組織に関するセンシティブな情報の取り扱いに関する話題を指す．具体的には，そのような情報をどのように使用し，処理し，配布するかが話題となる．また，倫理的，法的な権利について議論されることもある．プライバシー保護データパブリッシングについても参照のこと．

**データ分析（data analysis）** 特定の目的のもと，データを探索する一連の技術のこと．具体的には可視化，相関，連関分析，因子分析，セグメンテーション，時系列分析などが挙げられる．

**データ分析，インターネットを対象とした（data analysis on the Internet）** SNSや特定のウェブサイト，検索エンジン，トランザクションといった顧客のインターネットにおける行動を分析すること．

**データマイニング（data mining）** データから知識を抽出するために古典的統計学から機械学習まで広い範囲の技術を用いてデータを分析するプロセスのこと．この言葉は1990年代の半ばから流行しており，その意味はデータプロセシング，分析，モデリングなど多岐にわたる．

**データマート（data mart）** 特定のビジネス領域，部門，部署のもと，構築されたデータウェアハウスのこと．特定の目的に特化したサマリーや指標を算出する際に便利である．

**データモデル（data model）** データを用いた現実世界の表現のこと．データモデルを作るためにはさまざまな手法が用いられる．数種類の入力変数（年齢，婚姻状態，平均収支など）とビジネス課題に直結する1つの出力変数（購買の有無など）をもつデータモデルが典型的である．データモデルを作る際，回帰分析など，古典的統計学の手法が用いられる．データモデルにルールインダクションやニューラルネットワークといった機械学習の手法が用いられることもある．

**データモデルの評価（evaluation (of the precision of a data model)）** データモデルからの出力が数値型かつ連続型である場合，真の値との相関を測定することでデータモ

デルの精度を検証することができる．相関の値が1であれば精度としては完璧であるといえる．相関以外にもエントロピーなどの評価指標を用いる場合もある．データモデルからの出力がカテゴリ型の場合は，混同行列（分割表）を用いて，結果を可視化し精度を検証する．データモデルがクラスタリングの場合は，クラスター間距離，クラスター内距離を用いて結果を評価する．

**ニューラルネットワーク（neural network）** モデリングの一手法であり，ニューロンという相互連結型の要素をベースにした予測モデルを構築する．これは生物学的な脳の仕組みを模している．構築したモデルはデータに極めて大きく適合し，ノイズ（エラーつまり入力変数と出力変数関連性の低さ）に強い．ニューラルネットワークの欠点としては，ルールインダクションモデルのような他の手法に比べてその構造が複雑であり人間には理解しがたいという点である．

**ビジネス課題（business objective）** データ分析プロジェクトを開始する前に決めるべき目標もしくは目的を指す．プロジェクトを進める上で，分析の目的，実行可能性，コスト・ベネフィットの推定，結果をどのように定量化して評価するかを明確に決めておかなければならない．ビジネス課題の具体例は以下のようなものである．

- 翌年までに顧客キャンセル率を3％まで減少させる．
- マーケティングキャンペーンで利益率を25％増やす．

**プライバシー保護データパブリッシング（privacy-preserving data publishing）** 個人情報が保護された形で，データをパブリックドメインやサードパーティ企業に公開する際に考慮すべきトピックである．リスク開示，プライバシーレベル，プライバシー保護による情報の損失，匿名化などが関連するトピックとして挙げられる．

**分類（classification）** 水平的な関係のあるいくつかのクラスを定義すること．各クラスに所属する対象は性状が似ており，分類対象は一定の基準のもとにクラスに割り振られる．各クラスには異なるタイプの顧客（例：ティーンエイジャー，子供がいる既婚者，VIPなど）が割り当てられる．本書では，2クラスの分類技術としてルールインダクションとニューラルネットワークを扱った．

**変数選択（selection of variables）** 変数選択はデータ分析やモデリングを行う際に重要な概念である．大量の変数候補からモデリングの出力変数（ビジネス課題）と相関の高い変数を選ぶというのがオーソドックスな方法である．

**モデリング（modeling）** データモデルの項を参照せよ．

**予測（prediction）** 未来の結果を決めるモデリングを行う際は，まずすでに結果がわかっている過去のデータセットを用いる．予測を成功させるには過去のデータと未来のデータでは文脈が異なることを頭に入れておく必要がある．予測モデルは「結果」となる出力変数と，その「結果」と高い相関をもつ入力変数で構成される．予測モデルの構

築に使われる手法としてはルールインダクション，ニューラルネットワーク，回帰分析などが挙げられる．

**予測分析（predictive analytics）** 予測モデルを構築するために用いられるあらゆるデータモデリングに関する手法を指す言葉である．クラスタリング，因子分析，外れ値分析などは未来の結果予測を直接の目的としていない点で予測分析とは異なる．しかし，これらの非予測分析も，予測モデルを構築する際の一ステップとして用いることがあるので広義の意味ではあらゆるデータマイニングの手法は予測分析手法であるといえるかもしれない．

**ルールインダクション（rule induction）** データモデリングの手法の1つであり，分類モデルを構築する際に用いられる．決定木の形もしくは if then else ルールの形で表現される．ルールの一例としては「IF age over 40 years AND income > $ 34,000 THEN contract_pension_plan = YES.」のようなものが挙げられる．

**レイテンシー（latency）** CRM における基本概念の1つであり，顧客の購買間隔を指す．

# 参考文献

本節では,本書で取り扱ったデータ分析の各領域についてより詳しく知る際に役立つ書籍や情報をまとめた.なお,各章で取り扱った内容に直接関連する参考文献についてはそれぞれの章で紹介しているのでそちらを参照してほしい.

## データマイニングのソフトウェア

- Morelli, T., Shearer, C., Buecker, A., 2010. IBM SPSS Predictive Analytics: Optimizing Decisions at the Point of Impact. IBM Redbook REDP-4710-00, IBM Corporation (IBM SPSS Modeler).
- Novo, J., 2004. Drilling Down. Turning Customer Data into Profits with a Spreadsheet. Booklocker.com Inc. ISBN: 978-1591135197 (Spreadsheet).
- Parr Rud, O., 2000. Data Mining Cookbook: Modeling Data for Marketing, Risk, and CRM. Wiley, New York, NY (SAS Enterprise Miner).
- Witten, I.H., Frank, E., Hall, M.A., 2011. Data Mining: Practical Machine Learning Tools and Techniques, third ed. Morgan Kaufmann, Burlington, MA, ISBN: 978-0-12-374856-0 (Weka).

## 統計学

- Boslaugh, S., Watters, P.A., 2008. Statistics in a Nutshell: A Desktop Quick Reference. O'Reilly Media, Sebastopol, CA, ISBN: 978-0596510497.
- Nisbet, R., John Elder, I.V., Miner, G., 2009. Handbook of Statistical Analysis and Data Mining Applications. Elsevier, Amsterdam, ISBN: 978-0-12-374765-5.
- 高柳慎一ほか,2014.金融データ解析.共立出版,ISBN:978-4-320-12371-7.
- 奥村晴彦,2016.Rで楽しむ統計.共立出版,ISBN:978-4-320-11241-4.
- 福島真太朗,2015.データ分析プロセス.共立出版,ISBN:978-4-320-12365-6.
- 松浦健太郎,2016.RとStanで学ぶベイジアン統計モデリング.共立出版,ISBN:

978-4-320-11242-1.

## ケーススタディ

- Chakrabarti, S., Cox, E., Frank, E., Güting, R., Han, J., Jiang, X., Kamber, M., Lightstone, S., Nadeau, T., Neapolitan, R.E., Pyle, D., Refaat, M., Schneider, M., Teorey, T., Witten, I., 2008. Data Mining: Know It All. Morgan Kaufmann, Burlington, MA.
- Miner, G., John Elder, I.V., Hill, T., Nisbet, R., Delen, D., Fast, A., 2012. Practical Text Mining and Statistical Analysis for Non-structured Text Data Applications. Academic Press, Waltham, MA.

## ウェブマイニング

- Berry, M.J.A., Linoff, G.S., 2002. Mining the Web: Transforming Customer Data. John Wiley and Sons Ltd., Hoboken, NJ.
- Sweeney, S., 2010. 101 Ways to Promote Your Web Site, eighth ed. Maximum Press. ISBN: 978-1931644785. Data Mining Methodology, Data Warehouse, and CRM
- Cabena, P., Hadjinian, P., Stadler, R., Verhees, J., Zanasi, A., 1997. Discovering Data Mining: From Concept to Implementation. Prentice Hall, Upper Saddle River, NJ, ISBN: 978-0137439805. Devlin, B., 1997. Data Warehouse: From Architecture to Implementation. Addison Wesley, Boston, MA, ISBN: 978-0201964257.
- Tsiptsis, K., Chorianopoulos, A., 2010. Data Mining Techniques in CRM: Inside Customer Segmentation. John Wiley and Sons Ltd., Hoboken, NJ, ISBN: 978-0-470-74397-3.

## エキスパートシステム

- Beynon-Davies, P., 1991. Expert Data Systems: A Gentle Introduction. McGraw-Hill, New York, NY, ISBN: 978-0077072407.
- Hertz, D.B., 1987. The Expert Executive: Using AI and Expert Systems for Financial Management, Marketing, Production and Strategy. Blackie Academic & Professional, London, ISBN: 0-471-89677-2.

## データ分析に関する情報がまとまったウェブサイト

- AudienceScience: www.digimine.com. A website dedicated to data mining services applied to marketing. Drilling Down: www.jimnovo.com. The website of Jim Novo, author of Drilling Down, which offers an original spreadsheet approach to analytical CRM.
- KDNuggets: www.kdnuggets.com. A website created and maintained by a data mining pioneer, Gregory Piatetsky Shapiro. It has up-to-the-day information about data mining software, jobs, news, datasets, consulting, companies, education and training courses, meetings, seminars, con- gresses, webcasts, and forums.

# 索　引

**A**
AIX ........................... 346
Apache Hadoop ................ 346
API（Application Programming
　Interfaces） ............... 95, 307

**C**
C4.5........................ 180, 350
C5.0................... 121, 181, 342
CART ......................... 342
CHAID........................ 342
Cookie ........................ 260
CRM..................... 125, 237
　──アプリケーション .......... 244
　──システム .................. 243
CSV........................... 294

**D**
DB2........................... 243
Deep Email Miner .............. 306
DNS .......................... 267

**E**
EIS...................... 124, 222
ERASE ....................... 336

**F**
FAMS（Fraud and Abuse
　Management System） ........ 125

**G**
GML.......................... 294
GNU General Public License ..... 348

Google
　──Analytics ................ 261
　──Search Appliance ......... 286
　──Trends................... 309
GraphML...................... 297
GRG2 ........................ 351

**H**
Hypersoft's Omni Context ....... 306

**I**
IB$k$.................... 186, 187, 318
IBM Cognos Express ............ 201
IBM Intelligent Miner ........... 124
IBM SPSS Modeler .. 123, 156, 173, 341
　──Premium.................. 345
　──Text Analytics ............ 217
ID3 ...................... 179, 342
idf ............................ 213
Intelligent Miner................ 156
　──for Data.................. 341

**J**
J48............................ 350

**K**
K-REDACTOR ................. 336
KXEN......................... 306
KYC .......................... 237
$k$ 近傍法....................... 318
$k$-匿名化 ...................... 329
$k$ 平均法........ 156, 168, 182, 185, 315

**L**
Linux ....................... 346

**M**
M4........................... 350
Microsoft CRM ................ 244
MS Access .................... 222
MySQL........................ 222

**N**
NETINF ...................... 306
NetMiner 4 ................... 306
NeuroShell ............. 173, 352
Newprosoft................... 269

**O**
OLAP.................... 124, 222
ONASurvesys.................. 306
Oracle....................... 243
——11g...................... 345
——Data Mining Suite......... 341

**P**
PageRank................. 272, 276
Pingar................... 211, 336

**Q**
Quinlan, Ross ................ 179

**R**
RBF.......................... 342
RDBS ........................ 219
RuleQuest .................... 351

**S**
Salesforce.................... 244
SAP
——Crystal Reports .......... 198
SAS
——Enterprise Miner...... 124, 341
——Text Miner ........... 217, 218

SEMMA ....................... 342
SIMPLE REDACTOR............ 336
SocNetV...................... 306
SOM ......................... 156
Sprout Social................. 305
SSL ......................... 328
Stonefield Query ............. 197
Sun Solaris................... 346
SVM ......................... 186

**T**
T$_{\text{EXT}}$R$_{\text{UNNER}}$ ................... 215
tf .......................... 213
tf-idf ...................... 213
the Population Reference Bureau .. 49
TwitterAPI................... 307

**U**
UNIX ........................ 346
US Data Corporation........... 49
USA Data..................... 49

**V**
Visual Web Spider ............ 269

**W**
Ward Systems ................. 352
Web Content Extractor ........ 269
Webtrends Analytics .......... 261
Weka......... 123, 156, 169, 185, 348
Windows ..................... 346
WordNet ................. 210, 336

**X**
XML ......................... 297

**ア**
アクセシビリティ ................ 13
アクセス解析ソフトウェア ........ 260
アクセス可能性.................. 83
アグリゲーション ............... 332
アメリカ合衆国国勢調査局 ......... 48

索　引

アンケートの設計 ................ 31
異常検知 ...................... 345
異常値 ......................... 85
一次産品 ....................... 57
一致性 ......................... 86
一般化簡約勾配法 ................ 351
意味解析 ...................... 214
因子の生成 .................... 116
インターネット検索 .............. 255
インフルエンサー ................ 306
ウェブ
　――解析 ..................... 255
　――クローラ .................. 265
　――クローリング ............... 218
　――スクレイパー ............... 265
　――マッシュアップ ............. 266
　――ログマイニング ............. 259
エキスパートシステム ............ 202
エグゼグティブインフォメーションシステム ........................ 103
エッジ ........................ 289
エンティティ ................... 209
エントロピー ............. 171, 186
オーソリティ .................... 272
オッカムの剃刀 .................. 192
オントロジー
　――データベース ............... 337
　――マネジメント ............... 218
オンラインソーシャルネットワーク . 287

**カ**

回帰
　Cox―― ..................... 185
　線形―― ................ 183, 341
　非線形―― .............. 183, 184
　――モデル ............... 182, 183
　ロジスティック―― .... 183, 184, 341
改善度 ......................... 13
外挿 .......................... 162
回答フォームの設計 ............... 34
カイ二乗
　――検定 ..................... 111
　――値 ....................... 153

外部キー ...................... 227
過学習 ........................ 169
学習
　教師あり―― ......... 138, 168, 182
　教師なし―― ............. 168, 182
確率モデル .................... 190
隠れ層 ........................ 175
カスタマーコミュニティ .......... 288
カスタマーライフサイクル ........ 238
型
　カテゴリ―― ............... 64, 70
　数値―― ................... 64, 65
　二値―― ................... 65, 66
　日時―― ...................... 65
　日付および時刻―― ............. 66
　変数の―― .................... 64
　名義カテゴリ―― ............... 65
カーネル関数 .................. 186
株 ............................ 23
カプランマイヤー ................ 185
偽陰性 ........................ 172
機械学習 ...................... 182
キャンパススタイル .............. 342
偽陽性 ........................ 172
クエリセッション ................ 279
クラス均衡 .................... 137
クラスター間距離 ................ 186
クラスター内距離 ................ 186
クラスタリング ......... 123, 149, 315
　教師なし―― .................. 168
　――係数 .................... 291
　――タイプ ................... 182
　デモグラフィック―― .......... 342
グラフ
　――構造 .................... 289
　――理論 .................... 291
クロスセル ............... 345, 357
クロスバリデーション ...... 140, 169
　$k$ フォールド―― ........ 169, 349
　層化 $k$ フォールド―― ........ 170
グローバルリコーディング ........ 333
決定木 ........................ 342
検索クエリ .................... 208

検索トレンド ..................... 309
語彙ランク ........................ 208
公開リスク ........................ 332
顧客
　　――開発 ..................... 240
　　既存―― ..................... 240
　　新規―― ..................... 240
　　――セグメンテーション ....... 239
　　――満足度 ................... 237
　　離反―― ................ 240, 343
　　――流出 ...................... 83
　　――ロイヤリティ ............. 239
国際標準図書番号（ISBN）...... 96
誤差逆伝播法 ..................... 175
古典的統計モデル ................. 182
個別化 ........................... 257
個別マーケティング ............... 255
固有表現抽出 ..................... 207
コンセプト
　　――エラー .................... 86
　　――ツリー ................... 338
コンテンツ分類 ................... 218
混同行列 ......................... 172
コンドルセクライテリア .......... 342
コントロールパネル ............... 101
コンプレキシティ .................. 13

サ

再現率（recall）.................. 172
最適化問題 ....................... 351
再符号化 ......................... 333
サニタイズ ....................... 323
サポートベクターマシン ..... 186, 343
サンプリング ................ 129, 130
　　$n$ 行おきにレコードを抽出する――132
　　分析目的に沿った―― ........ 138
　　間違った―― ................. 162
　　ランダム―― ................. 131
自己組織化マップ .... 151, 168, 176, 342
次数 ............................. 291
視聴予測 ......................... 357
シノニム ......................... 207
重回帰 ........................... 345

自由記述 ......................... 209
主キー ........................... 226
出力層 ........................... 175
準識別子 ......................... 330
順序カテゴリ .................. 62, 65
情報
　　――価値 ..................... 331
　　――検索 ..................... 207
　　――検索システム ............. 211
　　――損失 ..................... 331
　　非機密―― ................... 324
将来性 ............................ 12
事例ベース推論（case based reasoning）
　　204
真陰性 ........................... 172
真陽性 ........................... 172
ステミング ....................... 210
スパイダーウェブダイアグラム .... 148
スプレッドシート ................. 145
スライスアンドダイス ............ 252
正規分布（ガウス分布）........... 72
整数計画問題 ..................... 351
生命表 ........................... 185
制約付きシンプレックス法 ........ 351
セキュア・ソケット・レイヤー .... 328
セグメンテーション .......... 114, 150
セッション ....................... 256
セッション cookie ................ 260
接頭辞 ........................... 208
セマンティックネットワーク ...... 214
線形計画問題 ..................... 351
セントロイド ..................... 186
相関 ............................. 103
　　――係数 ..................... 104
　　――度 ........................ 12
ソルバー ......................... 351

タ

ダッシュボード ................... 101
地域ターゲティング ............... 305
抽象化 ........................... 323
調査
　　家計―― ...................... 50

索引　413

個人——（The Individual Questionnaire） .......... 50
雇用——（the Survey of Active Population, SAP） ........ 50
住宅—— ..................... 50
出生動向—— ................. 50
障がい者実態—— ............. 50
世帯——（The Household Questionnaire） .......... 50
適合率 ........................ 172
テキストコーパス ............. 211
テキストマイニング ........... 207
——ツール .................. 345
データ
　ウィンドウ—— ............. 180
　階層型—— .............. 76, 77
　外部—— ............ 23, 52, 59
　競合についての—— ......... 23
　近視眼的な——の見方 ...... 164
　金融—— ................... 58
　訓練—— .................. 140
　国勢調査の—— ............. 48
　シェア，投資についての—— ... 23
　時系列—— ........... 158, 176
　センサス—— .............. 23
　——ソース ............ 25, 57
　テスト—— ................ 140
　内部—— ................... 23
　内部コマーシャル—— ....... 26
　——のカバー度 ............. 12
　——の欠損 ................. 84
　——の質 ............. 83, 120
　——の質または信頼性 ....... 12
　——の信頼性 ............... 89
　——の妥当性 ............... 96
　——のバイアス ............ 162
　——の標準化 ............... 70
　——のボリューム ........... 13
　——の利用可能性 ........... 83
　派生—— ................... 96
　非構造化—— .............. 227
　——品質 .................. 348
　不均衡—— ................ 138

　——フュージョン ..... 103, 108
　——プライバシー .......... 323
　プロダクション—— ....... 140
　——分析にまつわる典型的なミス . 162
　——への熟練度 ............. 14
　——捕捉 ................... 47
　——ポピュレーション ...... 225
　——前処理 ................. 85
　マクロ経済学的—— ......... 23
　マクロ・ミクロ経済—— ..... 53
　——マート ................ 219
　——モデリング ............ 167
データウェアハウス ..... 219, 225
デプロイメントツール ........ 224
デモグラフィック
　——データ ............ 23, 48
　——モデル ................ 342
統計学の原則 ........ 71, 72, 74
特徴抽出 ..................... 345
匿名化技術 ................... 323
トラッキング ................ 324
トレンドパターン ............ 311

ナ

内挿 ......................... 162
ナイーブベイズ ...... 186, 187, 345
入力層 ....................... 175
ニューラルネットワーク . 123, 168, 173, 315
　教師あり学習の—— ... 173, 174
　教師なし学習の—— ........ 176
ノード ....................... 289
ノードセグメンテーション ..... 306

ハ

ハイポニム ................... 207
パーシステント cookie ........ 260
外れ値 ........................ 85
パターン認識 ................ 207
バーティカルクローラ ........ 267
パーティショニング .......... 332
ハブ .................... 272, 291

汎化性能 .................... 169
ビジネスインテリジェンスシステム . 103
ビジネス課題 ................. 2
　——との関連性 ............... 89
ヒストグラム ................. 146
非線形最適化 ................. 351
標準化 ...................... 71
標準偏差 .................... 71
ファセット検索 ............... 218
フォーカスドクローラ .......... 267
不正検出 .................... 345
プライバシー
　——保護 .................... 323
　——保護データパブリッシング... 329
　——ポリシー ................. 307
ブリッジ .................... 291
分割して統治せよ ............. 191
分枝限定法 .................. 351
文書要約 .................... 218
分析
　アソシエーション—— ......... 342
　因子—— .................... 107
　エンティティ—— ............. 345
　感情—— .................... 214
　時系列—— .............. 309, 342
　シーケンシャルパターン—— ... 342
　シーケンス—— .............. 343
　主成分—— .................. 350
　ソーシャルネットワーク—— ... 345
　バスケット—— .............. 148
　マーケットセンチメント—— ... 262
　ロイヤリティ—— ............. 345
平均パス長 .................. 291
ベイジアンモデリング .......... 343
ベイズ分類器 ................. 350
変数
　——選択 ................ 99, 184
　——の合成 .................. 100
　——の比較 ................... 63
　派生—— .................... 350
　——変換 .................... 71
　名義カテゴリ—— ............. 62
ポイントカードサービス ........ 35

放射基底関数 ................. 342
ボット ...................... 95
ポピュレーティング ............ 224

マ
前処理におけるエラー .......... 162
マーケティングキャンペーン .... 248
マスマーケティング ............ 255
間違った解釈 ................. 162
ミクロアグリゲーション ........ 332
ミーム ...................... 302
モジュラリティ ............... 305
モデリング結果の評価 .......... 171

ヤ
ユークリッド距離 .............. 187
ユーロスタット ................ 48
予測タイプ .................. 182

ラ
ランクスワッピング ............ 334
利益相反関係にある企業が行った調査165
リカーレントニューラルネットワーク176
リコーディング ............... 333
リテールバンキング ............ 241
リレーショナルデータベースシステム219
ルールインダクション 121, 168, 177, 342
ルールベースドシステム ........ 202
連関 ....................... 148
ロイヤルカスタマー ............ 343
ローカルリコーディング ........ 333

*Memorandum*

*Memorandum*

〈訳者紹介〉

市川太祐（いちかわ だいすけ）

医師．東京大学医学系大学院博士課程在学．
訳書に「R言語徹底解説」（共訳，共立出版）．
本書の第1章から第10章の翻訳を担当．

島田直希（しまだ なおき）

分析企業のR&D部門に所属．リサーチエンジニア．
本書の第11章から第20章および付録のケーススタディの翻訳を担当．

データ分析プロジェクトの手引
―データの前処理から予測モデルの
運用までを俯瞰する20章―

（原題：Commercial Data Mining:
Processing, Analysis and Modeling
for Predictive Analytics Projects）

2017 年 2 月 25 日　初版 1 刷発行
2019 年 9 月 10 日　初版 3 刷発行

検印廃止
NDC 007
ISBN 978-4-320-12403-5

訳　者　市川太祐・島田直希 © 2017
原著者　David Nettleton（ネトルトン）
発行者　南條光章
発行所　**共立出版株式会社**

東京都文京区小日向 4-6-19
電話　03-3947-2511（代表）
郵便番号　112-0006
振替口座　00110-2-57035
URL www.kyoritsu-pub.co.jp

印　刷　藤原印刷
製　本　協栄製本

一般社団法人
自然科学書協会
会員

Printed in Japan

JCOPY ＜出版者著作権管理機構委託出版物＞

本書の無断複製は著作権法上での例外を除き禁じられています．複製される場合は，そのつど事前に，
出版者著作権管理機構（ＴＥＬ：03-5244-5088，ＦＡＸ：03-5244-5089，e-mail：info@jcopy.or.jp）の
許諾を得てください．

# Wonderful R

石田基広監修
市川太祐・高橋康介・高柳慎一・福島真太朗・松浦健太郎編集

本シリーズではR/RStudioの諸機能を活用することで，データの取得から前処理，そしてグラフィックス作成の手間が格段に改善されることを具体例にもとづき紹介している。さらにデータサイエンスが当然のスキルとして要求される時代にあって，データの何に注目しどのような手法をもって分析し，そして結果をどのようにアピールするのか，その方向性を示すことを目指す。多くの読者にデータ分析およびR/RStudioの魅力を伝えるシリーズである。

各巻：B5判・並製本
税別本体価格

## ❶ Rで楽しむ統計

奥村晴彦著

R言語を使って楽しみながら統計学の要点を学習できる一冊。
【目次】Rで遊ぶ／統計の基礎／2項分布，検定，信頼区間／事件の起こる確率／分割表の解析／連続量の扱い方／相関／回帰分析／ピークフィット／主成分分析と因子分析／生存時間解析／他・・・・・・・・・・・・・・・・・・・・・204頁・本体2,500円＋税・ISBN978-4-320-11241-4

## ❷ StanとRでベイズ統計モデリング

松浦健太郎著

現実のデータ解析を念頭に置いたStanとRによるベイズ統計実践書。
【目次】導入編（統計モデリングとStanの概要／ベイズ推定の復習他）／Stan入門編（基本的な回帰とモデルのチェック／基本的な回帰とモデルのチェック他）／発展編（回帰分析の悩みどころ／階層モデル／他）・・・・・・・・・・・280頁・本体3,000円＋税・ISBN978-4-320-11242-1

## ❸ 再現可能性のすゝめ
### ―RStudioによるデータ解析とレポート作成―

高橋康介著

再現可能なデータ解析とレポート作成のプロセスを解説。
【目次】再現可能性のすゝめ／RStudio入門／RStudioによる再現可能なデータ解析／Rマークダウンによる表現の技術／他・・・・・・・184頁・本体2,500円＋税・ISBN978-4-320-11243-8

## ❹ 自然科学研究のためのR入門
### ―再現可能なレポート執筆実践―

江口哲史著

RStudioやRMarkdownを用いて再現可能な形で書くための実践的な一冊。
【目次】基本的な統計モデリング／発展的な統計モデリング／実験計画法と分散分析／機械学習／実践レポート作成／他・・・・・・・・・240頁・本体2,700円＋税・ISBN978-4-320-11244-5

https://www.kyoritsu-pub.co.jp/　共立出版　（価格は変更される場合がございます）